Peugeot 205 GTI

ab 1984

1 Allgemeines

1.1 Einleitung in das Modell

Diese Reparaturanleitung befasst sich mit dem Peugeot 205 GTI, welcher im Januar 1984 das erste Mal zum Verkauf angeboten wurde.
Beim Motor handelt es sich um den XU5J-Motor mit einer Leistung von 115 PS (in der Schweiz 105 PS) (84,5 kW) bei einer Drehzahl von 6250/min. Er arbeitet mit einer von Bosch hergestellten L-Jetronic-Kraftstoffeinspritzanlage.
Der Motorblock und das darunterliegende Getriebe sind vorn quergestellt im Motorraum montiert und 30° nach hinten geneigt. Der Motor hat eine obenliegende Nockenwelle mit Zahnriemenantrieb, einen Leichtmetall-Zylinderkopf und -block, nasse Zylinderlaufbüchsen und eine 5fach gelagerte Kurbelwelle.
Die Kraftübertragung erfolgt über eine Federscheibenkupplung, ein Fünfganggetriebe mit Stockschaltung, einen schrägverzahnten Achsantrieb und Doppelgelenkwelle mit homokynetischen Kardangelenken auf die Vorderräder.
Die Radaufhängung besteht vorn aus Dreiecksquerlenkern mit Federbeinen und Schraubenfedern sowie einem Kurvenstabilisator. Die Hinterradaufhängung setzt sich aus Einzelradaufhängungen mit Längslenkern, Quertorsionsfederstäben und Teleskop-Stossdämpfern zusammen.
Eine Zweikreisbremsanlage mit Scheibenbremsen an den Vorderrädern (belüftete Bremsscheiben) und Trommelbremsen an den Hinterrädern werden zum Abbremsen des Fahrzeuges angewandt. Ein Bremskraftverstärker ist serienmässig in die Anlage eingebaut. Das Fahrzeug wird durch eine Zahnstangenlenkung gelenkt.

1.2 Fahrzeugerkennung

Bild 1 zeigt die Lage der verschiedenen Nummern und Kennzeichnungen. Die Nummern befinden sich an der Schnittstelle der Montageflächen des Zylinderblockes, Lagerdeckelgehäuses und Kupplungsgehäuses. Beim Austausch der Einheit Zylinderblock-Lagerdeckelgehäuse müssen diese Originalnummern ohne jede Änderung übernommen wer-

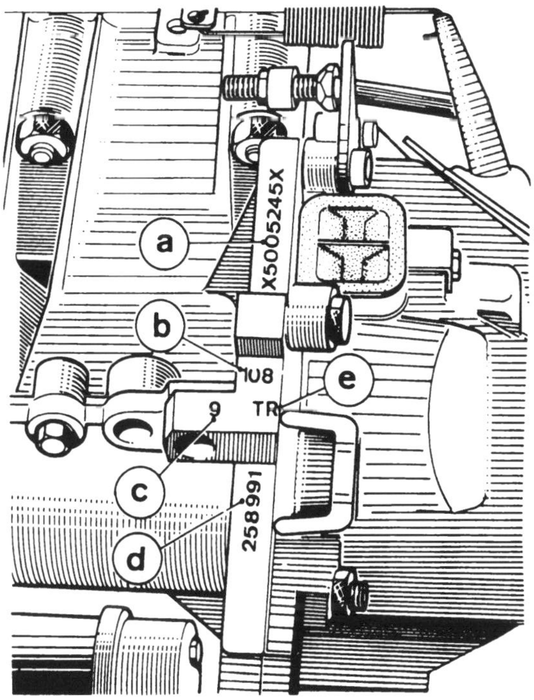

Bild 1
Die Lage der verschiedenen Kennzeichnungen des Fahrzeuges

a Fahrgestellnummer
b Motortyp
c Code-Nummer
d Laufende Fertigungsnummer
e Hinweis auf Verdichtung

den. Beim Bestellen von Ersatzteilen ist die Angabe der Motor- und Fahrgestellnummer sowie das Baujahr des Fahrzeuges unerlässlich, da der Hersteller, im Sinne von Verbesserungen, oft kleine Änderungen an den Fahrzeugen vornimmt.

1.3 Allgemeine Anweisungen bei Reparaturen

Die Beschreibungen in dieser Reparaturanleitung sind in einfacher Weise und allgemein verständlich gehalten. Wenn dem Text und den Abbildungen bei der Arbeit Schritt für Schritt gefolgt wird, dürften keine Schwierigkeiten auftreten.
Die Mass- und Einstelltabelle am Ende des Buches (Kapitel 15) ist hierbei ein wichtiger Teil und muss bei allen Reparaturarbeiten am Fahrzeug hinzugezogen werden. Innerhalb der einzelnen Anleitungen werden die notwendigen Massangaben oder Einstellwerte nicht immer angeführt, weshalb in der genannten Tabelle nachzuschlagen ist. Es sei besonders darauf hingewiesen, dass man unter dem in Frage kommenden Modell nachlesen muss, falls Unterschiede zwischen einzelnen Ausführungen vorhanden sind, um jegliche Fehler zu vermeiden.
Einfache Handgriffe, wie z. B. «Motorhaube öffnen» vor Arbeiten im Motorraum, oder «Radmuttern lösen» vor Abnehmen der Räder werden nicht immer erwähnt, da diese als selbstverständlich vorausgesetzt werden.
Dagegen befasst sich der Text ausführlich mit schwierigen Arbeiten, die in allen Einzelheiten beschrieben sind. Eine Reihe wichtiger Hinweise, die bei jeder Reparaturarbeit beachtet werden sollten:

- Schrauben und Muttern sind in sauberem Zustand und leicht eingeölt zu verwenden. Mutternflächen und Gewindegänge immer auf Beschädigung untersuchen und vorhandene Grate entfernen. Im Zweifelsfall neue Schrauben oder Muttern verwenden. Einmal gelöste, selbstsichernde Muttern sollten immer erneuert werden. Auf keinen Fall dürfen Muttern und Schrauben entfettet werden.
- Stets die in der Anzugsdrehmoment-Tabelle (Kapital 16) angeführten Anzugsdrehmomente beachten. Diese Werte sind nahezu in den gleichen Gruppen zusammengefasst, die auch die Kapitel dieser Reparaturanleitung bilden, und lassen sich somit leicht auffinden.
- Alle Dichtscheiben, Dichtungen, Sicherungsbleche, Sicherungsscheiben, Splinte und «O»-Dichtringe (Rundschnurringe) sind beim Zusammenbau zu erneuern. Öldichtringe (Radialdichtringe, Simmerringe) sollten ebenfalls erneuert werden, sofern die Welle aus dem Dichtring genommen wurde. Die Lippe eines Dichtringes ist vor dem Zusammenbau mit Fett einzuschmieren. Man muss darauf achten, dass sie beim Einbau in die Richtung weist, aus welcher Öl oder Fett austreten kann.
- Bei Hinweisen auf die linke oder rechte Seite des Fahrzeuges wird angenommen, dass man aus der Fahrtrichtung bei Vorwärtsfahrt die Seitenbezeichnung ableiten kann, analog der Begriffe «vorn» und «hinten». Im Zweifelsfall wird im Text nochmals eine Erläuterung gegeben.
- Ganz besonders ist darauf zu achten, dass zu Arbeiten an den Bremsen, an der Radaufhängung oder allgemein an der Unterseite des Fahrzeuges für eine sichere Abstützung des hochgebockten Wagens gesorgt ist. Der Bordwagenheber ist nur zum Radwechsel für unterwegs vorgesehen. Falls er dennoch bei Reparaturen zur Hilfe genommen wird, ist lediglich der Wagen damit anzuheben und dann auf geeignete Montageböcke abzulassen. Derartige, dreibeinige Unterstellböcke sollen zur Sicherheit auch unter dem Fahrzeug plaziert werden, wenn ein Garagenwagenheber zur Verfügung steht. Ziegelsteine sollten zum Unterbauen nicht verwendet werden, allenfalls Hohlblocksteine wegen ihren grösseren Auflageflächen, doch sind dann zwischen Fahrzeug und Steine noch genügend starke Holzbretter zu legen.
- Fette, Öle, Unterbodenschutz und alle mineralischen Substanzen wirken auf die Gummiteile des Fahrwerks und der Bremsanlage aggressiv. Besonders von Teilen der hydraulischen Anlage sind solche Mittel, zu denen auch Kraftstoff gehört, fernzuhalten. Für Reinigungsarbeiten an der Bremsanlage soll nur Bremsflüssigkeit oder Spiritus verwendet werden. Hierbei sei aber darauf verwiesen, dass Bremsflüssigkeit giftig ist und z. B. auf lackierte Flächen ätzend wirkt.

- Zur Erzielung der besten Reparaturergebnisse ist die Verwendung von Original-Peugeot-Ersatzteilen Voraussetzung. Um späteren Schwierigkeiten aus dem Wege zu gehen, muss der Einbau irgendwelcher Fremdprodukte unterbleiben. Ausnahmen sind nur bei Teilen der elektrischen Anlage gegeben oder falls das Herstellerwerk dementsprechende Freigaben macht.

- Bei Bestellungen von Ersatz- und Austauschteilen müssen die genaue Modellbezeichnung mit Fahrgestellnummer, gegebenenfalls die Motornummer und das Baujahr angegeben werden. Damit beschleunigt man die Bestellung, und das Beziehen von falschen Teilen wird verhindert.
- Alle Arbeiten am Auto, besonders solche an der Bremsanlage und an der Lenkung, sind mit Sorgfalt und Umsicht durchzuführen. Die Verkehrssicherheit des Fahrzeuges muss nach jeder Reparatur gewährleistet sein.

1.4 Arbeitsbedingungen und Werkzeuge

Um Reparaturarbeiten durchzuführen, benötigt man einen sauberen, gut beleuchteten Arbeitsplatz, der mit einer Werkbank und Schraubstock versehen ist. Es soll auch genügend Raum vorhanden sein, um die verschiedenen Teile auszulegen und zu ordnen, ohne dass man sie immer wieder wegräumen muss. In einer gut ausgerüsteten Werkstatt lässt sich gemütlich und ohne Hast arbeiten, der Motor kann in einer sauberen Umgebung zerlegt und wieder zusammengebaut werden. Leider verfügt aber nicht jeder über einen solchen idealen Arbeitsplatz, und dementsprechend muss auch da und dort improvisiert werden. Um diesen Nachteil auszugleichen, muss besonders viel Zeit und Sorgfalt aufgewendet werden.

Als weiteres benötigt man unbedingt einen möglichst vollständigen Satz Qualitätswerkzeuge. Qualität ist hier oberstes Gebot, da billiges Werkzeug auf lange Sicht eher teuer werden kann, falls man damit abrutscht oder es zerbricht und dabei teuren Schrott baut. Ein gutes Qualitätswerkzeug wird sich lange verwenden lassen und rechtfertigt in jedem Falle die Anschaffungskosten. Die Grundlage des Werkzeugsatzes ist ein Satz Gabelschlüssel, die sich an jedem gut zugänglichen Teil des Fashrzeuges ansetzen lassen. Ein Satz Ringgabelschlüssel stellt einen wünschenswerten Zusatz dar, der sich besonders bei festsitzenden Schrauben und Muttern verwenden lässt oder wo die Platzverhältnisse ungünstig sind.

Um die Kosten tief zu halten, kann man sich auch mit einem Satz kombinierter Ringgabelschlüssel behelfen, diese tragen an einem Ende eine Gabelöffnung und am anderen einen Ring von der gleichen Weite. Stecknüsse (-einsätze) stellen ebenfalls eine lobenswerte Investition dar. Vorausgesetzt, dass der Aussendurchmesser der Nüsse nicht allzugross ist, können auch sehr versteckt oder in Vertiefungen sitzende Muttern und Schrauben gelöst werden.

Weitere benötigte Werkzeuge sind ein Satz Kreuzschlitzschraubenzieher, Zangen und Hammer.

Zusätzlich zur Grundausrüstung kann man sich noch ein paar spezielle Werkzeuge beschaffen, die sich meistens als unschätzbare Hilfe erweisen, besonders wenn man gewisse Reparaturen immer wieder durchführen muss. Damit lässt sich also recht viel Zeit sparen. Als Beispiel sei hier einmal der Schlagschraubenzieher erwähnt, ohne den sich die maschinell angezogenen Kreuzschlitzschrauben kaum lösen lassen, ohne dass man sie dabei beschädigt. Selbstverständlich kann er auch zum Anziehen verwendet werden, um einen öl- und gasdichten Sitz zu gewährleisten. Ebenfalls oft benötigt werden Seegeringzangen, da Getrieberäder, Wellen und ähnliche Teile meist durch Sicherungsringe gehalten werden, die sich mit einem Schraubenzieher nur schwer entfernen lassen. Es sind zwei Typen von Seegeringzangen erhältlich, einer für die Aussensicherungsringe und einer für Innensicherungsringe. Sie sind mit geraden oder abgewinkelten Klauen erhältlich. Eines der nützlichsten Werkzeuge ist der Drehmomentschlüssel, eigentlich eine Art Schraubenschlüssel, der so eingestellt werden kann, dass er durchrutscht, wenn ein gewisses Anzugsdrehmoment einer Schraube oder Mutter erreicht ist. Derartige Schlüssel sind ebenfalls mit einem Zeiger erhältlich, welcher das erreichte Drehmoment anzeigt. Anzugsdrehmomente werden in jedem modernen Werkstatthandbuch oder jeder Reparaturanleitung angeführt, so dass auch besonders komplexe Baugruppen oder Komponenten, wie z. B. ein Zylinderkopf, angezogen werden können, ohne dass man Beschädigungen oder Lecks infolge Verzugs befürchten muss.

Je höher entwickelt ein Automodell ist, desto mehr Werkzeuge benötigt man, um es im Do-it-yourself-Verfahren immer im bestmöglichen Zustand zu halten. Leider lassen sich aber einige ganz spezielle Arbeiten nicht ohne die richtige Ausrüstung durchführen, für die man meist tief in die Tasche greifen muss, wenn man diese Arbeiten nicht einem Spezialisten gegen ein gewisses Entgelt übergeben will. Hier ist auch eine gewisse Vorsicht am Platze.

Es gibt nun einfach verschiedene Arbeiten, die man am besten einem Fachmann überlässt. Obwohl ein Vielfachmessgerät zum Aufspüren von elektrischen Schäden eine grosse Hilfe darstellt, kann es in ungeübten Händen grossen Schaden anrichten. Obschon in dieser Reparaturanleitung gezeigt wird, wie sich verschiedene Komponenten auch ohne Spezialwerkzeuge aus- und wieder einbauen lassen (falls nicht unbedingt nötig), empfiehlt es sich, die Anschaffung der gebräuchlichsten Spezialwerkzeuge in Betracht zu ziehen. Dies wird sich besonders dann lohnen, wenn man das Auto über längere Zeit behalten will.
Auch mit den vorgeschlagenen, improvisierten Methoden und Werkzeugen lassen sich verschiedene Teile ohne Gefahr von Beschädigung aus- und einbauen. In jedem Fall lässt sich mit den Spezialwerkzeugen, die vom Hersteller produziert und verkauft werden, eine Menge Zeit (und Ärger) sparen.

1.5 Aufbocken des Fahrzeugs

Zum Aufbocken der Vorderseite die Handbremse anziehen und zur Sicherheit einen Ziegelstein unter die Hinterräder unterlegen.
Zum Aufbocken der Rückseite einen Gang einschalten und Ziegelsteine vor den Vorderrädern unterlegen.
Sichere Unterstellböcke unter die Seiten der Karosserie nur an den vorgeschriebenen Stellen unterstellen. Falls man zuerst eine Seite und danach die andere Seite, wie oben beschrieben, aufbockt, muss unbedingt auf die Sicherheit der Unterstellböcke geachtet werden.
Wagenheber nur auf festem Boden ansetzen. Das gleiche gilt für die Unterstellböcke.

2 Der Motor

2.1 Ausbau und Einbau der Antriebseinheit

2.1.1 Ausbau

Der Motor wird mit dem Getriebe nach oben aus dem Fahrzeug gehoben. Ein kräftiges Hebezeug ist eine Voraussetzung für diese Arbeit, jedoch kann der Motor durchaus mit Hilfe von zwei kräftigen Personen ohne weiteres herausgehoben werden. Die Vorderseite des Fahrzeuges muss so aufgebockt werden, dass die Vorderräder frei herunterhängen können. Nur so kann man die Antriebswellen aus dem Getriebe ausbauen. Zu beachten ist, dass man ein Spezialwerkzeug benötigt, um die Differentialseitenräder nach Ausbau der Antriebswellen im Getriebe zu halten. Falls man dies nicht beachtet, besteht die Gefahr, dass die Räder in das Antriebsgehäuse fallen. Folgendermassen vorgehen:

- Fahrzeug an der Vorderseite wie oben erwähnt aufbocken.
- Batterie vollkommen ausbauen.
- Von der Unterseite des Fahrzeuges das Moto-

renöl ablassen. Falls das Öl noch gut aussieht oder noch nicht lange im Motor ist, kann es wieder verwendet werden.

- Die Kühlanlage öffnen. Ein Ablassstopfen am Krümmer ermöglicht das Ablassen. Falls das Kühlmittel noch in gutem Zustand ist, kann es in einem sauberen Behälter aufgefangen werden.
- Das Getriebeöl ablassen. Zwei Ablassstopfen sind eingeschraubt, und beide müssen entfernt werden.
- Die drei Schläuche vom Krümmer abschliessen (Bild 2).

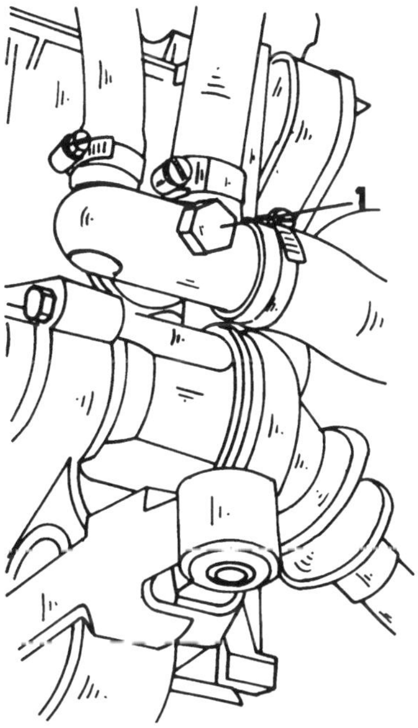

Bild 2
Die drei am Krümmer (1) angeschlossenen Schläuche abschliessen

- Auspuffrohr vom Auspuffkrümmer abschrauben.
- Die Schaltgestänge von der Seite des Getriebes abschliessen.
- Die Motorhaube sollte zum Herausheben des Antriebsaggregates in die senkrechte Stellung gebracht werden. Da dazu ein Spezialwerkzeug zum Feststellen erforderlich ist, sollte man die Haube abschrauben und an sicherer Stelle aufbewahren. Dazu die Umrisse der Scharniere mit einem Bleistift am Haubenblech anzeichnen und die Scharnierschrauben lösen. Die Haube von einem Helfer halten lassen, während die letzten Schrauben gelöst werden.
- Tachometerspirale abschliessen.
- Elektrische Leitungen vom Motor abklemmen.
- Elektrische Leitungen vom Getriebe abklemmen (z. B. Anlasserkabel).
- Den Betätigungszug für das Gaspedal abschliessen.
- Den Unterdruckschlauch für den Bremskraftverstärker abschliessen.
- Den oberen und unteren Wasserschlauch nach Lösen der Schlauchschellen abschliessen. Ebenfalls die Heizungsschläuche zwischen Motor und Heizungskühler abschliessen und entweder vollkommen ausbauen oder in geeigneter Weise verlegen, so dass sie beim Herausheben des Triebwerks nicht im Wege sind.
- Den Kühler ausbauen.
- Kraftstoffvorlauf- und Rücklaufschlauch abschliessen.
- Den Kupplungsbetätigungszug aushängen.
- Die unteren Kugelgelenke der Vorderradaufhängung vom Achsschenkel trennen, wie es im betreffenden Abschnitt beschrieben ist, und die Querlenker nach unten drücken (Bild 3).

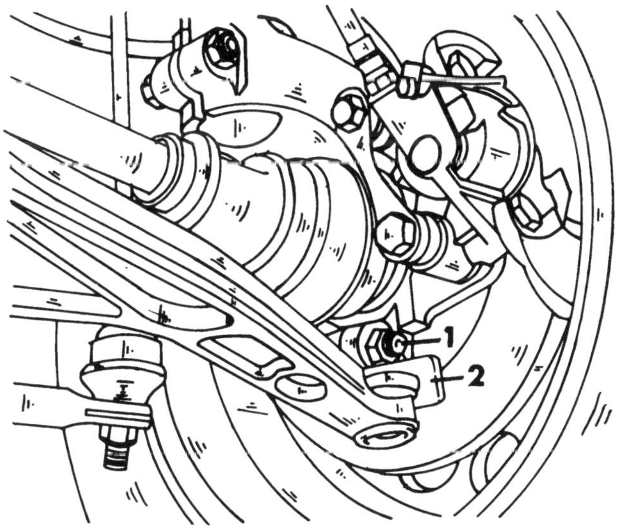

Bild 3
Den Achsschenkel an der Unterseite nach Lösen der Klemmschraube (1) vom Querlenker trennen. Dabei nicht die Schutzkappe (2) beschädigen.

- Die linke Antriebswelle aus dem Getriebe herausziehen, indem man den Achsschenkel nach aussen zieht. Unbedingt darauf achten, dass das Fahrzeug sicher aufgebockt ist, damit es nicht von den Böcken fallen kann. Beim Herausziehen nicht den Dichtring im Differentialgehäuse beschädigen oder den Bremsschlauch ausdehnen.

- Die in Bild 4 gezeigten Spezialwerkzeuge in das Differentialseitenrad einschieben. Dadurch wird vermieden, dass sich die Planetenräder verdrehen können, wenn man die rechte Antriebswelle ausbaut. Die Spezialwerkzeuge im Getriebe lassen, bis die rechte Welle später wieder eingebaut wird.

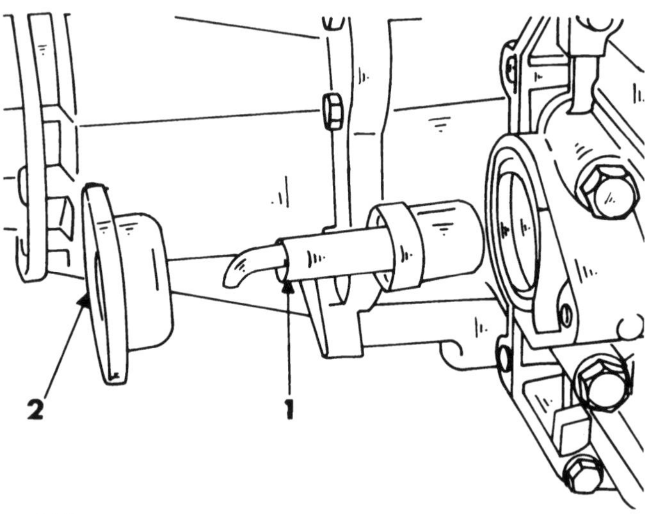

Bild 4
Die Spezialwerkzeuge müssen zum Blockieren der Differentialseitenräder nach Ausbau der Antriebswellen verwendet werden.

1 Werkzeug Nr. 80317N 2 Werkzeug Nr. 80317M

- Unter Bezug auf Bild 5 die Verbindungsstrebe (1) ausbauen. Die beiden Schrauben (2) zurückziehen und um 180° verdrehen, um die Exzenterköpfe von den Kugelgelenkgehäusen zu befreien.
- Die rechte Antriebswelle aus dem Getriebe herausziehen, indem man den Achsschenkel entsprechend nach aussen zieht. Dabei nicht den Dichtring im Differential beschädigen oder den Bremsschlauch ausdehnen.
- Die Zwischenkonsole (3) ausbauen.
- Das Kabel vom Fühler für die Öldrucktemperatur (4) abklemmen.
- Zum Ausbau des Triebwerks ist ein geeignetes Hebezeug, z. B. Flaschenzug, zu verwenden und so am Triebwerk zu befestigen, dass dieses sicher gehalten wird und in keiner Phase des Ausbaus unkontrollierbare Bewegungen machen kann.

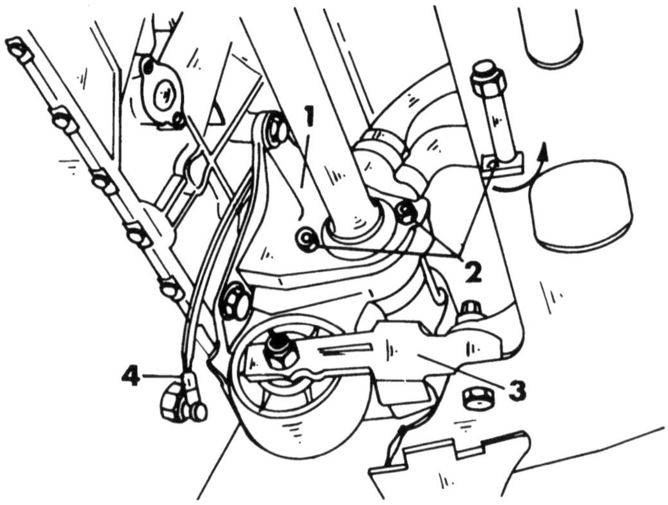

Bild 5
Einzelheiten zum Ausbau des Antriebsaggregats

1 Zwischenlager 3 Verbindungsbügel
2 Schrauben und Muttern 4 Fühler Öltemperatur

- Die Mutter der Motoraufhängung auf der Getriebeseite lösen. Dadurch kann sich der Motor nach unten senken, d. h. man muss darauf achten, dass er sicher am Hebezeug hängt.
- Den Batterieträger auf der rechten Seite (vor dem Fahrzeug stehend) ausbauen.
- Die Motoraufhängung auf der linken Seite (vor dem Fahrzeug stehend) ausbauen.
- Motor und Getriebe aus dem Motorraum herausheben. Immer darauf achten, dass keine der Anschlüsse, Leitungen, Kabel usw. sich am Triebwerk verfangen können und dass keine der Anschlüsse vergessen wurden.

Nach dem Ausbau ist das Triebwerk auf einen geeigneten Motorträger, z. B. aus Holz, aufzubauen und gegen Umstürzen oder sonstige Beschädigungen zu sichern. Weiter ist das gesamte Triebwerk auf äusserliche Beschädigungen und undichte Stellen, z. B. Ölspuren, zu begutachten, was Hinweise auf beschädigte Teile geben kann. Danach den Motor äusserlich reinigen. Alle empfindlichen Teile abdecken.

2.1.2 Einbau der Antriebseinheit

Der Einbau des Antriebsaggregats erfolgt in folgender Weise:

- Der Motorraum ist, wie beim Ausbau beschrieben, so vorzubereiten, dass das Triebwerk leicht eingeführt werden kann.
- Alle losen Teile, Leitungen, Schläuche usw. sind

an die äusseren Wände zu binden oder mit Tesaband festzuklemmen.

- Anschlussbereiche gründlich reinigen und auf Roststellen usw. zu überprüfen.
- Vor dem Einbau des Motors darauf achten, dass die im Getriebe befindlichen Radialwellendichtringe einwandfrei sind. Gegebenenfalls sind diese zu erneuern. Vor dem Einbau die Dichtringe leicht einölen und zwischen den Dichtlippen mit Fett einschmieren.
- Die Sicherungs- und Befestigungselemente wie Schrauben, Unterlegscheiben, Muttern sind auf Wiederverwendbarkeit zu kontrollieren und ggf. auszutauschen. Hierzu sind die Anzugsdrehmomente zu beachten.
- Motor und Getriebe an dem Hebezeug hängend in die Motoraufhängungen senken und die Aufhängungen unter Bezug auf Bild 6 auf folgende Anzugsdrehmomente anziehen:

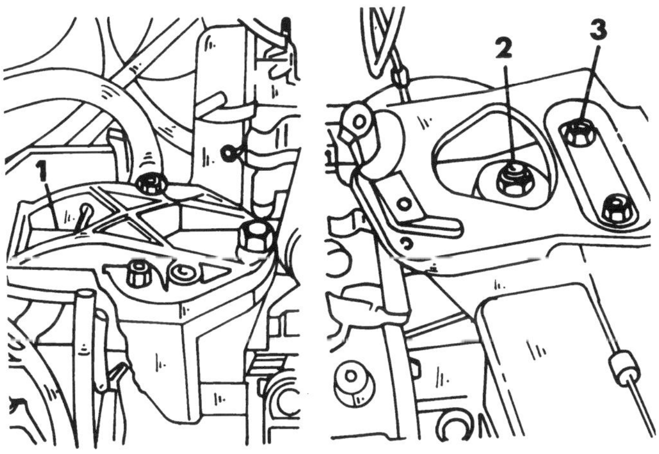

Bild 6
Befestigung der Motoraufhängungen

1 Mutter, 27,5 Nm
2 Mutter, 35 Nm
3 Schrauben, 17,5 Nm

— Die beiden Schrauben (2) mit 18 Nm anziehen.
— Die Mutter (3) mit 28 Nm anziehen.
— Die Mutter (1) mit 35 Nm anziehen. Nicht die Spezialscheibe vergessen, um ein Verdrehen des elastischen Abstandsstückes zu vermeiden.

- Kupplungsseil anschliessen und den Pedalweg auf einen Wert von 140 mm einstellen.
- Alle elektrischen Anschlüsse vorschriftsmässig anschliessen.
- Kühler einbauen und die Heizungs- und Kühlerschläuche anschliessen.
- Kraftstoffvorlauf- und Rücklaufleitung anschliessen.
- Gaszug anschliessen.
- Das Auspuffrohr am Krümmer anschliessen. Die beiden Muttern abwechselnd anziehen, bis das in Bild 7 gezeigte Mass auf beiden Seiten genau 22 mm beträgt. Nicht vergessen, die Isolierscheiben (1) und (2) einzulegen.

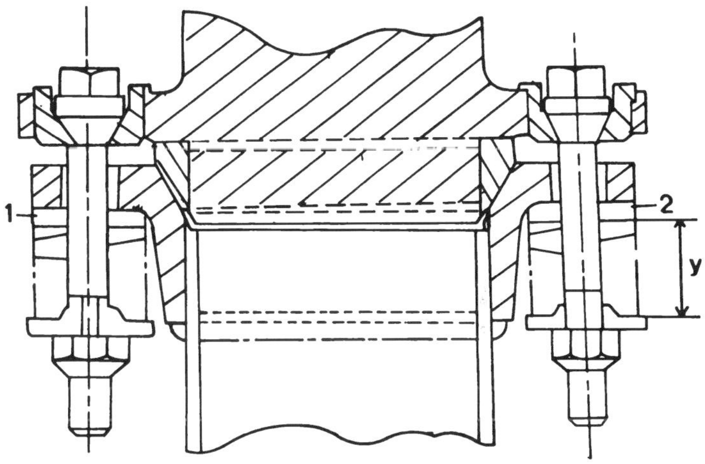

Bild 7
Beim Anschliessen des Auspuffrohres die Schrauben abwechselnd anziehen, bis das Mass »y« 22,0 mm beträgt

- Das Kugelgelenk mit Fett einschmieren und das Gangschaltgestänge sowie die Tachometerspirale anschliessen.
- Die Dichtringe im Differentialgehäuse sollten erneuert werden. Die Doppellippen mit Fett einschmieren und den Dichtringschutz auf der rechten Seite einsetzen. Dieser wird zusammen mit dem neuen Dichtring geliefert.
- Die rechte Antriebswelle in das Getriebe einführen und den Öldichtringschutz entfernen. Die auf der linken Seite eingesetzten Werkzeuge zum Sperren des Differentialseitenrades können jetzt herausgezogen werden.
- Die linke Antriebswelle in Eingriff mit dem Getriebegehäuse bringen.
- Die unteren Aufhängungskugelgelenke anschliessen. Die Muttern mit 35 Nm anziehen.
- Unter Bezug auf Bild 8 die Schrauben (1) so einsetzen, dass die Exzenterköpfe in ihre Nuten eingreifen. Die Muttern mit 18 Nm anziehen.

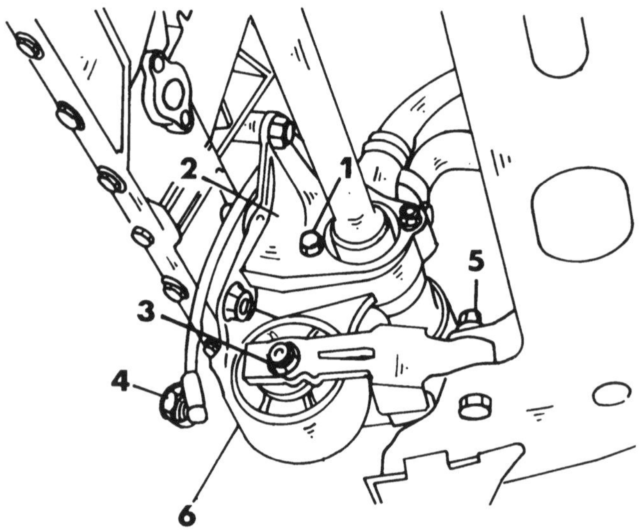

Bild 8
Einzelheiten zum Einbau des Antriebsaggregates

1 Schrauben 17,5 Nm
2 Zwischenlagerung
3 Mutter, 35 Nm
4 Fühler, Öltemperatur
5 Mutter, 45 Nm
6 Lagerung

- Die vier Schrauben der Konsole (2) mit einem Drehmoment von 22,5 Nm anziehen.
- Die Mutter (4) mit einem Drehmoment von 45 Nm anziehen.
- Die Mutter (5) mit einem Drehmoment von 35 Nm anziehen.
- Das Kabel des Fühlers für die Öltemperatur (3) anklemmen.
- Das Spiel der oberen, rechten Motoraufhängung durch Einlegen der Abstandsscheiben (1) in Bild 9 einstellen. Das Spiel «a1» und «a2» muss 1,0 mm betragen. Die beiden Abstandsscheiben (1) und (2) mit Fett einschmieren.

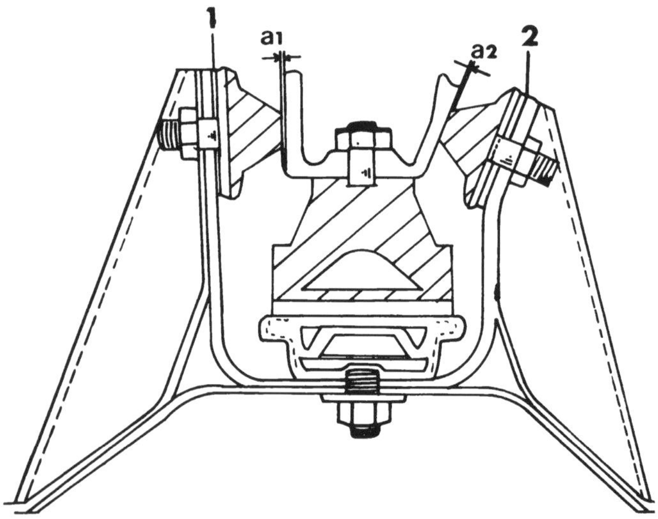

Bild 9
Zum Einstellen des Spalts der oberen rechten Aufhängung. Masse «a1» und «a2» müssen 1,0 mm betragen. Der Spalt wird durch die Abstandsstücke (1) und (2) eingestellt.

- Nach dem Einbau des Triebwerks sind das Kühlmittel und das Motorenöl einzufüllen. Die Füllmengen sind der Mass- und Einstelltabelle zu entnehmen.
- Zur Überprüfung der Kühlerdichtheit ist mit einer handelsüblichen Kühlerpumpe die Kühlanlage zu überprüfen. Hierbei vor allem die Anschlussschellen und die Anschlussstücke der Schläuche beobachten, ob dort Wasser austritt.
- Ölstand mittels Ölmessstab überprüfen.
- Batterieanschlüsse auf Korrosionsfreiheit und festen Sitz überprüfen.
- Einwandfreie Arbeitsweise der Schaltung kontrollieren und ggf. einstellen.

2.2 Zerlegung des Motors

Vor Beginn der Arbeiten sind alle Aussenflächen des Motors gründlich zu reinigen. Alle Öffnungen des Motors vorher mit einem sauberen Putzlappen abdecken, damit keine Fremdkörper in die Innenseite des Motors gelangen können.

Das Zerlegen des Motors wird in Einzelheiten weiter hinten beschrieben und wird unter der Überschrift «Reparatur und Überholung» zusammengefasst. Auf diese Weise können wir Arbeiten beschreiben, die entweder bei eingebautem oder ausgebautem Motor durchgeführt werden können, ohne dass bestimmte Zerlegungsarbeiten zweimal beschrieben werden. Falls eine komplette Zerlegung durchgeführt werden soll, braucht man nur die einzelnen Arbeitsgänge miteinander zu kombinieren, und zwar in der angeführten Reihenfolge.

Im allgemeinen sollte man beim Zerlegen daran denken, dass alle sich bewegenden oder gleitenden Teile vor dem Ausbau zu zeichnen sind, um sie wieder in der ursprünglichen Lage einzubauen, falls sie wieder verwendet werden. Dies ist besonders bei Kolben, Ventilen, Lagerdeckeln und Lagerschalen wichtig. Teile so ablegen, dass man sie nicht durcheinanderbringen kann.

Lager- und Dichtflächen auf keinen Fall mit einer Reissnadel oder gar Schlagzahlen zeichnen. Farbe eignet sich am besten zur Kennzeichnung. Ventile lassen sich am besten durch den Boden einer umgekehrten Pappschachtel stossen, so dass man die Ventilnummer daneben schreiben kann. Bild 10 zeigt die Anordnung bei ausgebauten Ventilen.

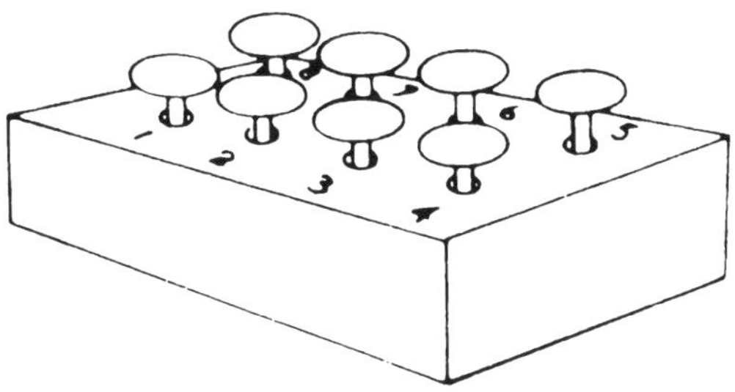

Bild 10
Ventile können durch den Boden einer umgekehrten Pappschachtel gestossen werden

Viele der Teile sind aus Aluminium hergestellt und sind dementsprechend zu behandeln. Falls Hammerschläge zum Trennen bestimmter Teile erforderlich sind, nur einen Gummi-, Plastik- oder Hauthammer verwenden.

Falls ein vorschriftsmässiger Montagestand nicht zur Verfügung steht, ist es am besten, wenn man sich geeignete Holzblöcke zurechtschneidet, auf welchen der Motor so aufgesetzt werden kann, dass man Zugang zur Ober- und Unterseite des Motors erhält. Der Zylinderkopf kann nach dem Ausbau mit einem Metallbügel, an den Stiftschrauben des Ansaugkrümmers angeschraubt, in einen Schraubstock eingespannt werden.

Die normale Zerlegungsreihenfolge des Motors wird nachstehend angeführt, und bestimmte Einzelheiten über den Ausbau werden ausführlich unter den betreffenden Überschriften weiter hinten beschrieben. Der Zylinderkopf kann bei eingebautem Motor ausgebaut werden.

Bei der Grundzerlegung des Motors in folgender Reihenfolge vorgehen:

- Motorenöl ablassen.
- Die Verbindungsschrauben von Motor und Getriebe entfernen und das Getriebe vom Motor abnehmen.
- Den Zylinderkopf ausbauen (Kapitel 2.4.1) und die Laufbüchsenhalter anbringen.
- Zündverteiler ausbauen.
- Den Ölmessstab aus dem Motor ziehen.
- Den Ölfilter von der Seite des Motors abschrauben. Dazu einen Filterschlüssel verwenden.
- Das Öleinfüllrohr von der Seite des Motors abschrauben.
- Die Kupplungsdruckplatte und die Mitnehmerscheibe ausbauen. Zum Blockieren der Kurbelwelle beim Lösen das in Bild 11 gezeigte Sperrstück in den Zahnkranz einsetzen oder mit einem Schraubenzieher den Zahnkranz des Schwungrades gegenhalten.

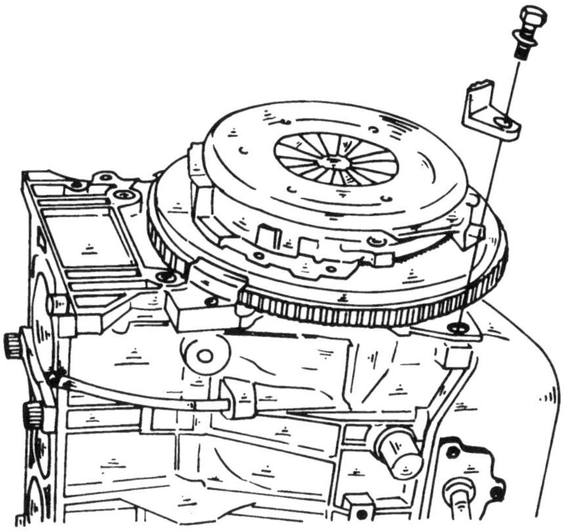

Bild 11
Das Schwungrad kann durch Einsetzen des Sperrstücks gegen Mitdrehen gehalten werden

- Die Ölwanne ausbauen.
- Das Schwungrad wie oben beschrieben gegenhalten und die Schraube der Riemenscheibe für die Kurbelwelle lösen. Die Riemenscheibe und das Zahnrad abnehmen (Bild 12).

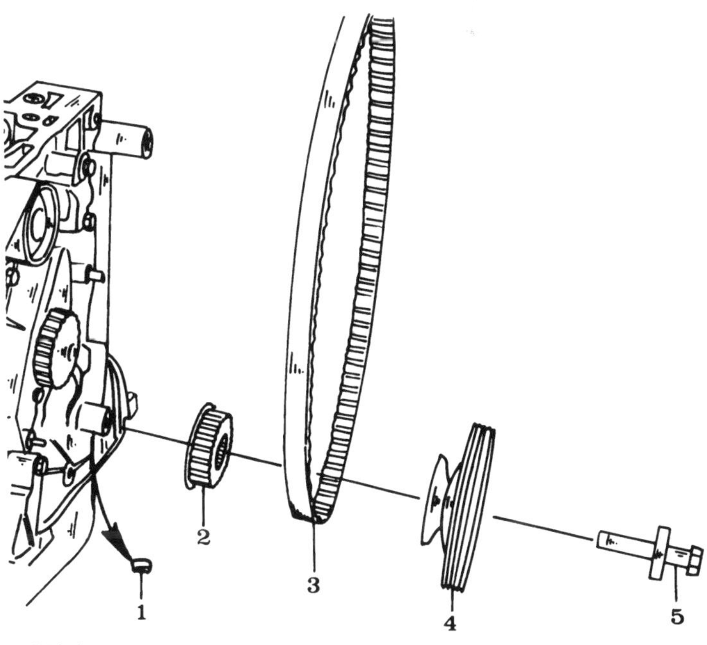

Bild 12
Die Teile an der Vorderseite des Motors

1 Keil
2 Steuerrad
3 Zahnriemen
4 Riemenscheibe
5 Schraube

- Die Kontermutter an der Rückseite des Verriegelungsfingers der Spannrolle und die beiden Befestigungsmuttern der Spannrolle entfernen und die Spannrolle ausbauen. Bild 13 zeigt die Befestigung der Spannrolle.

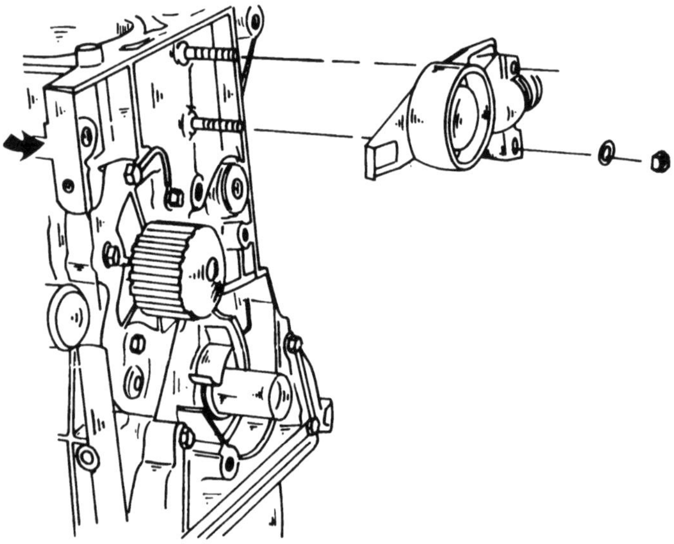

Bild 13
Befestigung der Spannwelle für den Zahnriemen. Der Pfeil weist auf die Lage der Mutter zur Befestigung des Verriegelungsfingers, welche als erstes zu lösen ist.

- Die fünf Befestigungsschrauben der Wasserpumpe entfernen und die komplette Wasserpumpe ausbauen.
- Die beiden Befestigungsschrauben des Thermostatgehäuses entfernen und das Thermostatgehäuse abheben.
- Die acht Befestigungsschrauben des Schwungrades entfernen und das Zahnsegment zum Arretieren des Schwungrades (falls verwendet) und das Schwungrad ausbauen.
- Die drei Befestigungsschrauben der Ölpumpe von der Motorunterseite her entfernen. Die Distanzplatte zur Ölfilterseite herausziehen, die Antriebskette aus dem Ölpumpenzahnrad aushängen und die Ölpumpe ausbauen. Bild 14 zeigt, wie die Ölpumpe bei gleichzeitigem Aushängen der Antriebskette herausgenommen wird.
- Das Lagerschild auf der Steuerseite ausbauen (6 Schrauben, davon zwei kurze).
- Das Kettenrad für den Antrieb der Ölpumpe und den Keil von der Kurbelwelle abnehmen und die Kette ausbauen.

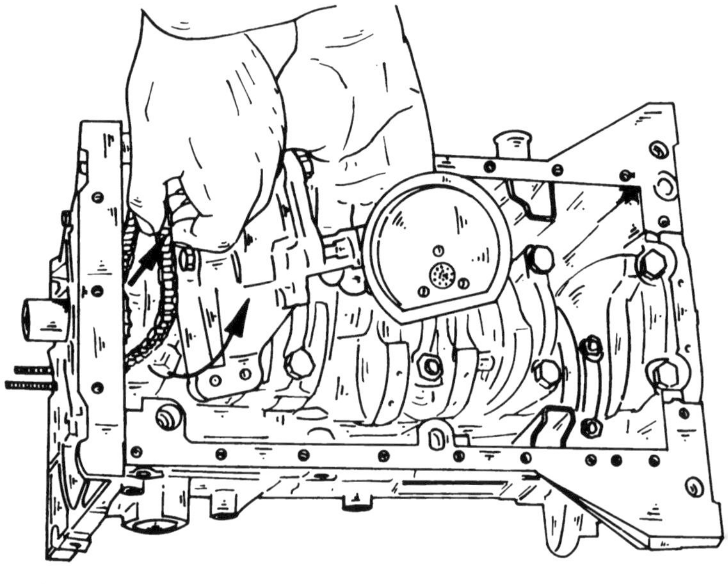

Bild 14
Ausbau der Ölpumpe

- Den Dichtring aus dem Lagerschild ausbauen und wegwerfen. Er darf nicht wieder verwendet werden.
- Die Laufbüchsenhalter abnehmen und die Kolben und die Laufbüchsen mit einem Filzstift kennzeichnen.
- Die Befestigungsmuttern der Pleuellagerdeckel entfernen, die Lagerdeckel abnehmen und jede Laufbuchse zusammen mit Kolben und Pleuelstange ausbauen und geordnet ablegen. Die Kolben aus den Laufbüchsen herausziehen.
- Die Hauptlagerdeckel ausbauen, nachdem die Deckel und das Kurbelgehäuse auf einer Seite an gegenüberliegenden Stellen gekennzeichnet wurden. Der mittlere Lagerdeckel ist zusätzlich mit zwei seitlichen Schrauben im Motorblock befestigt. Die Lagerdeckel und die Lagerschalen geordnet ablegen.
- Die Kurbelwelle herausheben und die oberen Lagerschalenhälften ablegen. Bild 15 zeigt die Teile der Kurbelwellenmontage.

Bild 16 zeigt die Einzelteile des zerlegten Zylinderblocks.

2.2.1 Kolben und Pleuelstangen zerlegen

- Die Kolbenringe nur von den Kolben abnehmen, falls sie ersetzt werden müssen. Für den Ausbau

Bild 15
Die Befestigungsweise der Kurbelwelle

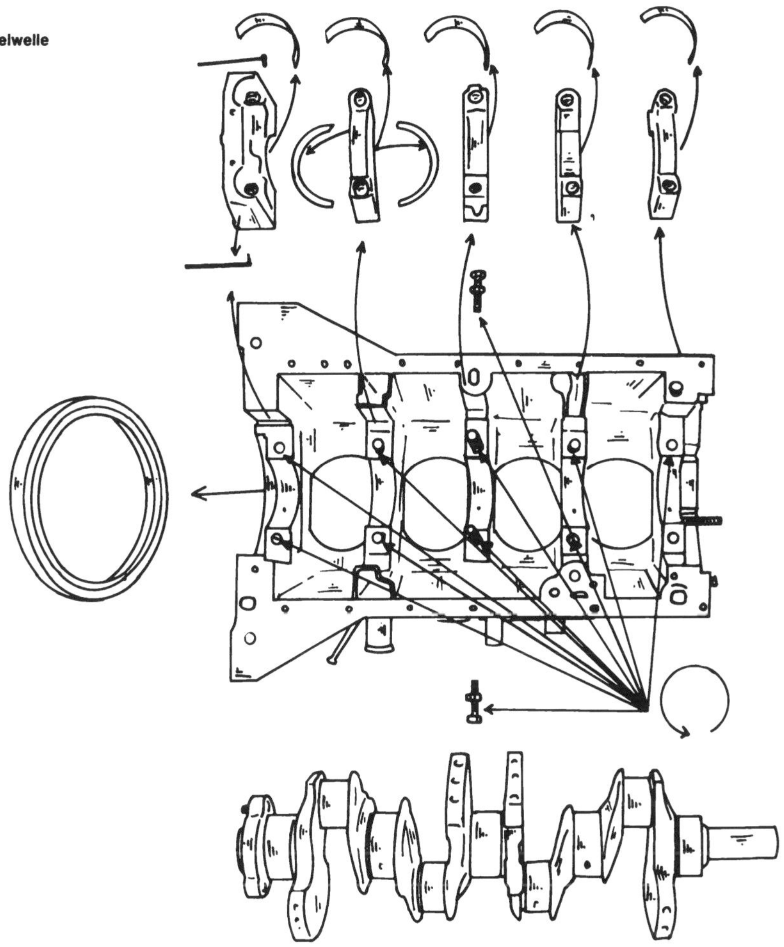

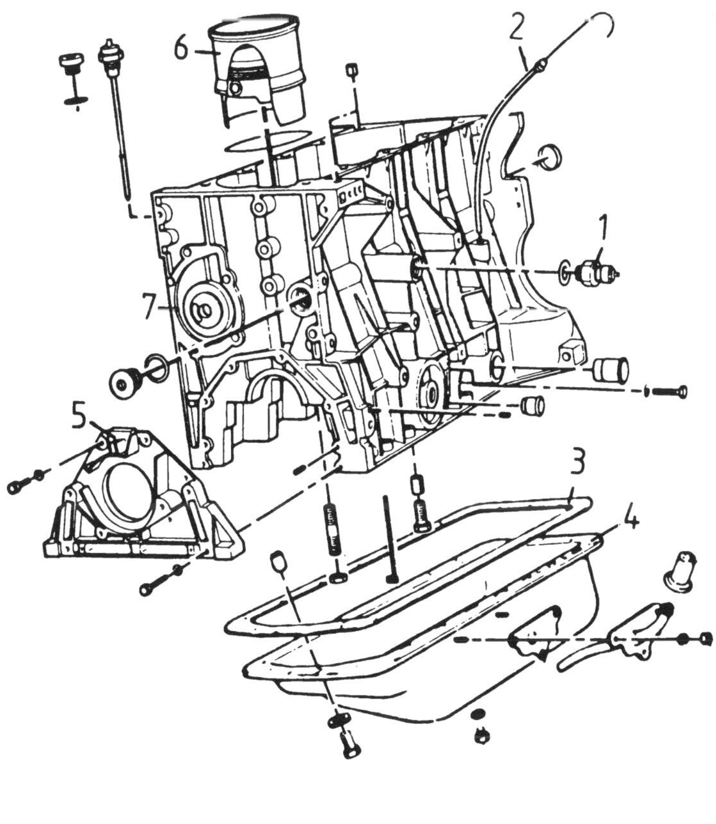

Bild 16
Die Einzelteile des zerlegten Zylinderblocks

1 Öldruckschalter
2 Ölmessstab
3 Dichtung
4 Ölwanne
5 Steuerseitiges Lagerschild
6 Laufbüchse mit Kolben und Fussdichtung
7 Zylinderblock

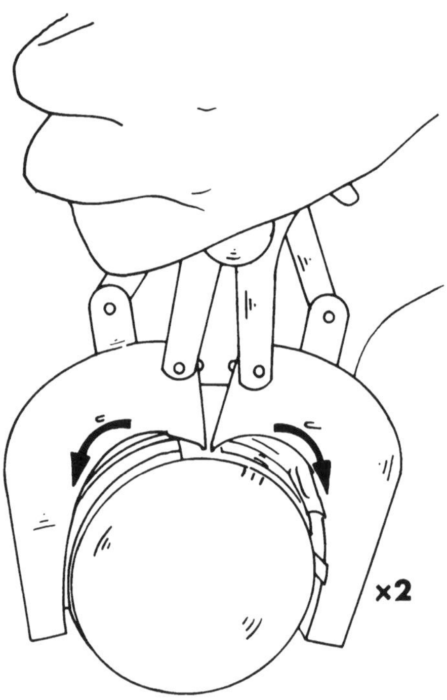

Bild 17
Abnehmen der Kolbenringe mit einer Kolbenringzange

eine handelsübliche Kolbenringzange verwenden, wie es in Bild 17 gezeigt ist.

- Der Kolbenbolzen ist im Pleuelstangenauge eingepresst. Für den Ausbau und Einbau des Kolbenbolzens benötigt man einen Spezialwerkzeugsatz, d. h. ein Prisma mit einem Haltebügel und Dorne sowie eine Auflagebüchse. Den Kolben in das «V» des Prismas einlegen und den Bolzen unter der Presse mit Hilfe des Spezialdorns auspressen, wie es in Bild 18 gezeigt ist.

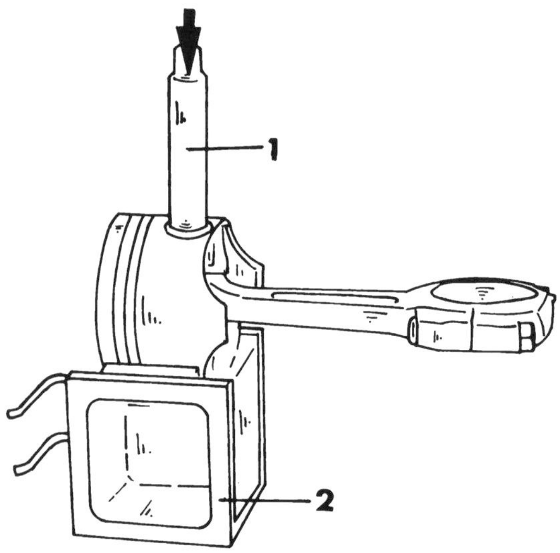

Bild 18
Auspressen des Kolbenbolzens aus Kolben und Pleuelstange

1 Pressdorn 2 V-Prisma

2.3 Zusammenbau des Motors

Die folgenden Allgemeinhinweise sollte man beim Zusammenbau beachten:

- Kontrollieren, ob alle Teile sauber und frei von Fremdkörpern sind, ehe sie zusammengebaut werden.
- Einen Ölschmierfilm an alle Teile, die sich drehen oder die gleiten, auftragen. Dies ist vor dem Zusammenbau durchzuführen und nicht nachdem die Teile bereits zusammengebaut sind, da sonst das Öl nicht an die eigentlichen Lagerstellen heran kann. Es ist besonders wichtig, dass Kolben, Kolbenringe und Zylinderwandungen vor dem Zusammenbau reichlich mit Motorenöl geschmiert werden.
- Alle Teile des Zylinderblocks gründlich reinigen, wenn der Motor vollkommen zerlegt wurde. Bei teilweiser Zerlegung darauf achten, dass keine Fremdkörper in die nicht zerlegten Teile des Motors oder in Hohlräume fallen können. Alle Öffnungen entweder abkleben oder mit Lappen abdecken, um dies zu vermeiden.
- Ölkanäle und -bohrungen am besten mit Pressluft ausblasen. Falls keine Luft zur Verfügung steht, die Kanäle oder Bohrungen mit einem Stück Holz durchstossen, niemals mit Metallgegenständen. Dichtringe, Dichtungen usw. sollten immer erneuert werden. Auf keinen Fall an diesen Teilen sparen und ursprünglich beschädigte Teile wieder verwenden.
- Grundsätzlich sollen alle Dichtungen ersetzt werden. Alle wiederverwendbaren Teile sorgfältig reinigen und auf Beschädigungen und Verschleiss prüfen. Kritische Abmessungen mit den Angaben in der Mass- und Einstelltabelle vergleichen. Die Dichtflächen nicht mit einem Metallschalter bearbeiten, sondern Dichtungsmassereste mit einem geeigneten Lösungsmittel aufweichen und mit einem Holzspatel entfernen. Gleitende Teile insbesondere auf Riefen und Fressspuren und den Motorblock auf Risse prüfen.
- In der Mass- und Einstelltabelle (Kapitel 15) sind die Verschleissgrenzen der meisten sich bewegenden Teile angegeben. Falls Zweifel über einen Teil bestehen, oder die Verschleissgrenze bald erreicht ist, ist es vielleicht besser, wenn man das Teil erneuert, um sich eine baldige Wiederzerlegung zu ersparen.
- Alle Ersatzteile nur von einer Peugeot-Vertre-

tung beziehen, wobei die Motornummer anzugeben ist. Da Teile ständig verbessert und dadurch geändert werden, ist Ihr Peugeot-Lieferant in der Lage, Ihnen das richtige Teil zu verkaufen.

Ehe mit dem eigentlichen Zusammenbau des Motors begonnen wird, muss man das Überstehmass der Zylinderlaufbüchsen ausmessen. Die Laufbüchsen sind am Fuss mit «O»-Dichtringen versehen, welche jedoch keinen Einfluss auf das Überstehmass der Laufbüchsen haben. In fast allen Fällen wird das Überstehmass stimmen, muss jedoch zur Sicherheit immer kontrolliert werden. Die «O»-Dichtringe befinden sich an der in Bild 16 gezeigten Stelle.

Bei der Kontrolle des Überstehmasses der Laufbüchsen folgendermassen vorgehen:

- Laufbüchsen/Kolben/Pleuelstangen ohne die «O»-Dichtringe in den Zylinderblock einsetzen. Darauf achten, dass die Markierungen an Laufbüchse und Kolben in eine Linie kommen und dass der Pfeil im Boden des Kolbens zur Vorderseite, d. h. zur Steuerseite des Motors weist (Bild 19).

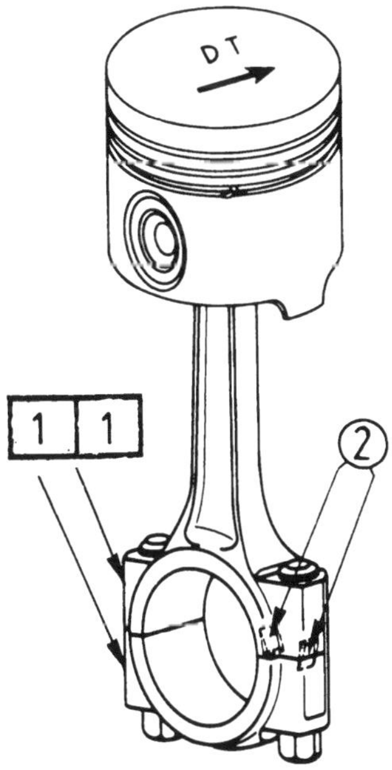

Bild 19
Orientierung von Kolben und Pleuelstangen

1 Markierung an Pleuelstange und Lagerdeckel
2 Rastungen der Lagerschalen

- Das Überstehmass jeder Laufbüchse mit einer Tiefenlehre oder dem Spezialmessblock in Bild 20 ausmessen. Zuerst das Überstehmass zwischen jeder Laufbüchse und der Zylinderblockfläche und danach den Unterschied zwischen jeweils zwei nebeneinanderliegenden Laufbüchsen ausmessen. Der Unterschied zwischen zwei Laufbüchsen darf 0,05 mm nicht überschreiten. Die Laufbüchsen müssen alle innerhalb 0,08–0,15 mm über den Zylinderblock herausstehen. Die Laufbüchsen auf beiden Seiten des Zylinderblocks ausmessen.

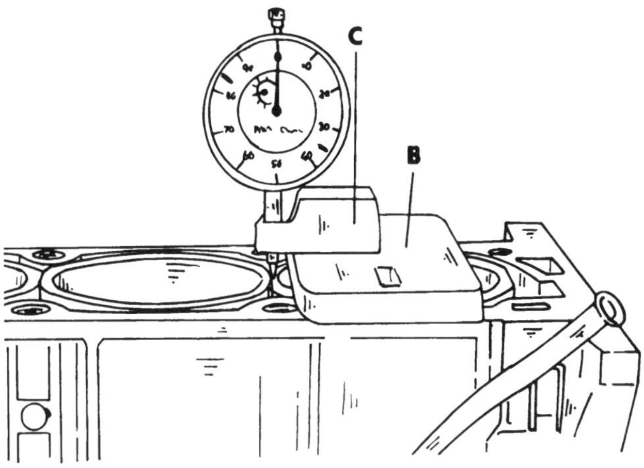

Bild 20
Ausmessen des Überstehmasses der Zylinderlaufbüchsen mit dem Spezialmessblock und einer Messuhr

B Messplatte C Messuhrhalter

- Falls das richtige Überstehmass nicht erhalten wird, muss man die betreffende Laufbüchse wieder herausnehmen und auf Fehler oder eingetretenen Schmutz untersuchen, da es sein kann, dass Fremdkörper zwischen die Laufbüchse und den Sitz im Zylinderblock eingedrungen ist.
- Laufbüchseneinheit wieder ausbauen und den «O»-Dichtring an der in Bild 16 gezeigten Stelle anbringen, ohne ihn zu verdrehen.

Der Motor kann jetzt in folgender Reihenfolge zusammengebaut werden.

- Kolben und Pleuelstangen zusammenmontieren, wie es in Kapitel 2.5.3 beschrieben ist.
- Die Kolben in die Laufbüchsen montieren, wie es in Kapitel 2.5.3 beschrieben ist.
- Laufbüchseneinheiten entsprechend den nach Ausmessung des Überstehmasses eingezeichneten Zylindernummern (siehe Bild 21) in den Zylinderblock einsetzen und gut nach unten drücken. Alle Laufbüchsen mit den Klemmstükken befestigen. Unter keinen Umständen darf es möglich sein, dass die Laufbüchsen oder Kolben beim Umkehren des Motors aus den Bohrungen rutschen können.
- Pleuellagerschalen entsprechend den Kenn-

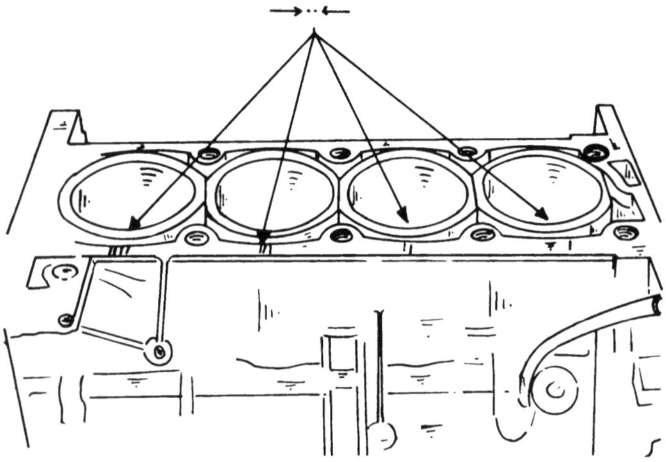

Bild 21
Nach Ausmessen des Überstehmasses der Laufbüchsen jede Laufbüchse und den Zylinderblock an gegenüberliegenden Stellen mit der Zylindernummer zeichnen

zeichnungen in die Pleuelstangen einlegen (falls die ursprünglichen wieder verwendet werden). Die Führungsnasen der Schalen müssen in die Aussparungen der Pleuelbohrungen eingreifen.

- Hauptlagerschalen mit den Schmierölnuten in die Bohrungen einlegen. Die Führungsnasen müssen in die Aussparungen der Lagerbohrungen eingreifen.
- Am Lager Nr. 2 (Nr. 1 ist neben der Kupplung) die Anlaufscheiben mit dem Gleitbelag zur Kurbelwelle einsetzen.
- Die Lagerschalen reichlich mit Öl einschmieren und die Kurbelwelle in die Lagerschalen einlegen. Zum Ölen eine Ölkanne verwenden und das Öl mit dem Finger verreiben. Keinen Pinsel zur Ölauftragung benutzen.
- Die Lagerdeckel mit eingesetzten Lagerschalen (Anlaufscheiben im Deckel des Lagers Nr. 2) in der ursprünglichen Anordnung montieren. Die Lagerdeckel sind numeriert, und der angegossene Ansatz muss zur Steuerseite zeigen. Am mittleren Lagerdeckel die beiden seitlichen Schrauben nicht vergessen.
- Das Axialspiel der Kurbelwelle jetzt folgendermassen kontrollieren:
  - — Eine Messuhr mit einem geeigneten Halter an der Stirnseite des Motors anbringen und den Messstift auf den Bund der Kurbelwelle ansetzen, wie es aus Bild 22 ersichtlich ist. Falls man eine Messuhr mit Magnetstand besitzt, kann man den Stand auf die Welle setzen und den Messstift auf der geschliffenen Fläche des Blocks ansetzen.
  - — Die Kurbelwelle mit einem Schraubenzieher auf eine Seite drücken und die Messuhr auf «Null» stellen.
  - — Jetzt die Kurbelwelle auf die andere Seite drücken und die Anzeige der Messuhr ablesen. Der angezeigte Wert sollte zwischen 0,07 und 0,27 mm liegen.
  - — Falls das Axialspiel grösser ist, müssen zwei Übergrösse-Halbscheiben eingebaut werden. Beide Scheiben müssen die gleiche Stärke haben. Scheiben stehen in Stärken von 2,35, 2,40, 2,45 und 2,50 mm, ausser der Nennstärken-Scheibe von 2,30 mm, zur Verfügung.
- Pleuellagerdeckel zusammen mit den Lagerschalen aufsetzen. Darauf achten, dass die Schalen zu den jeweiligen Pleuelstangen gehören, wenn die ursprünglichen wieder eingebaut werden sollen. Die beim Zerlegen eingezeichne-

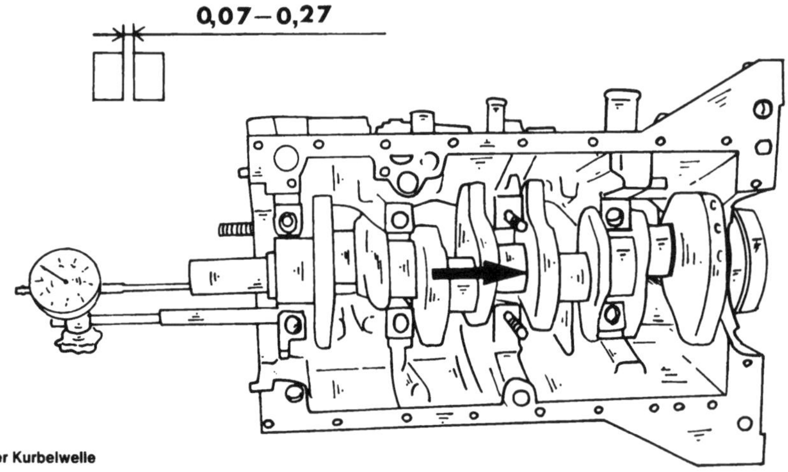

Bild 22
Ausmessen des Axialspiels der Kurbelwelle

ten Zylindernummern müssen auf der gleichen Seite liegen.

- Pleuellagermuttern der Reihe nach auf die Stiftschrauben der Pleuelstangen aufschrauben. Die Muttern jedes Pleuels abwechselnd auf ein Drehmoment von 49 Nm anziehen. Je zwei der Pleuel müssen dabei im unteren Totpunkt stehen. Danach die Kurbelwelle durchdrehen und die beiden anderen Pleuellager montieren.
- Das Lagerschild an der Kupplungsseite mit einem neuen Öldichtring montieren. Den Dichtring gerade mit einem passenden Dorn einschlagen.
- Das Antriebszahnrad der Ölpumpe mit dem Keil und der Kette auf die Kurbelwelle montieren.
- Das Lagerschild der Steuerseite montieren. Darauf achten, dass die beiden Passbüchsen im Zylinderblock stecken und um 7,25 mm vorstehen, wie es in Bild 23 gezeigt ist. Die Anlagefläche des Lagerschildes mit Loctite-Dichtungsmasse einstreichen. Die beiden oberen Befestigungsschrauben sind kürzer als die übrigen. Die Schrauben mit 16 Nm anziehen. Den Dichtring vorsichtig mit einem passenden Dorn in das Lagerschild und über das Ende der Kurbelwelle schlagen, bis die Aussenseite bündig abschneidet.
- Beim Einbau der Ölpumpe die Antriebskette über das Ölpumpenzahnrad legen, die Ölpumpe montieren und die Unterlegplatten von der Ölfilterseite her zwischen Pumpe und Zylinderblock schieben. Bild 24 zeigt den Einbau der Pumpe. Die Befestigungsschrauben anziehen. Die beiden Schrauben links auf 19 Nm, die beiden Schrauben rechts auf 13 Nm anziehen. Dabei wird auf das geöffnete Kurbelgehäuse geschaut, wenn die Antriebskette vorn liegt.
- Die Ölwanne mit einer neuen Dichtung montieren.
- Das Ölabsaugrohr mit einer neuen Dichtung montieren. Die drei Schrauben mit nur 4–5 Nm anziehen.
- Das Schwungrad montieren. Neue Schrauben verwenden und diese vor dem Einsetzen mit flüssiger Gewindesicherung Loctite versehen.

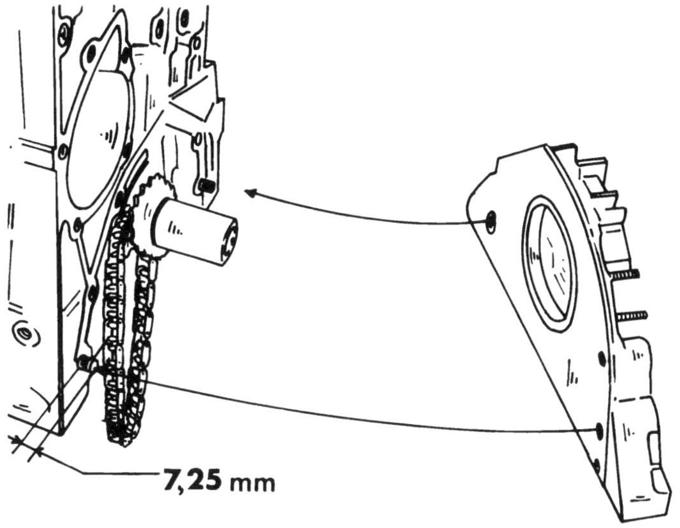

Bild 23
Einzelheiten zum Einbau des vorderen Lagerschildes. Auf das richtige Vorstehmass der Passstifte achten. Die Fläche (Pfeile rechts) mit Dichtungsmasse einschmieren.

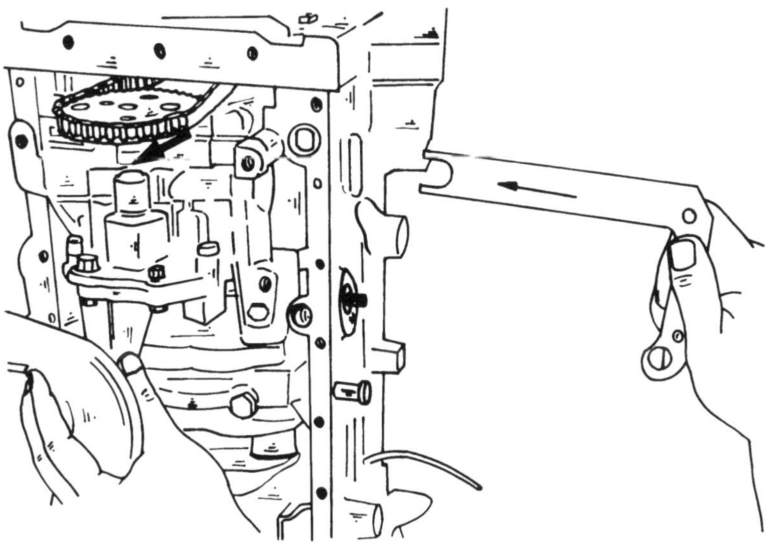

Bild 24
Einbau der Ölpumpe. Die Unterlegplatte in der gezeigten Weise einsetzen.

Das Schwungrad zum Anziehen der Schrauben mit dem Zahnsegment in Bild 11 blockieren und die Schrauben mit 50 Nm anziehen.

- Die Mitnehmerscheibe und die Kupplungsdruckplatte montieren und die Scheibe mit dem Zentrierdorn mittig ausrichten. Die Befestigungsschrauben einsetzen und gleichmässig ringsherum mit 22 Nm anziehen.
- Anschlussgehäuse mit einer neuen Dichtung anbringen. Die beiden Schrauben mit 16 Nm anziehen. Den Stopfen mit neuem Dichtring einschrauben und mit 20 Nm anziehen.
- Die Wasserpumpe mit neuer Dichtung montieren (Bild 25) und die 5 Schrauben mit 15 Nm anziehen.
- Die Zahnriemenspannrolle mit dem Verriegelungsfinger einbauen, die Befestigungsmuttern aber erst provisorisch anziehen.
- Den Sitz der beiden Passbüchsen in der oberen Dichtfläche des Zylinderblocks prüfen. Die beim Ausbau des Zylinderkopfes hineingetriebene Büchse vorn an der Schwungradseite herausziehen und durch einen von der Vorderseite in den Zylinderblock gesteckten 5-mm-Dorn sichern.
- Eine neue Zylinderkopfdichtung mit hinten links nach oben gerichteter Markierung trocken auflegen.
- Den Zylinderkopf nach der Beschreibung im entsprechenden Kapitel einbauen. Die Zylinderkopfschrauben vorschriftsmässig anziehen.
- Das Ventilspiel einstellen (Kapitel 2.4.5).
- Die beiden Thermoschalter in das Thermostatgehäuse einschrauben und mit 18 Nm anziehen.
- Den Thermostat mit zwei neuen Dichtungen und den Anschlussstutzen in das Thermostatgehäuse einbauen.
- Das komplette Thermostatgehäuse mit einer neuen Dichtung am Zylinderkopf montieren.
- Das für die Einstellung des Ventilspiels provisorisch montierte Nockenwellenzahnrad abnehmen, den Nockenwellendichtring mit einem passenden Dorn einschlagen und die Abdeckplatte montieren.
- Das Nockenwellenrad montieren. Die Schraube mit einem Drehmoment von 80 Nm anziehen. Dabei das Nockenwellenrad in geeigneter Weise gegenhalten. Ein Dorn kann in einen Durchbruch des Nockenwellenrades eingesetzt werden, um es gegen Mitdrehen zu halten.
- Die Kurbelwelle und die Nockenwelle in Einstellposition bringen. Die Nockenwelle durch Einführung des speziellen Fühlstabes blockieren. Dabei handelt es sich um einen Rundstab von 10 mm Durchmesser. Das Kurbelwellenzahnrad und die Keilriemenscheibe montieren (Schraube erst provisorisch anziehen) und den Fühlstab durch die Keilriemenscheibe einführen, wie es aus Bild 26 ersichtlich ist. Die Keilriemenscheibe wieder abnehmen, ohne die Kurbelwelle zu drehen.
- Den Zahnriemen so auflegen, dass die Markie-

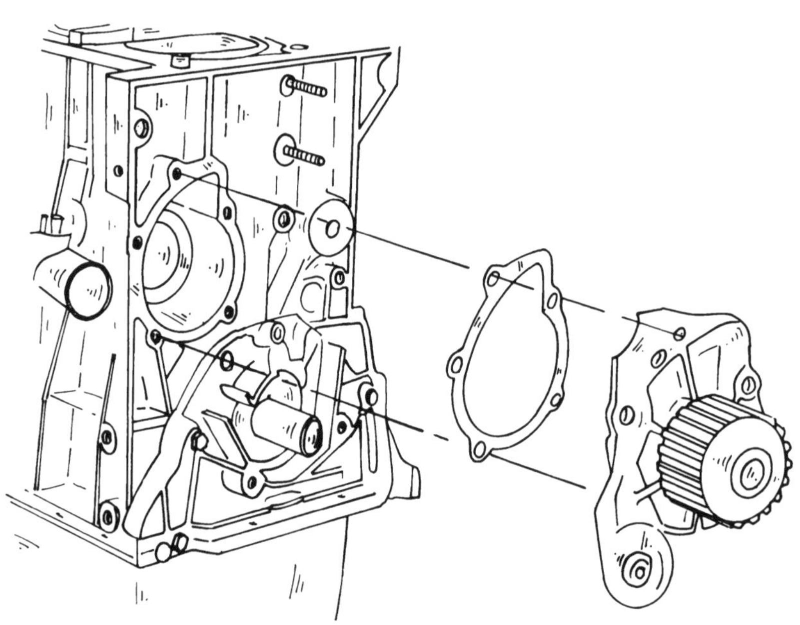

Bild 25
Befestigung der Wasserpumpe an der Vorderseite des Zylinderblocks

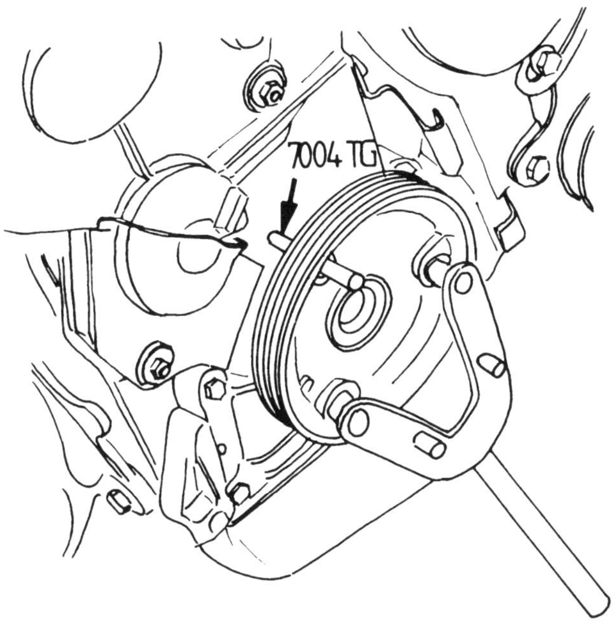

Bild 26
Blockieren der Kurbelwelle in Einstellposition der Steuerung mit dem Fühlstab

rungen am Zahnriemen und an den Zahnrädern übereinstimmen und der Pfeil im Uhrzeigersinn zeigt. Bild 27 zeigt den aufgelegten Riemen mit der Ausrichtung der Steuerzeichen.

- Die Keilriemenscheibe der Kurbelwelle montieren. Zum Anziehen der Befestigungsschraube

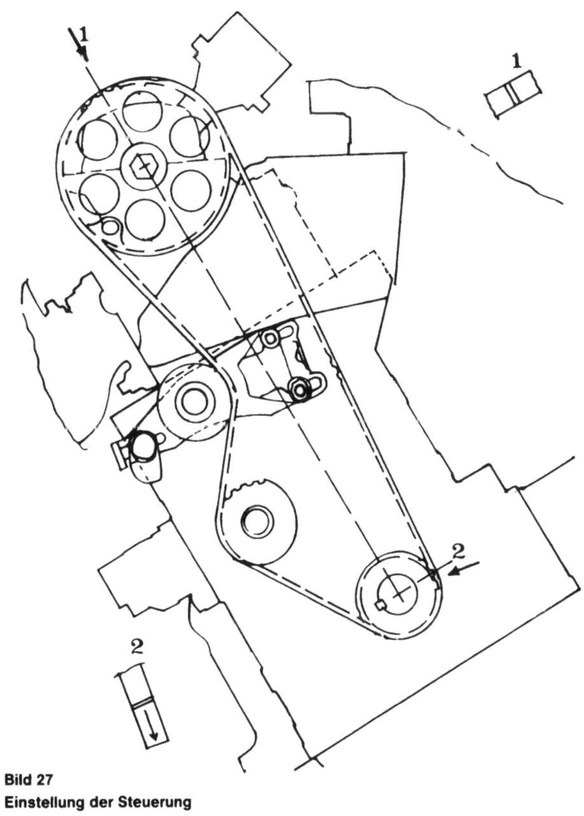

Bild 27
Einstellung der Steuerung

1 Ansicht «1» 2 Ansicht «2»

die Riemenscheibe mit einem Hakenschlüssel blockieren, keinesfalls mit dem Fühlstab.
- Den Verriegelungsfinger der Spannrolle freigeben und die beiden Befestigungsschrauben der Spannrolle provisorisch festziehen.
- Die Kurbelwelle an der Riemenscheibe mit dem Hakenschlüssel um mindestens 2 Umdrehungen im Uhrzeigersinn durchdrehen und den Zahnriemen ausrichten. Die Kurbelwelle im oberen Totpunkt des Zylinders Nr. 1 anhalten. Dabei fluchtet die Nullmarke auf dem Schwungrad mit der Gehäusemarke am Kupplungsgehäuse.
- In dieser Stellung die beiden Befestigungsmuttern der Spannrolle lösen und wieder anziehen.
- Alle anderen Arbeiten in umgekehrter Reihenfolge wie beim Ausbau durchführen. Die Schraube der Kurbelwellenriemenscheibe mit 110 Nm anziehen.

2.4 Der Zylinderkopf

2.4.1 Ausbau

Der Zylinderkopf kann bei eingebautem Motor ausgebaut werden.

- Das Fahrzeug vorn mit hängenden Rädern aufbocken und das rechte Vorderrad ausbauen.
- Das Kühlwasser ablassen und die beiden Batterieklemmen abklemmen.
- Den Luftfilter ausbauen.
- Die Kraftstoffleitungen abschliessen.
- Beide Kühlwasserschläuche vom Thermostatgehäuse abschliessen.
- Alle Schläuche zwischen Zylinderkopf und Karosserie und Zylinderkopf und Zylinderblock in geeigneter Weise kennzeichnen und abschliessen.
- Den Gaszug aushängen.
- Die Befestigungsschraube des Motorenöl-Einfüllstutzens entfernen.
- Die elektrischen Verbindungen zum Zündverteiler, zum Thermoschalter am Thermostatgehäuse und andere sichtbare Kabel abklemmen.
- Den Flansch des Auspuffrohres vom Krümmer abschliessen.
- Den in Bild 26 gezeigten Fühlstab (10-mm-Rundstab) an der Kurbelwellenriemenscheibe etwa in 11-Uhr-Stellung einführen, um die Kurbelwelle in Steuereinstellposition zu blockieren (Kolben in halber Hubhöhe).

- Die obere und untere Zahnriemenabdeckung ausbauen.
- Die beiden Befestigungsmuttern der Zahnriemenspannrolle lösen und die Kontermutter an der Rückseite des Verriegelungsfingers lösen. Den Verriegelungsfinger um eine Viertelumdrehung im Uhrzeigersinn drehen (6 mm Vierkant an der Rückseite). Bild 28 zeigt Einzelheiten dieser Arbeit.
- Den Zahnriemen vom Nockenwellenrad abnehmen.
- Den Zylinderkopfdeckel ausbauen.

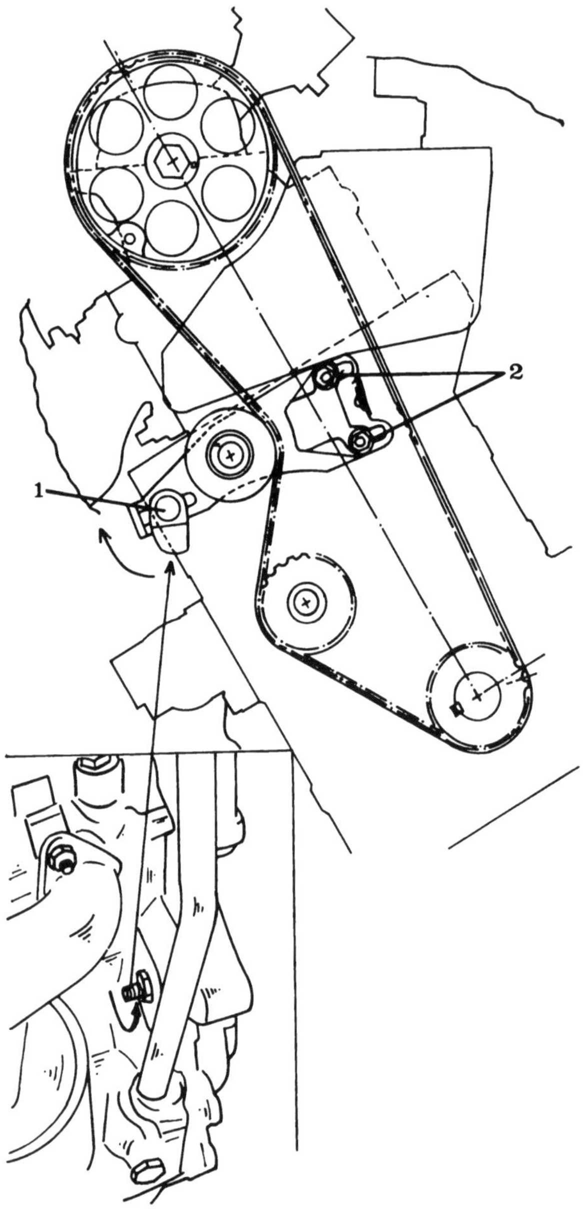

Bild 28
Einzelheiten zum Ausbau der Spannrolle des Zahnriemens. Die Mutter des Verriegelungsfingers an der Rückseite lösen und den Finger in Pfeilrichtung verdrehen.

1 Verriegelungsfinger 2 Befestigungsmuttern

- Die Zylinderkopfschrauben in der umgekehrten Anzugsreihenfolge von Bild 29 lösen und die Schrauben herausziehen.

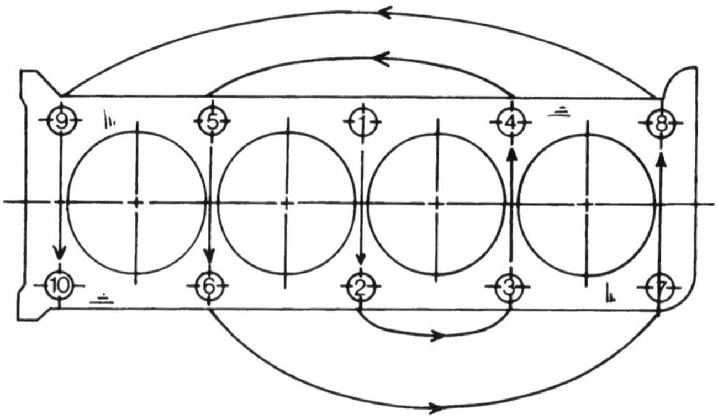

Bild 29
Anzugsreihenfolge der Zylinderkopfschrauben. Die Schrauben in umgekehrter Reihenfolge lösen.

- Die Zentrierbüchse vorn links zwischen Zylinderkopf und Zylinderblock in den Zylinderblock eintreiben.
- Durch vorsichtiges Schlagen mit einem Kunststoffhammer in horizontaler Richtung den Zylinderkopf um die Zentrierbüchse hinten rechts im Zylinderkopf drehen, um die Dichtung zu lösen, und den Zylinderkopf ausbauen.
- Die Zylinderlaufbüchsen sofort mit zwei Laufbüchsenhaltern sichern, die zwischen den Zylindern 1 und 2, bzw. 3 und 4 angebracht werden. Wenn sich die Laufbüchsen bewegen, besteht die Gefahr, dass Schmutz in die untere Dichtfläche eindringen kann.
- Die Dichtflächen am Zylinderblock und am Motorblock mit Reinigungsmitteln für Dichtflächen behandeln. Die Dichtflächen dürfen keinesfalls mit einem harten Schaber oder mit Schleifpapier gereinigt werden.
- Nötigenfalls das Überstehmass der Zylinderlaufbüchsen ausmessen, wie es in Kapital 2.3 beschrieben wurde.

Nach dem Ausbau des Kopfes alle Nebenteile abmontieren und die Ventile in der üblichen Weise ausbauen.

Ein Montagebild des Zylinderkopfes ist in Bild 30 gezeigt.

2.4.2 Zerlegung und Überholung

Es wird angenommen, dass bereits alle Nebenteile des Zylinderkopfes abmontiert wurden.

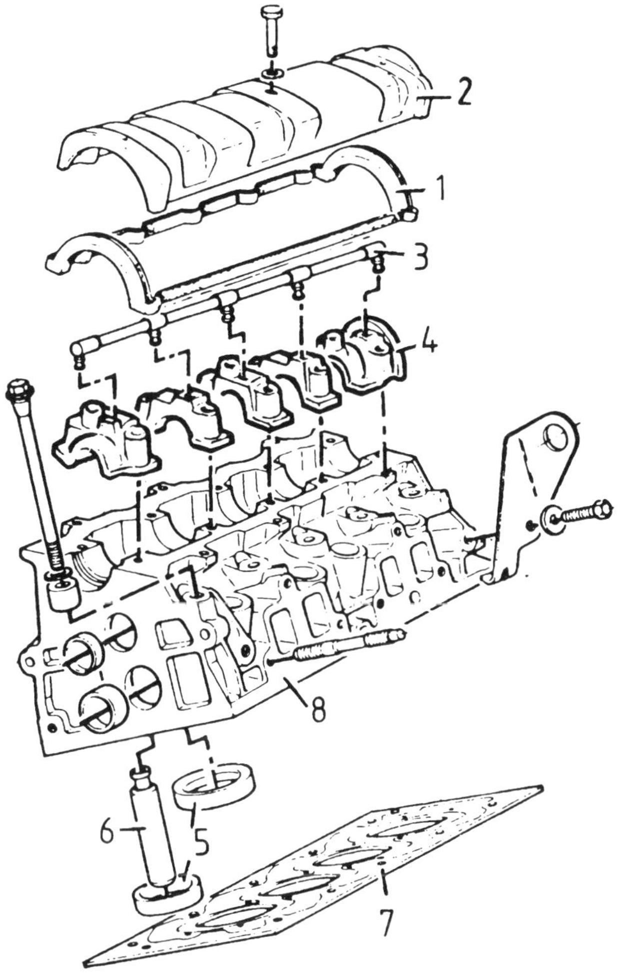

Bild 30
Montagebild des Zylinderkopfes ohne Ventile

1 Dichtung
2 Zylinderkopfhaube
3 Ölleitung
4 Nockenwellenlagerdeckel
5 Ventilsitz
6 Ventilführung
7 Dichtung
8 Zylinderkopf

- Das äussere Nockenwellenlager auf der Schwungradseite ausbauen. Eine Schraube ist von der Innenseite des Zündverteilerhalters her zugänglich.
- Das Nockenwellensteuerrad ausbauen. Zum Lösen der Befestigungsschraube das Steuerrad mit einem Zapfenschlüssel gegenhalten, wie er in Bild 31 gezeigt ist.
- Den Deckel von der Vorderseite des Zylinderkopfes abschrauben.
- Die Schmierleitung oberhalb der Nockenwelle ausbauen.
- Alle Nockenwellenlagerdeckel ausbauen und die Nockenwelle herausheben. Der Öldichtring befindet sich am vorderen Ende und muss abgenommen werden.

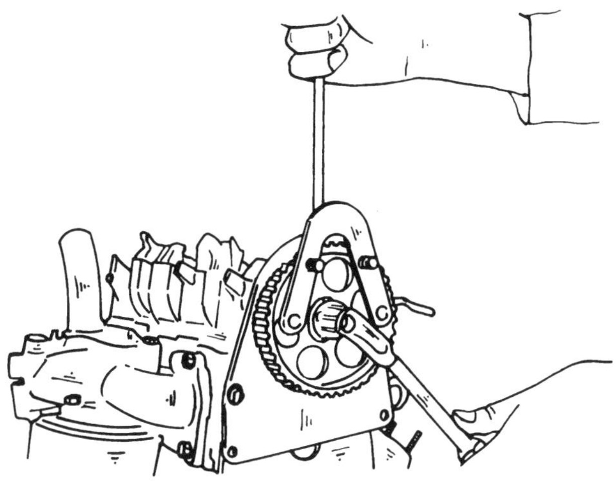

Bild 31
Lösen der Schraube des Nockenwellensteuerrades bei gleichzeitiger Gegenhaltung des Steuerrades

- Die Ventilstössel herausnehmen, eventuell mit Hilfe eines Saugnapfes, und geordnet ablegen. Die Ventileinstellscheiben mit den betreffenden Stösseln zusammenhalten.
- Die Ventilfedern mit Hilfe einer passenden Ventilfederzange zusammendrücken und die Keile, Federteller, Federn und Ventile ausbauen. Alle Teile in Einbaureihenfolge zusammenhalten. Bild 32 zeigt, wie der Ventilheber angesetzt wird.

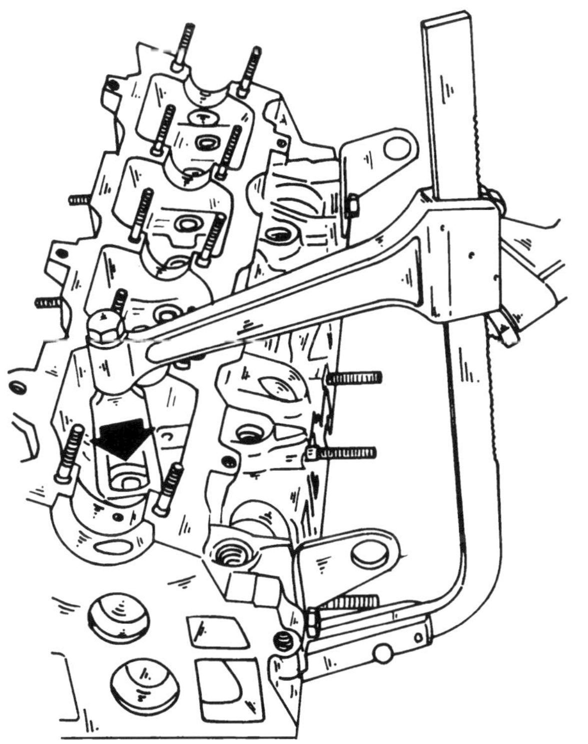

Bild 32
Zusammendrücken einer Ventilfeder beim Ausbau der Ventile

2.4.2.1 Ventile

Kleinere Beschädigungen der Ventiltellerflächen können durch Einschleifen der Ventile in die Sitze des Zylinderkopfes berichtigt werden, wie es in Kapitel 2.4.2.2 beschrieben wird.

- Ventile entsprechend den Angaben in Kapital 15 ausmessen und alle nicht diesen Massen entsprechenden Ventile erneuern.
- Falls die Enden der Ventilschäfte Verschleiss aufweisen, können sie an einer Schleifmaschine glatt geschliffen werden, vorausgesetzt, dass man nicht mehr als 0,50 mm des Materials zur Korrektur entfernen muss.
- Die Teller der Ventile können in einer Ventilschleifmaschine nachgeschliffen werden, vorausgesetzt, dass die Ventiltellerstärke nach dem Schleifen nicht kleiner als 0,5 mm wird.
- Die Ventilschäfte, und in diesem Zusammenhang die Innendurchmesser der Ventilführungen kontrollieren. Falls Verschleiss stattgefunden hat, müssen die Ventilführungen vielleicht erneuert werden. In diesem Fall sollte man sich an eine Peugeot-Werkstatt wenden.

2.4.2.2 Ventilsitze

- Alle Ventilsitze auf Zeichen von Verschleiss oder Narbenbildung kontrollieren. Leichte Verschleisserscheinungen können mit einem 45°-Fräser entfernt werden. Falls der Sitz jedoch bereits zu weit eingelaufen ist, müssen die Ventilsitze neu gefräst werden, oder man muss die Ventilsitzringe erneuern. Die letztere Arbeit erfordert das Aufbohren der Ventilsitzaufnahmen und sollte einer Peugeot-Werkstatt überlassen werden.
- Die Ventilsitze müssen nachgefräst werden, wenn neue Ventilführungen eingezogen wurden.
  - Den Ventilsitzwinkel fräsen und danach mit einem Korrekturfräser die Oberkante des Sitzes leicht bearbeiten, um die Breite des Ventilsitzes zu verringern und auf eine Breite von 1,45 mm bei den Einlassventilen oder 1,8 mm bei den Auslassventilen zu bringen. Die Fräsarbeiten sind zu beenden, sobald der Sitz innerhalb der angegebenen Breite liegt.
  - Nachgearbeitete Ventilsitze einschleifen. Dazu die Ventilsitzfläche mit etwas Schleifpaste einschmieren und das Ventil in den entsprechenden Sitz einsetzen. Einen Sauger am Ventil anbringen und das Ventil hin- und herbewegen.
  - Nach dem Einschleifen alle Teile gründlich von Schmutz und Schleifpaste reinigen und den Ventilsitz an Ventilteller und Sitzring kontrollieren. Ein ununterbrochener, matter Ring muss an beiden Teilen sichtbar sein und gibt die Breite des Ventilsitzes an.
  - Mit einem Bleistift einige Striche auf dem Ring am Ventilteller anzeichnen. Die Striche sollten ungefähr in Abständen von 1 mm ringsherum eingezeichnet werden. Danach das Ventil vorsichtig in die Führung und in den Sitz fallen lassen und das Ventil um 90° verdrehen, wobei jedoch ein gewisser Druck auf das Ventil auszuüben ist.
  - Ventil wieder herausnehmen und kontrollieren, ob die Bleistiftstriche vom Sitzring entfernt wurden. Falls sich die Ventilsitzbreiten innerhalb der angegebenen Angaben befinden, kann der Kopf wieder eingebaut werden. Andernfalls die Ventilsitze nacharbeiten oder in schlimmen Fällen einen Austauschkopf einbauen. In diesem Fall alle Anbauteile vom alten Kopf abbauen und auf den neuen Kopf übertragen.

2.4.2.3 Ventilfedern

Zur einwandfreien Kontrolle der Ventilfedern sollte ein vorschriftsmässiges Federprüfgerät verwendet werden, um die Länge der Ventilfedern unter der in der Mass- und Einstelltabelle (Kapitel 15) angegebenen Belastung auszumessen. Falls dieses nicht zur Verfügung steht:

- Eine gebrauchte Feder mit einer neuen Feder vergleichen. Dazu beide Federn in einen Schraubstock einspannen und diesen langsam schliessen. Falls beide Federn um den gleichen Wert zusammengedrückt werden, ist dies einen sichere Anzeige, dass sie ungefähr die gleiche Spannung haben. Lässt sich die alte Feder jedoch weitaus kürzer als die neue Feder zusammendrücken, so ist dies ein Zeichen von Ermüdung, und die Federn sollten im Satz erneuert werden.
- Die Federn der Reihe nach so auf eine glatte Fläche aufstellen (Glasplatte), dass sich die geschlossene Wicklung an der Unterseite befindet. Einen Stahlwinkel neben der Feder aufsetzen. Den Spalt zwischen der Feder und dem Winkel an der Oberseite ausmessen, welcher nicht mehr als 2,0 mm betragen darf. Andernfalls ist die Feder verzogen.

2.4.2.4 *Ventilführungen*

Zum genauen Ausmessen der Ventilführungen und Ventilschäfte wird ein Mikrometer gebraucht. Falls der Unterschied zwischen den beiden Massen mehr als 0,10 mm beträgt, muss die betreffende Ventilführung (oder alle) erneuert werden. Falls kein Mikrometer vorhanden ist (Innenmikrometer für die Ventilführungsbohrungen), kann man das Laufspiel der Schäfte in den Führungen folgendermassen ermitteln:

- Die Ventilführungen reinigen, indem man einen in Benzin getränkten Lappen durch die Führungen hin- und herzieht. Ebenfalls die Ventilschäfte einwandfrei reinigen und danach der Reihe nach die Ventile in ihre entsprechenden Bohrungen einsetzen.
- Eine Messuhr mit einem geeigneten Halter an der Oberseite des Zylinderkopfes anbringen und das Ventil aus der Bohrung herausdrücken, bis das Ende des Ventilschaftes bündig mit der Ventilführung auf der anderen Seite des Zylinderkopfes abschneidet.
- Den Ventilteller an der Oberseite hin- und herbewegen und die Anzeige an der Messuhr ablesen. Falls diese mehr als ca. 1,0–1,2 mm beträgt, muss die Ventilführung meistens erneuert werden.
- Den Allgemeinzustand des Zylinderkopfes überprüfen, ehe eine Ventilführung erneuert wird. Zylinderköpfe mit kleinen Rissen zwischen den Ventilsitzen können wieder verwendet und nachgeschliffen werden, vorausgesetzt, dass die Risse nicht zu breit sind.
- Zum Erneuern einer Ventilführung die alte Führung mit einem passenden Dorn aus dem Zylinderkopf herauspressen. Der Zylinderkopf muss in heissem Wasser erhitzt werden, um die Führungen auszuschlagen. Vor dem Ausschlagen das Überstehmass der Führungen an der Oberseite des Zylinderkopfes ausmessen. Der zum Ausbau verwendete Dorn sollte einen Zapfen angedreht haben, welcher in die Innenseite der Führung passt.
- Wenn die Ventilführungen erneuert werden, erneuert man die Ventile ebenfalls. Die Ventilsitze müssen dann nachgeschliffen werden. Ventilführungen stehen in Übergrösse im Aussendurchmesser zur Verfügung (siehe Mass- und Einstelltabelle, Kapital 15). Die Aufnahmebohrungen im Zylinderkopf sind entsprechend aufzubohren.
- Neue Führungen gut einölen und in den Zylinderkopf einpressen, bis das vorstehende Mass dem vor dem Ausbau erhaltenen Mass entspricht.
- Die Ventilführungen nach dem Einpressen auf einen Durchmesser von 8,0 mm – 0,022 mm aufreiben. Zum Aufreiben eine verstellbare Reibahle verwenden. Das vorschriftsmässige Laufspiel der Ventilschäfte wird dabei automatisch hergestellt.

> ***Achtung:*** Die Ventilsitze müssen nachgefräst werden, wenn die Ventilführung erneuert wurde (Kapitel 2.4.2.2).

2.4.2.5 *Zylinderkopf*

Die Dichtflächen von Zylinderkopf und Zylinderblock einwandfrei reinigen und die Zylinderkopffläche auf Verzug kontrollieren. Dazu ein Messlineal auf den Kopf auflegen und mit einer Fühlerlehre den Lichtspalt längs, quer und diagonal zur Zylinderkopffläche ermitteln. Falls sich eine Blattlehre von mehr als 0,10 mm Stärke einschieben lässt, kann man den Zylinderkopf planschleifen lassen. Ist der Spalt an irgendeiner Stelle grösser, muss der Kopf erneuert werden.

Der Zylinderkopf kann plangeschliffen werden, solange man nicht mehr als 0,05 mm abschleifen muss.

2.4.2.6 *Nockenwelle*

Die Nockenwelle wird durch eine Halteplatte an der Fläche des Zylinderkopfes gehalten. Die Platte greift in eine Rille der Nockenwelle ein und hält diese dadurch in ihrer Stellung.

Zum Ausbau der Nockenwelle die Halteplatte abschrauben. Die Nockenwelle vorsichtig herausheben, ohne mit den Nocken oder den Nockenwellenlagern gegen die Lagerbüchsen anzuschlagen.

Die Nockenwelle mit den beiden Endlagerzapfen in Prismen einlegen oder zwischen die Spitzen einer Drehbank spannen und eine Messuhr am mittleren Lagerzapfen ansetzen. Die Nockenwelle langsam durchdrehen und die Anzeige an der Messuhr ablesen. Falls die Anzeige mehr als 0,01 mm beträgt, ist die Welle verbogen und sollte erneuert werden.

Die Lagerzapfen auf sichtbare Schäden hin kontrollieren. Falls diese vorgefunden werden, kann man sich alle weiteren Arbeiten ersparen.

Zum Ausmessen des Axialspiels der Nockenwelle diese in den Zylinderkopf einsetzen und mit der Halteplatte befestigen. Den Zylinderkopf auf eine glatte Fläche aufstellen. Eine Messuhr an der Stirnfläche ansetzen und die Welle hin- und herbewegen. Das Spiel muss zwischen 0,07–0,16 mm liegen. Andernfalls ist die Halteplatte in Bild 33 abgenutzt und muss erneuert werden. In schlimmen Fällen kann auch der Anlageflansch der Nockenwelle abgenutzt sein.

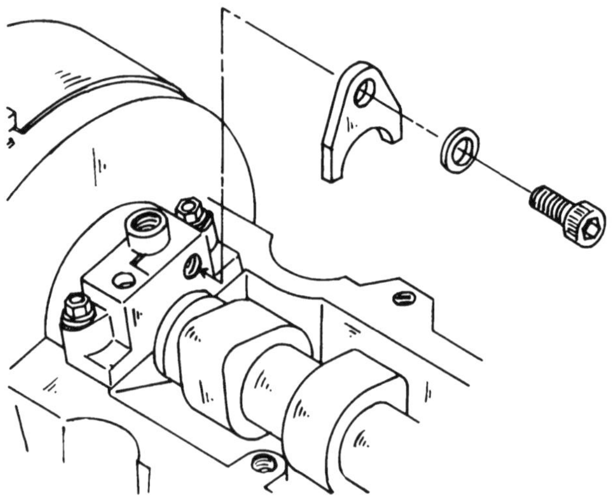

Bild 33
Die Halteplatte bestimmt das Axialspiel der Nockenwelle

2.4.3 Zylinderkopf zusammenbauen

Der Zusammenbau des Zylinderkopfes erfolgt grundsätzlich in umgekehrter Reihenfolge zur Zerlegung.

- Alle Nebenteile des Zylinderkopfes vom alten auf den neuen Zylinderkopf umrüsten, falls ein neuer Zylinderkopf eingebaut wird.
- Alle Teile gründlich reinigen und alle gleitenden und sich drehenden Teile gut mit Motorenöl einschmieren.
- Die Ventile in ihre Führungen einsetzen. Falls die Ventilsitze nachgeschliffen wurden, müssen sie mit den entsprechenden Sitzen zusammengehalten werden. Das gleiche gilt für wieder verwendete Ventile, die man in die ursprünglichen Sitze einsetzen muss.
- Neue Ventilschaftdichtringe an jede Ventilführung. Zuerst den Schutzpfropfen aufstecken und danach die Schaftdichtung auf die Ventilführung stecken.
- Die Ventile unter Bezug auf Bild 35 zusammenbauen. Dazu die Feder über jedes Ventil setzen und mit einem Ventilheber zusammendrücken. Wenn das Ventilschaftende aus der Oberseite des Ventilfedertellers heraussteht, mit einer Spitzzange die beiden Ventilkegelhälften einsetzen. Den Ventilheber langsam zurücklassen und kontrollieren, ob die Kegelhälften gut gehalten werden.
- Mit einem Plastikhammer auf die Oberseite der Ventilschäfte schlagen. Nicht richtig sitzende Ventilkegelhälften fliegen dabei heraus. Zur Vor-

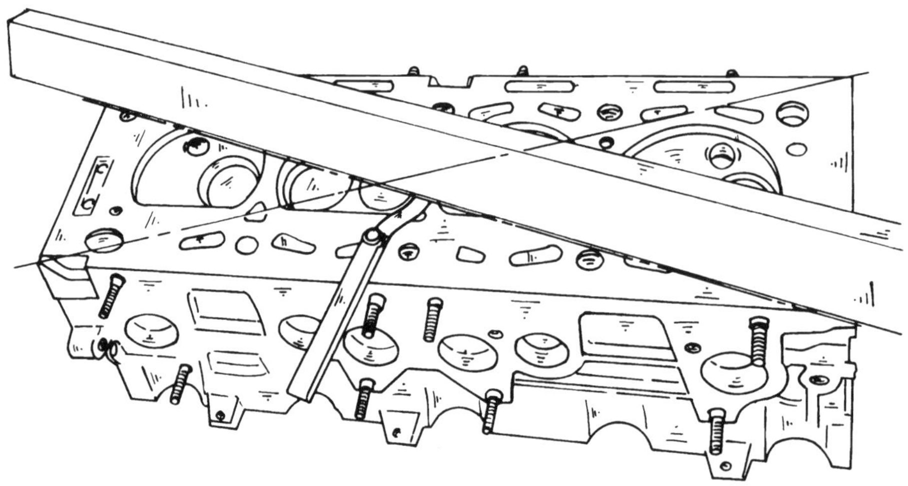

Bild 34
Ausmessen der Zylinderkopffläche auf Verzug.

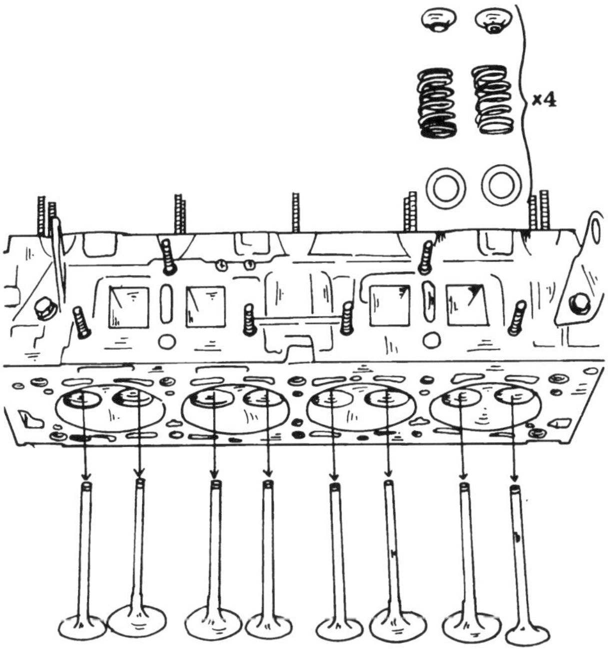

Bild 35
Zum Zusammenbau des Zylinderkopfes

sicht einen Lappen über die Federenden legen, damit die Teile nicht davonfliegen können.

- Die Ventilstössel in der ursprünglichen Anordnung einsetzen. Falls ein Stössel wieder etwas herausgezogen wird, muss er ganz ausgebaut werden, um die richtige Lage der Distanzscheibe zu prüfen, da sich die Scheibe verschieben kann, wenn ein Stössel bewegt wird.
- Lagerzapfen der Nockenwelle mit Motorenöl einschmieren und die Welle vorsichtig in den Zylinderkopf einlegen, ohne dabei mit den Nocken oder Lagerzapfen gegen die Lagersitze anzustossen.
- Wellenhalteplatte am Zylinderkopf anschrauben. Das Axialspiel der Nockenwelle nochmals kontrollieren, wie es in Kapitel 2.4.2.6 beschrieben wurde.
- Die Nockenwelle einbauen, wie es beim Einstellen der Ventilspiele 2.4.5 beschrieben wird.
- Den steuerseitigen Dichtring der Nockenwelle mit einem passenden Rohrstück einschlagen.
- Das Ventilspiel entsprechend der Beschreibung in Kapitel 2.4.5 einstellen.

2.4.4 Zylinderkopf einbauen

- Das Filtersieb des Ölkanals in der vorderen rechten Ecke des Zylinderkopfes muss in jedem Fall erneuert werden.
- Die Zentrierbüchsen hinten rechts und vorn links in den Zylinderblock einsetzen. Die Büchse vorn rechts muss mit einem von vorn in die entsprechende Öffnung des Zylinderblocks hineingesteckten Durchschlag von 5 mm Durchmesser gesichert werden, damit sie beim Aufsetzen des Zylinderkopfes nicht heruntergedrückt wird. Bild 36 zeigt, wie die Arbeit durchgeführt wird.

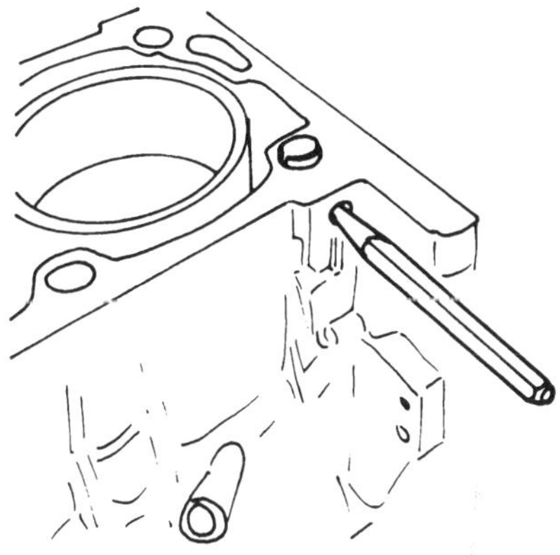

Bild 36
Sicherung der vorderen, linken Zentrierbüchse beim Einbau des Zylinderkopfes

- Die Laufbüchsenhalter abnehmen.
- Die Zylinderkopfdichtung trocken auf den Zylinderblock legen. Die Markierung hinten links muss nach oben zeigen.
- Nötigenfalls mit einem Heber das Öl aus den Gewindelöchern für die Zylinderkopfschrauben saugen.
- Den Zylinderkopf aufsetzen und dann den Durchschlag zur Sicherung der linken Passbüchse herausnehmen.
- Die Zylinderkopfschrauben mit eingetalgtem Gewinde einsetzen. Die Schraube Nr. 9 nach Bild 29, die in eine Passbüchse zu liegen kommt, muss mit einer Distanzscheibe versehen werden.
- Die Zylinderkopfschrauben in der in Bild 29 gezeigten Reihenfolge in zwei Durchgängen auf 60 Nm anziehen. Eine Schraube nach der anderen in der vorgeschriebenen Reihenfolge lösen, wieder mit 20 Nm anziehen und dann um 120° weiterdrehen. Zum genauen Einhalten dieses Winkels empfiehlt es sich, einen Steckschlüssel mit einer Gradskala zu verwenden.
- Das Ventilspiel prüfen und nötigenfalls einstellen (Kapitel 2.4.5).

- Den Zahnriemen auflegen, wie es beim Zusammenbau des Motors in Kapitel 2.3 beschrieben wurde.
- Alle beim Ausbau abgenommenen oder abgeschlossenen Teile, d. h. Kabel und Leitungen, Schläuche usw. wieder an der ursprünglichen Stelle anschliessen.
- Kühlwasser auffüllen und den Motor anlassen und warmlaufen lassen.
- Die Zylinderkopfschrauben in der Reihenfolge von Bild 29 nachziehen. Dazu eine Schraube lösen, mit 20 Nm anziehen und um weitere 120° nachziehen. Diesen Vorgang bei allen Schrauben wiederholen.
- Alle verbleibenden Arbeiten in umgekehrter Reihenfolge zum Ausbau durchführen.

2.4.5 Ventilspiele einstellen

Falls die Einstellung bei eingebautem Motor durchgeführt wird, wie dies bei einer allgemeinen Kontrolle des Ventilspiels der Fall ist, müssen die notwendigen Vorarbeiten getroffen werden, um an die Ventile zu kommen.

- Das Fahrzeug vorn einseitig aufbocken und den Verteilerdeckel mit dem Zündkabelbündel abnehmen.
- Eine Tabelle für die gemessenen Ventilspiele anfertigen, wie es in Bild 37 gezeigt ist, um die notwendigen Notizen zur Korrektur einzuschreiben.
- Den Motor durch Drehen des abgehobenen Vorderrades in Vorwärtsrichtung durchdrehen. Zum Messen des Ventilspiels muss der zum betreffenden Ventil gehörende Nocken nach oben gerichtet sein, d. h. das andere Ventil des gleichen Zylinders ist geöffnet. Das Spiel durch Einführen einer Fühlerlehre zwischen Nockenrükken und Ventilstössel messen, wie es in Bild 38 gezeigt ist.

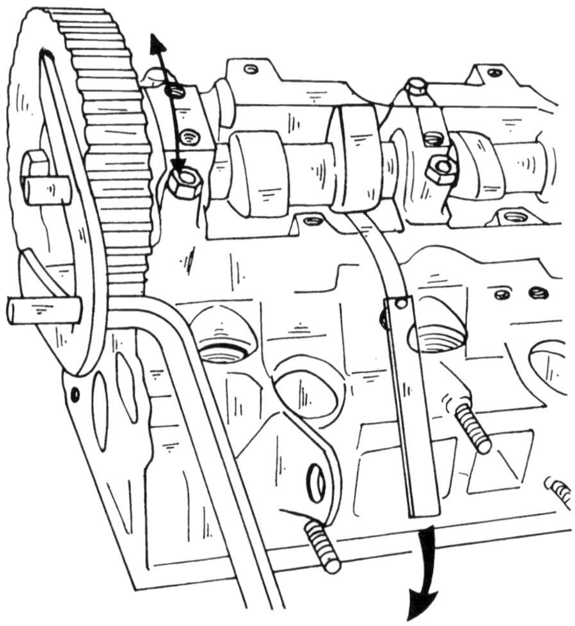

Bild 38
Messen des Ventilspiels. Zur besseren Veranschaulichung ist der Zylinderkopf ausgebaut.

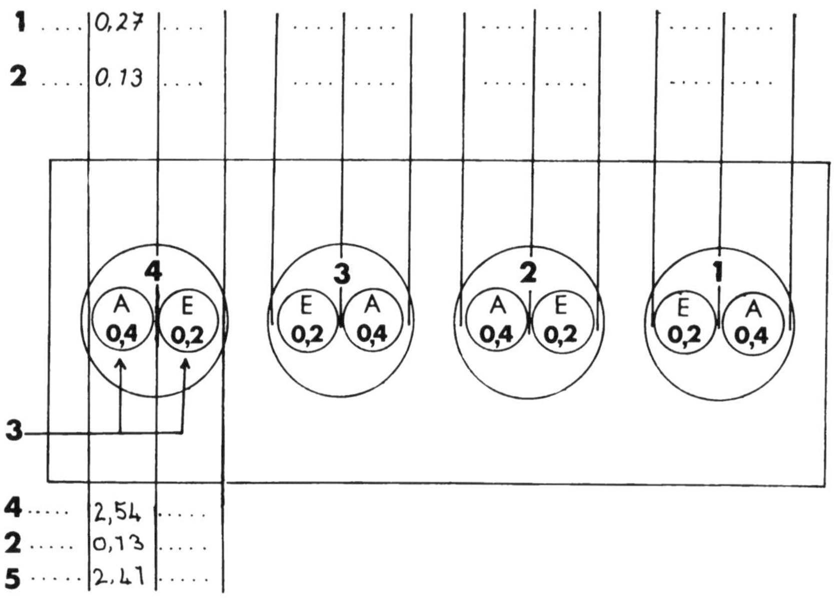

Bild 37
Tabelle zur Kontrolle der Ventilspiele

- Den Wert in die Spalte 1 der Tabelle eintragen, in diesem Beispiel 0,27 mm.
- Den Motor um jeweils eine halbe Umdrehung in Vorwärtsrichtung weiterdrehen und das Spiel an allen Ventilen ausmessen und entsprechend dem Beispiel in der Tabelle notieren. Der Sollwert beträgt an den Einlassventilen 0,15-0,25 mm, an den Auslassventilen 0,35-0,45 mm. Falls der gemessene Wert nicht innerhalb des Sollbereiches liegt, muss das Spiel durch Einbau anderer Einstellscheiben zwischen Ventilstössel und Ventilschaft berichtigt werden. Bei zu grossem Spiel ist eine dickere Einstellscheibe nötig, bei zu kleinem Spiel eine dünnere. Bild 39 zeigt eine Darstellung der Einstellung.

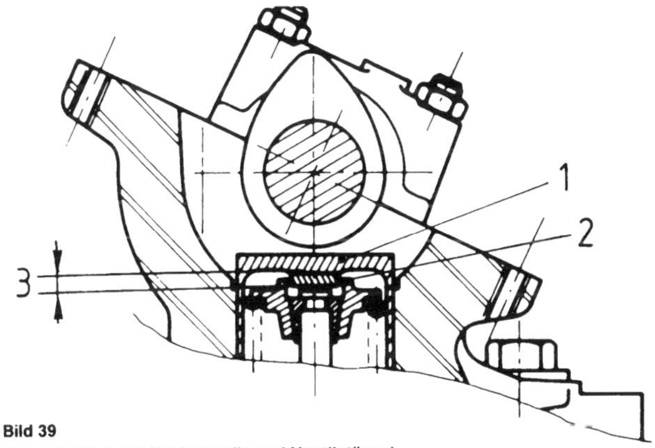

Bild 39
Querschnitt durch Nockenwelle und Ventilstössel

1 Ventilstössel 2 Einstellscheibe 3 Einstellscheibenstärke

Falls eine Einstellung erforderlich ist:

- An der rechten Motorseite die obere und untere Zahnriemenabdeckung ausbauen.
- Den unteren Schutzdeckel am rechten Radkasten ausbauen.
- Den Fühlstab (Rundstab von 10 mm Durchmesser) in etwa 11-Uhr-Stellung durch eine Bohrung der Riemenscheibe stecken, um die Steuerung zu blockieren.
- Die beiden Befestigungsschrauben der Zahnriemenspannrolle lösen (oberhalb und unterhalb des Federgehäuses für die Spannrolle, Bild 40).
- Den Verriegelungsfinger (2) der Rolle um eine Viertelumdrehung im Uhrzeigersinn drehen, nachdem die Kontermutter an der Innenseite gelöst wurde. Der Finger kann am innenliegenden Vierkant mit einem Gabelschlüssel von 6 mm Schlüsselweite gedreht werden.

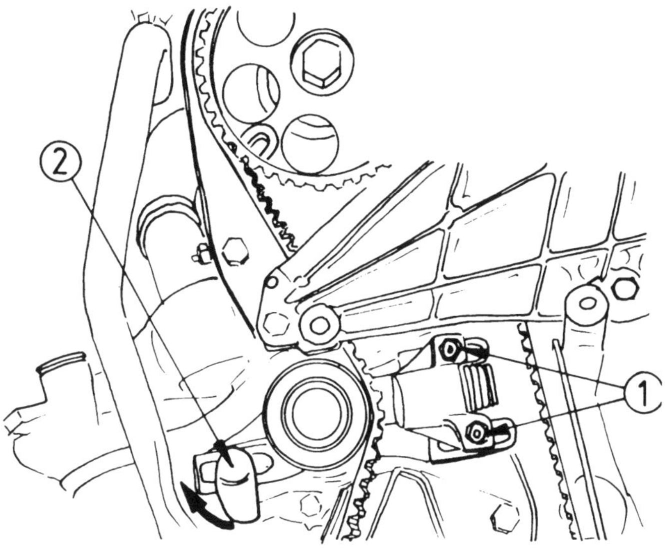

Bild 40
Zahnriemen-Spannrolle

1 Befestigungsmuttern 2 Verriegelungsfinger

- Den Zündverteiler und die oberhalb der Nockenwelle verlaufende Schmierleitung ausbauen.
- Die Halteplatte der Nockenwelle an der Steuerseite herausnehmen, nachdem man die Schraube mit einem Innensechskantschlüssel gelöst hat.
- Das Nockenwellensteuerrad ausbauen. Zum Lösen der Schraube das Zahnrad in geeigneter Weise gegenhalten.
- Zuerst den Nockenwellenlagerdeckel auf der Zündverteilerseite (links) ausbauen. Eine Befestigungsschraube ist von der Innenseite des Verteilerträgers her zugänglich. Beim Ausbau dieses Lagerdeckels darauf achten, dass die Dichtung nicht beschädigt wird.
- Die übrigen Nockenwellen-Lagerdeckel ausbauen und die Nockenwelle herausnehmen.
- Den ersten Ventilstössel und die darunterliegende Einstellscheibe herausnehmen, die Einstellscheibe reinigen und ihre Stärke messen. Die neue Scheibenstärke wird wie folgt ermittelt: Korrektur = gemessenes Spiel weniger Sollwert. Bild 37 zeigt am gegebenen Beispiel, wie die Kalkulierung vorgenommen wird.
  Die Korrektur kann positiv oder negativ ausfallen. Bei positiver Korrektur muss eine stärkere Scheibe eingebaut werden; bei negativer Korrektur eine schwächere Scheibe.
  Als Sollwert nimmt man den Mittelwert des Toleranzbereiches.

Neue Scheibenstärke = gemessene Scheibenstärke + Korrektur.

Eine Einstellscheibe auswählen, deren Stärke so nahe wie möglich am ermittelten Wert liegt. Die Stärken der erhältlichen Einstellscheiben sind der Mass- und Einstelltabelle zu entnehmen. Die Einstellscheiben vor dem Messen und Einbauen entfetten.

- In der gleichen Weise bei allen Ventilen vorgehen, deren Spiel korrigiert werden muss.
- Die Einstellscheiben vor dem Einbau ölen und in die Aufnahme im Federteller setzen.
- Die Ventilstössel einölen und einbauen. Nach dem Einsetzen dürfen die Stössel nicht wieder angehoben werden, da sich sonst die Einstellscheibe aus ihrem Sitz lösen kann. Falls ein Ventilstössel etwas angehoben wird, muss der Stössel ganz herausgehoben werden, um die Einstellscheibe wieder einzusetzen.
- Die Nockenwellenlager ölen und so einsetzen, dass der 4. und 6. Nocken (von der Schwungradseite her gezählt) am betreffenden Ventilstössel anliegt.
- Den mittleren Nockenwellenlagerdeckel mit nach vorn gerichteter Schmierbohrung einbauen, dann den 2. und 4. Lagerdeckel, anschliessend den äussersten Lagerdeckel auf der Steuerseite (ohne Halteplatte) und zuletzt den äussersten Lagerdeckel auf der Zündverteilerseite mit Loctite-Dichtungsmasse abdichten. Falls beim ersten Lagerdeckel die Dichtung beim Ausbau beschädigt wurde, muss sie in Höhe der Zylinderkopffläche durchgetrennt und durch ein entsprechendes Stück einer neuen Dichtung ersetzt werden.
- Die Lagerdeckelschrauben gleichmässig mit 15 Nm anziehen.
- Die Befestigungsschraube des Zündverteilerträgers einsetzen und mit 13 Nm anziehen.
- Den Dichtring der Nockenwelle an der Steuerseite einölen und mit Hilfe eines geeigneten Dorns vorsichtig einschlagen.
- Das Nockenwellensteuerrad montieren. Zum Anziehen der Schraube das Steuerrad in geeigneter Weise gegenhalten (siehe Bild 31).
- Die Halteplatte der Nockenwellenhalteplatte auf der Steuerseite montieren. Die Schraube mit 15 Nm anziehen.
- Die Nockenwelle um mindestens zwei Umdrehungen in Vorwärtsrichtung drehen und das Spiel an allen Ventilen messen. Das Ventilspiel nötigenfalls berichtigen, falls es immer noch nicht stimmen sollte.
- Die Nockenwelle so verdrehen, dass der Fühlstab in die in Bild 41 gezeigte Bohrung eingesetzt werden kann. Der Stab wird durch die Bohrung in die Aufnahme des Steuergehäuses eingeschoben und gibt die Steuerungseinstellposition an. Der andere Prüfstab muss sich immer noch in der Riemenscheibe der Kurbelwelle befinden, wie es aus Bild 42 ersichtlich ist.

Bild 41
Nockenwellen durchdrehen, bis das Loch für den Fühlstab (Pfeil) in der gezeigten Lage steht und den Fühlstab einschieben

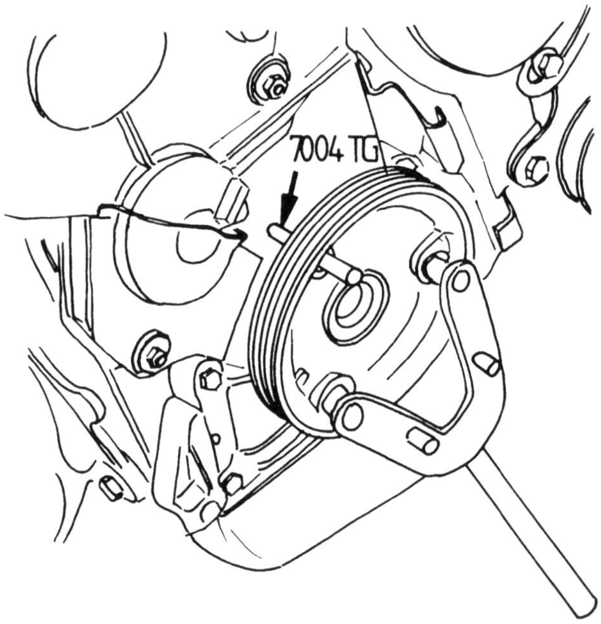

Bild 42
Blockierung der Kurbelwelle in Einstellposition der Steuerung mit dem Fühlstab

- Den Zahnriemen auflegen.
- Den Verriegelungsfinger der Zahnriemenspannrolle durch eine Viertelumdrehung entgegengesetzt dem Uhrzeigersinn entriegeln und die beiden Befestigungsmuttern der Spannrolle provisorisch anziehen (siehe Bild 40).
- Die Kurbelwelle um mindestens zwei Umdrehungen in Vorwärtsrichtung drehen, um den Zahnriemen auszurichten.
- Den Motor im oberen Totpunkt des Zylinders Nr. 1 anhalten (Schwungradmarke «0» muss mit der festen Marke am Kupplungsgehäuse übereinstimmen). In dieser Stellung die beiden Befestigungsmuttern der Spannrolle lösen und wieder mit 16 Nm anziehen.
- Die Kontermutter des Verriegelungsfingers mit 15 Nm anziehen.
- Alle anderen Teile in umgekehrter Reihenfolge wie beim Ausbau wieder montieren.

2.5 Kolben und Pleuelstangen

Die Kolben und Zylinderlaufbüchsen können nur bei ausgebautem Triebwerk und abgeflanschtem Getriebe erneuert werden. Falls neue Zylinderlaufbüchsen und Kolben gekauft werden müssen, sollte man wissen, dass diese aufeinander abgestimmt wurden und aus diesem Grund zusammenzuhalten sind. Dies gilt ebenfalls, wenn die ursprünglichen Teile wieder verwendet werden. In diesem Fall die Laufbüchsen, Kolben und Pleuelstangen mit der Zylindernummer zeichnen.

Alle Kolben sind mit zwei Kompressionsringen und einem Ölabstreifring versehen. Der obere Verdichtungsring ist an der Aussenfläche verchromt, während der zweite Kolben einen Trapezquerschnitt besitzt. Die Kolbenringe sind oben gezeichnet, und die Kennzeichnung muss nach dem Einbau von oben sichtbar sein.

2.5.1 Kolben und Pleuelstangen trennen

Zum Trennen der Kolben von den Pleuelstangen sind auf jeden Fall Spezialwerkzeuge erforderlich. Falls diese nicht besorgt werden können, sollte man die Arbeiten in einer Peugeot-Werkstatt durchführen lassen. Auch wenn die Kolben erneuert werden sollen, werden die gleichen Werkzeuge zum Einziehen des Kolbenbolzens benötigt. Ebenfalls muss eine Kochplatte zur Verfügung stehen, so dass man das Pleuelauge (nicht das gesamte Pleuel) auf eine Temperatur von 250° C erwärmen kann. Ein Schmelzstift, welcher bei dieser Temperatur erweicht, ist bei der Kontrolle erforderlich. Folgende Arbeiten durchführen:

- Kolben und Pleuelstange aus der Zylinderlaufbüchse herausziehen. Nochmals kontrollieren, dass man die Kennzeichnung markiert hat.
- Kolbenringe der Reihe nach mit einer Kolbenringzange abnehmen (Bild 17). Falls die Ringe wieder verwendet werden sollen, sind sie entsprechend zu zeichnen. Falls keine Kolbenringzange zur Verfügung steht, können Metallstreifen an gegenüberliegenden Stellen des Kolbens unter den Ring geschoben werden. Einen Strei-

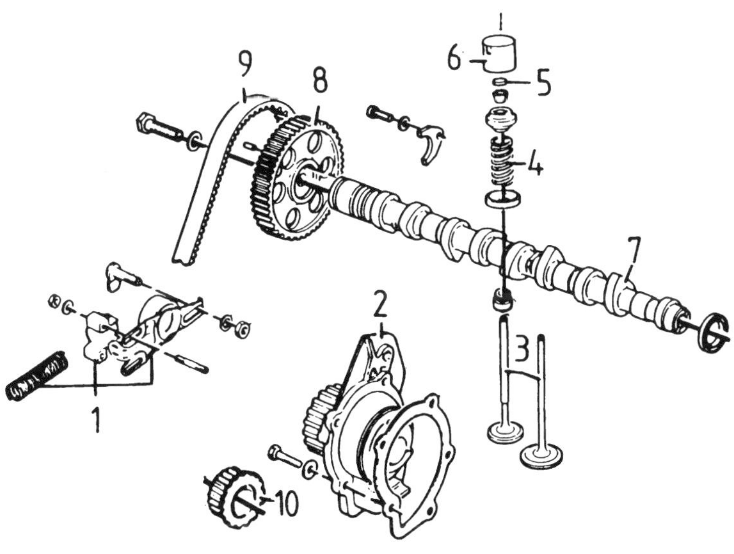

Bild 43
Die Teile der Steuerung

1 Spannvorrichtung
2 Wasserpumpe
3 Ventil
4 Ventilfeder
5 Einstellschraube
6 Ventilstössel
7 Nockenwelle
8 Nockenwellensteuerrad
9 Zahnriemen
10 Kurbelwellensteuerrad

fen unbedingt unter das Ende des Ringes unterlegen, um Kratzer zu vermeiden.

- Das Spezialwerkzeug wird jetzt zum weiteren Zerlegen benötigt. Den Kolben, wie in Bild 18 gezeigt, auf das Werkzeug unter einer Presse auflegen und den Bolzen mit dem Pressstempel herausdrücken.

2.5.2 Kolben und Pleuelstangen überprüfen

Alle Teile gründlich kontrollieren. Falls Teile Anzeichen von Fressern, Kratzern oder Verschleiss aufweisen, müssen sie erneuert werden.

- Das Höhenspiel der Kolbenringe in den Nuten des Kolbens ausmessen, indem man die Kolbenringe der Reihe nach in die jeweilige Nute einsetzt (Bild 44). Mit einer Fühlerlehre den Spalt zwischen der Ringfläche und der Kolbennutenfläche ermitteln. Falls die Spalte eines Ringes nicht den Angaben in der Mass- und Einstelltabelle entsprechen, sind entweder die Ringe oder der Kolben abgenutzt.

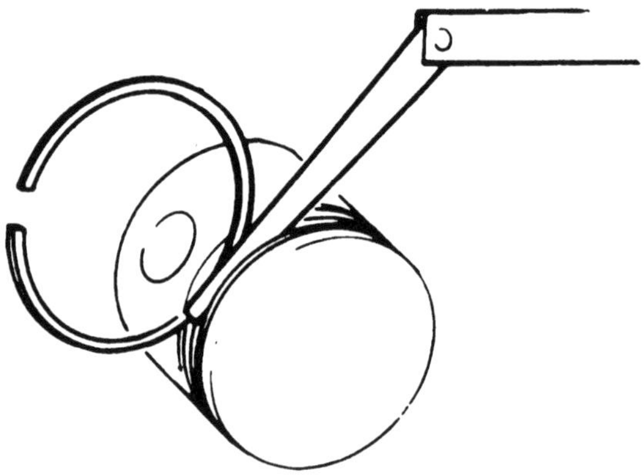

Bild 44
Ausmessen des Höhenspiels der Kolbenringe in den Nuten

- Als nächstes der Reihe nach alle Kolbenringe von der Oberseite in die Laufbüchse einsetzen. Mit einem umgekehrten Kolben den Ring nach unten stossen, bis er ca. 15 mm von der Unterkante der Bohrung entfernt steht. Den Zylinderblock dazu auf eine Seite legen. Eine Fühlerlehre in den Spalt zwischen den beiden Ringenden einschieben, um das Kolbenringstossspiel auszumessen. Bild 45 zeigt, wie das Spiel vorschriftsmässig ausgemessen wird. Die Stossspiele können nicht eingestellt werden, und die Kolbenringe sind nicht länger verwendungsfähig, falls sie zu gross erscheinen.

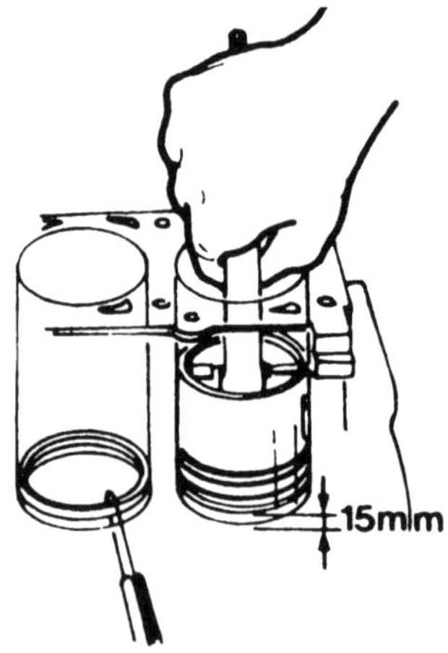

Bild 45
Kontrolle des Stossspiels der Kolbenringe im unteren Teil der Zylinderbohrung

- Den Kolbendurchmesser im rechten Winkel zum Kolbenbolzen an der Unterkante des Kolbenmantels mit einem Mikrometer ausmessen. Kolben stehen in drei Toleranzgruppen zur Verfügung (A, B und C). Die dazugehörigen Kolbenbolzen sind ebenfalls mit Farbzeichen versehen. Die folgende Tabelle gibt eine Aufstellung darüber:

Zahl im Kolben	Farbe im Kolbenbolzenende
1	Blau
2	Weiss
3	Rot

- Zum Prüfen des Kolbenlaufspiels den Durchmesser der Bohrung ausmessen. Bohrungen werden in Längs- und Querrichtung gemessen und in drei Tiefen der Laufbüchsen. Auf diese Weise werden der grösste und kleinste Durchmesser gefunden. Die Werte aufschreiben. Den Kolbendurchmesser jetzt von den Bohrungsdurchmessern abziehen. Der Unterschied ist das Laufspiel der Kolben, welches zwischen 0,045–0,065 mm liegen darf. Falls das Laufspiel grösser ist, müssen neue Laufbüchsen/Kolben-Sätze eingebaut werden.
- Kolbenbolzen und -bohrungen auf Verschleiss oder Beslchädigung kontrollieren. Die Bolzen werden nur zusammen mit den Kolben geliefert und sind je nach Toleranzgruppe mit Farbtupfen gezeichnet. Der Kolbenbolzen sollte ein Spiel von 0,003–0,009 mm im Kolben haben.

2.5.3 Kolben und Pleuelstangen zusammenbauen

Es wird vorausgesetzt, dass die Teile entsprechend Kapitel 2.5.2 kontrolliert und überholt worden sind.

- Pleuelstangen in einem Pleuelprüfgerät auf Verdrehung oder Verbiegung kontrollieren. Dies sollte man am besten in einer Werkstatt durchführen lassen, da verbogene oder in sich selbst verdrehte Pleuelstangen keinen einwandfreien Lauf des Motors herstellen können.
- Pleuelstangen auf eine Kochplatte auflegen. Dazu die Pleuelaugen sternförmig auf die Platte auflegen (Bild 46). Der Pleuelfuss jeder einzelnen Stange ist entsprechend unterzulegen, damit die Pleuelstangen in waagerechte Lage kommen. Mit dem Schmelzstift laufend kontrollieren, wann die vorgeschriebene Temperatur von 250° C erreicht ist.

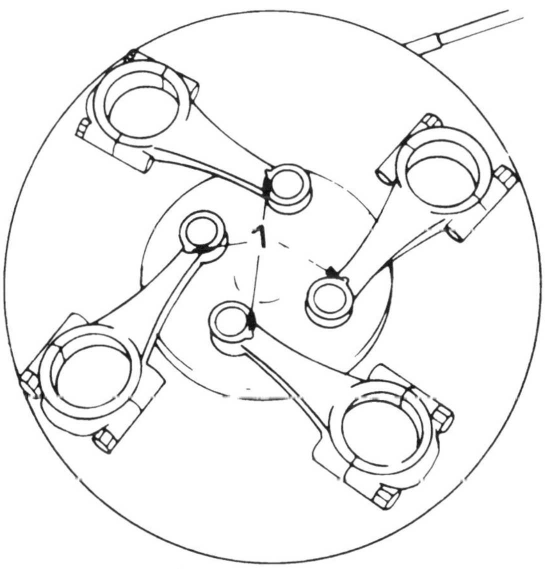

Bild 46
Anwärmen der Pleuelstangenenden vor dem Zusammenbau von Kolben und Pleuelstangen. Nur die Enden (1) auf die Heizplatte auflegen.

- Den Kolbenbolzen auf den Montagedorn stekken und das konische Führungsstück am anderen Ende anschrauben, ohne es aber festzuziehen. Den Bolzen und den Dorn gut einölen.
- Beim Zusammenbau der Kolben und Pleuelstangen und Verwendung von neuen Pleuellagerschalen können die Pleuelstangen beliebig am Kolben montiert werden. Falls die alten Lagerschalen wieder eingebaut werden, muss man diese entsprechend der Kennzeichnungen beim Zerlegen anordnen. Auf jeden Fall muss der Pfeil im Kolbenboden zur Vorderseite des Motors weisen. Ausserdem ist die Bezeichnung «DT» eingezeichnet, welche bedeutet, dass diese Richtung zur Steuerseite weisen muss.
- Den Kolben auf das Spezialwerkzeug auflegen, mit der Kolbenbolzenbohrung über das Loch und mit der Federspange festklemmen.
- Die Montagearbeiten müssen so schnell wie möglich durchgeführt werden, damit sich das Pleuelauge nicht wieder abkühlen kann.
- Pleuelstange mit einer Wasserpumpenzange schnell von der Kochplatte nehmen und in die Innenseite des Kolbens einführen.
- Bolzen mit der Hand und dem Montagedorn eindrücken (Bild 47). Die Pleuelstange wie erforderlich hin- und herbewegen, damit die Flucht zustande kommt. Den Kolbenbolzen bis zum Anschlag eindrücken. Das Spezialwerkzeug gewährleistet, dass der Kolbenbolzen in die genaue Lage eingepresst wird. Nach einigen Sekunden den Kolben von der Auflage befreien und kontrollieren, dass sich der Kolben frei auf dem Pleuelauge bewegen lässt, nachdem er abgekühlt ist.

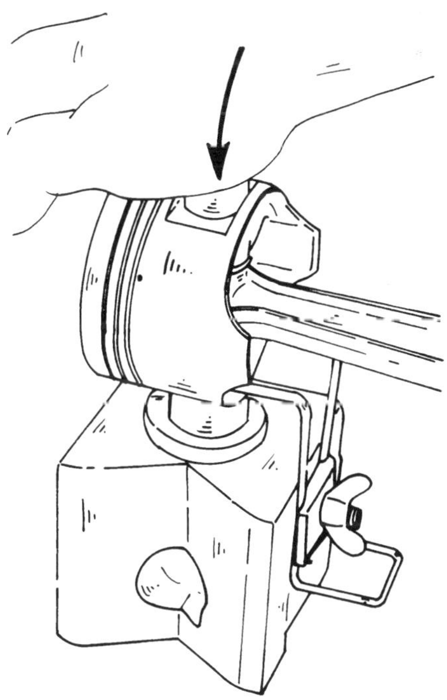

Bild 47
Eindrücken des Kolbenbolzens in den Kolben und die angewärmte Pleuelstange

- Den Montagedorn aus dem Kolben ausschrauben und die anderen Kolben in gleicher Weise montieren.
- Mit einer Ölkanne Öl in die Lagerstelle des Bolzens spritzen.
- Der Reihe nach die Kolbenringe am Kolben anbringen. Die beiden oberen Ringe müssen mit der Markierung «Top» nach oben weisen. Vor dem Einsetzen jeden Ring nochmals kontrollieren, da man leicht Fehler machen kann. Eine Kolbenringzange sollte zum Aufsetzen der Kolbenringe verwendet werden, jedoch kann man drei dünne Metallstreifen (z. B. Blattfühlerlehren) um den Kolben legen und die Ringe über die Metallstreifen schieben. Die Streifen herausziehen, wenn der Ring in Höhe der betreffenden Nute ist. Die Ringe können leicht brechen, und beim Einbau ist mit grösster Sorgfalt vorzugehen.
- Kolbenringe gut einölen und auf dem Aussenumfang des Kolbens verdrehen, um die Ringstösse vorschriftsmässig anzuordnen, wie es in Bild 48 gezeigt ist. Der Stoss des Expanderringes für den Ölabstreifring muss an der gezeigten Stelle im Bild sitzen. Die Stösse der beiden Seitenringe sind jeweils 20–30 mm nach rechts und links zu versetzen.
- Den Ringstoss des Trapezringes und des oberen Verdichtungsringes 120° versetzt vom Stoss des Expanderringes anordnen.
- Kolben mit Motorenöl einschmieren und in die dazugehörigen Laufbüchsen einsetzen. Geeignete Kolbenringspannbänder müssen zum Eindrücken der Kolbenringe in die Nute benutzt werden. Die Kolben werden so eingesetzt, dass die flachen Seiten der Pleuelstangen und die Fläche an der Oberseite der Laufbüchse parallel ausgerichtet sind und dass der Pfeil im Kolbenboden zur Vorderseite des Motors weist.
- Neue «O»-Dichtringe an der Unterseite der Laufbüchsen anordnen, ohne sie dabei zu verdrehen.
- Laufbüchsen in den Zylinderblock einsetzen, ohne sie dabei zu verdrehen, nachdem man das Überstehmass der Büchsen wie in Kapitel 2.3 beschrieben ausgemessen hat.
- Nach dem Einbau der Laufbüchsen kontrollieren, dass die Markierungen in der Oberkante der Büchsen und in der Fläche des Zylinderblocks übereinstimmen und dass alle vier Pfeile in den Kolbenböden zur Steuerseite des Motors weisen.
- Die Kurbelwellenlager und Pleuellagerdeckel wie in Kapitel 2.3 beschrieben montieren.

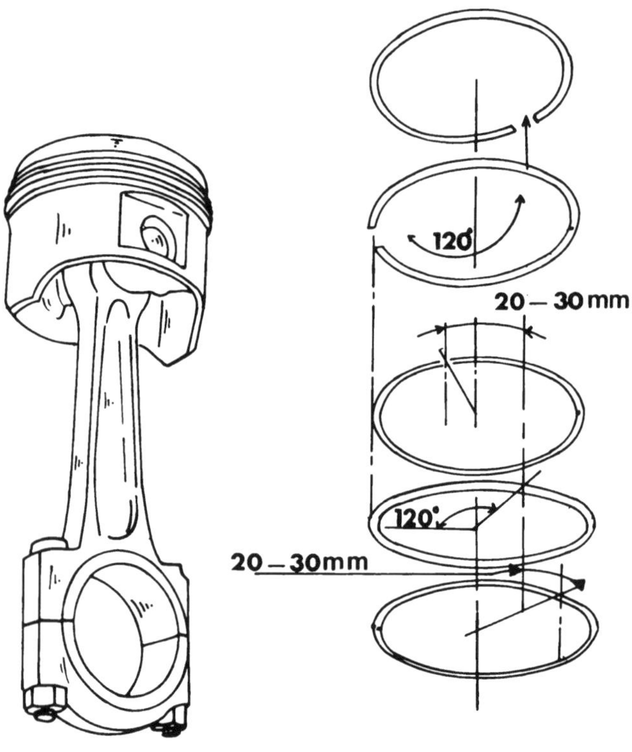

Bild 48
Anordnung der Kolbenringstossspiele am Kolbenumfang

2.6 Zylinderblock

Der Zylinderblock besteht aus dem Kurbelgehäuse und dem eigentlichen Zylinderblock, in denen die Laufbüchsen eingesetzt sind.

Bei einer Ganzzerlegung den Zylinderblock einwandfrei reinigen und alle Fremdkörper aus Hohlräumen und Ölkanälen entfernen. Besonders auch darauf achten, dass Reinigungsflüssigkeiten vollkommen entfernt werden. Falls möglich, mit Pressluft trockenblasen. Unbedingt darauf achten, dass kein Öl in den Bohrungen für die Zylinderkopfschrauben verbleiben.

Um das Laufspiel der Kolben auszumessen, ist Kapitel 2.5.2 durchzulesen.

Die Zylinderblockfläche wird in ähnlicher Weise wie beim Zylinderkopf beschrieben, auf Verzug kontrolliert (Kapitel 2.4.2.5). Den Block in Längsrichtung, Querrichtung und Diagonalrichtung vermessen. Eine Fühlerlehre von mehr als 0,05 mm Stärke darf sich nicht einschieben lassen.

2.7 Kurbelwelle und Kurbelwellenlager

Der Ausbau der Kurbelwelle wurde bereits in Kapitel 2.2 beschrieben. Die Kurbelwelle läuft in fünf Lagern. Hauptlagerzapfen und Pleuellagerzapfen können einmal auf eine Untergrösse nachgeschliffen werden, d. h. die entsprechenden Lagerschalen stehen dafür zur Verfügung.
Das Axialspiel der Kurbelwelle wird durch die Anlaufhalbschalen an einem der Kurbelwellenlager reguliert.
Die Abdichtung der Kurbelwelle erfolgt an der Vorderseite und Rückseite durch einen Radialdichtring.

2.7.1 Axialspiel der Kurbelwelle ausmessen

Vor dem Ausbau der Kurbelwelle sollte das Axialspiel kontrolliert werden, um evtl. notwendige Übergrösse-Anlaufscheiben beim Einbau bereitzuhaben. Folgende Arbeiten durchführen:

- Messuhr an der Stirnfläche des Zylinderblocks anbringen, wie es in Bild 22 gezeigt ist, und die Welle mit einem Schraubenzieher in eine Richtung drücken. Die Messuhr auf Null stellen.
- Welle mit dem Schraubenzieher in die andere Richtung drücken und die Anzeige der Messuhr ablesen. Diese sollte zwischen 0,07–0,27 mm betragen. Den Wert aufschreiben.
- Messuhr wieder abmontieren.
- Kurbelwelle ausbauen, wie es in Kapitel 2.3 beschrieben wurde.

2.7.2 Überprüfung der Teile

- Kurbelwelle gründlich reinigen. Besonders auf die Sauberkeit der Ölbohrungen achten.
- Kurbelwelle sorgfältig auf Schäden kontrollieren und die Hauptlager- und Pleuellagerzapfen genau mit einem Mikrometer ausmessen. Die Kurbelwellenhauptlagerzapfen und Kurbelzapfen können einmal nachgeschliffen werden, so dass die Welle mit Untergrösse-Lagerschalen eingebaut werden kann.
- Kurbelwelle zwischen die Spitzen einer Drehbank einspannen oder die beiden äusseren Lagerzapfen in Prismen einlegen, wie es in Bild 49 gezeigt ist, und mit einer Messuhr am mittleren Lagerzapfen auf Schlag kontrollieren. Der Schlag darf nicht grösser als 0,02 mm sein. Andernfalls die Welle erneuern.

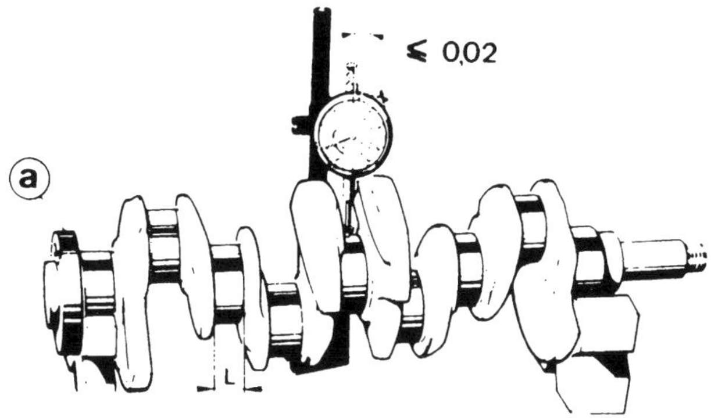

Bild 49
Ausmessen der Kurbelwelle auf Schlag

- Kurbelzapfen und Hauptlagerzapfen genau mit einem Mikrometer an verschiedenen Stellen ausmessen. Diese Messung ebenfalls entlang des Lagerzapfens vornehmen. Der Unterschied zwischen einer Messung in Richtung der Kurbelwange und im 90°-Winkel zur Kurbelwange weist auf Unrundheiten hin; der Unterschied zwischen der Messung an einem Ende des Lagerzapfens und dem anderen Ende weist auf Verjüngung hin. Beide Unterschiede dürfen nicht mehr als 0,05 mm betragen.

2.7.3 Einbau der Kurbelwelle

Der Einbau der Kurbelwelle ist im Zusammenhang mit dem Zusammenbau des Motors in Kapitel 2.3 beschrieben.

2.7.4 Hinteren Kurbelwellendichtring erneuern

Der Öldichtring auf der Schwungradseite kann bei ausgebautem Schwungrad erneuert werden. Dies könnte erforderlich sein, wenn die Kupplung auf Grund von Öldurchlass aus dem Kurbelgehäuse zu rutschen beginnt.
Mit einem Schraubenzieher den Öldichtring aus dem Kurbelgehäuse herausdrücken, ohne dabei das Kurbelgehäuse oder den Kurbelwellenflansch zu beschädigen.
Die Lauffläche auf der Kurbelwelle kontrollieren. Falls die Lauffläche durch den alten Ring angegriffen ist, kann der neue Dichtring etwas tiefer in das Kurbelgehäuse eingeschlagen werden.
Neuen Dichtring vorsichtig mit einem passenden Dorn in das Kurbelgehäuse einschlagen. Den Dichtring aussen mit Öl und an der Dichtlippe mit Mehrzweckfett einschmieren. Falls die Kurbelwelle in

Ordnung ist, Dichtring einschlagen, bis er bündig abschneidet; andernfalls Dichtring in das Kurbelgehäuse schlagen, bis die Aussenfläche etwas unterhalb der Kurbelgehäusefläche steht. Kontrollieren, dass der Ring ringsherum gleichmässig eingeschlagen ist.

2.7.5 Vorderen Kurbelwellendichtring erneuern

Der vordere Dichtring befindet sich im Steuerdeckel und kann bei eingebautem Motor erneuert werden. Zum Erneuern des Dichtringes bei ausgebautem Motor den Dichtring mit einem Schraubenzieher aus dem Dichtringflansch herausdrücken und einen neuen Dichtring einschlagen. Die Kurbelwellenriemenscheibe kann benutzt werden, um den Steuerdeckel zu zentrieren, ehe die Schrauben angezogen werden.

2.7.6 Schwungrad

Falls der Zahnkranz des Schwungrades beschädigt ist, muss man ebenfalls das Ritzel des Anlassers kontrollieren, da die Teile zusammen verschleissen.
Die Schrauben des Schwungrades müssen immer erneuert werden. Beim Einbau des Schwungrades die Schraubengewinde mit «Loctite»-Gewindesicherungsmittel einschmieren. Die Schrauben gleichmässig über Kreuz auf ein Anzugsdrehmoment von 50 Nm anziehen.

2.8 Steuerantrieb

Der Steuerantrieb kann bei eingebautem Motor ausgebaut werden, falls entweder der Zahnriemen oder die Steuerräder erneuert werden müssen. Folgendermassen vorgehen:

- Den Keilriemen der Lichtmaschine nach Lockern der Befestigung abnehmen.
- Die obere Abdeckung des Zahnriemens abschrauben.
- Die Kurbelwelle an der Befestigungsschraube der Keilriemenscheibe oder an der Riemenscheibe mit einem Zapfenschlüssel im Uhrzeigersinn verdrehen, bis die Kontrollöffnungen in der Kurbelwellenriemenscheibe (Stellung etwa 11 Uhr) und im Nockenwellensteuerrad (Stellung 8 Uhr) mit den entsprechenden Aufnahmen im Motorblock übereinstimmen.
- Die Riemenscheibe der Kurbelwelle mit einem Zapfenschlüssel festhalten (siehe Bild 42) und die Befestigungsschraube lösen und ausbauen. Die Riemenscheibe muss unbedingt mit einem Zapfenschlüssel gegengehalten werden, oder man legt einen Gang ein, um das Getriebe und den Motor zu sperren.
- Die Kurbelwelle mit Hilfe des Fühlstabes (Rundstab mit 10 mm Durchmesser) ausrichten und die Kurbelwellenriemenscheibe abnehmen, ohne die Kurbelwelle zu drehen (siehe Bild 42).
- Die untere Abdeckung des Zahnriemens ausbauen.
- Die beiden Befestigungsmuttern der Zahnriemenspannrolle lösen, ebenso die Kontermutter des Verriegelungsfingers (Bild 40). Den Verriegelungsfinger am Vierkant an der Rückseite um eine Viertelumdrehung im Uhrzeigersinn drehen.
- Die Spannrolle zurückdrücken und den Zahnriemen abnehmen.
- Das Nockenwellensteuerrad mit Hilfe des Fühlstabes in der Einstellposition ausrichten. Bild 41 zeigt, wo der Stab eingesetzt wird.
- Den Zahnriemen so auf Nockenwellen- und Kurbelwellenrad auflegen, dass die Markierungen am Riemen mit den Marken an den Rädern übereinstimmen (siehe Bild 27). Den Fühlstab aus dem Nockenwellenrad herausnehmen.
- Die Riemenscheibe der Kurbelwelle montieren und die Befestigungsschraube provisorisch anbringen, aber noch nicht festziehen.
- Die Kurbelwelle an der Riemenscheibe mit dem Hakenschlüssel um mindestens zwei Umdrehungen im Uhrzeigersinn drehen, um den Zahnriemen auszurichten. Die Kurbelwelle im oberen Totpunkt des Zylinders Nr. 1 anhalten; dabei fluchtet die Nullmarke auf dem Schwungrad mit der Gehäusemarkierung am Kupplungsgehäuse.
- Die beiden Befestigungsmuttern der Zahnriemenspannrolle lösen und wieder mit 16 Nm anziehen.
- Den Verriegelungsfinger nach unten drehen und die Kontermutter mit 15 Nm anziehen.
- Die Kurbelwellen-Riemenscheibe abnehmen, die untere Zahnriemenabdeckung anbringen und die Riemenscheibe wieder montieren. Die Befestigungsschraube mit 110 Nm anziehen. Dabei die Riemenscheibe mit dem Hakenschlüssel gegenhalten, oder einen Gang einlegen. Kei-

nesfalls den Fühlstab zum Gegenhalten verwenden.

- Alle anderen Arbeiten in umgekehrter Reihenfolge durchführen.

3 Die Motorschmierung

Der Motor wird mit einer Druckumlaufschmierung durch eine Zahnradpumpe geschmiert, die über eine Kette von der Kurbelwelle angetrieben wird. Bild 50 zeigt eine schematische Darstellung der Motorschmierung.

3.1 Die Ölpumpe

3.1.1 Aus- und Einbau

Der Ausbau der Ölpumpe kann bei eingebautem Motor durchgeführt werden. Ausbau und Einbau bereiten keine Schwierigkeiten. Die Arbeiten sind im Rahmen der Motorzerlegung und des Zusammenbaues beschrieben (Kapitel 2.2 und 2.3). Um Zugang zu der Ölpumpe zu erhalten, muss die Ölwanne ausgebaut werden.
Zum Zerlegen der Pumpe den Deckel abschrauben und die Pumpe unter Bezug auf Bild 51 auseinandernehmen.

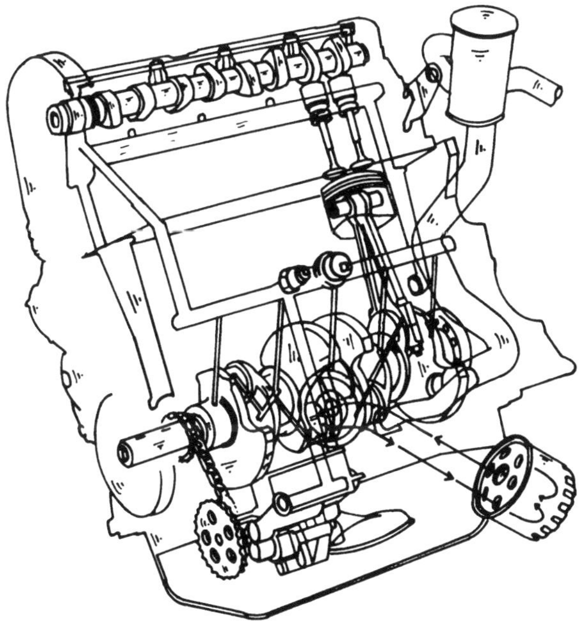

Bild 50
Schematische Ansicht des Schmierungssystems

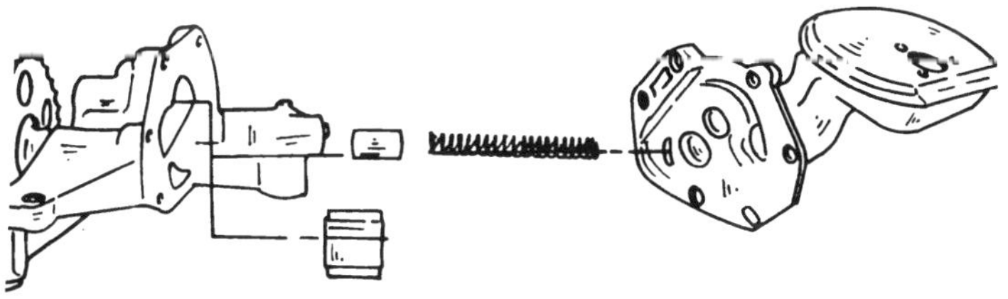

Bild 51
Ansicht der zerlegten Ölpumpe

Die Zahnräder in der Pumpe und ebenfalls das Antriebsrad der Pumpe und auf der Kurbelwelle auf Verschleiss, Zahnausbruch oder andere sichtbare Schäden kontrollieren. Falls eines der Zahnräder an den Zähnen verschlissen ist, muss man ebenfalls das dazugehörige Zahnrad erneuern.
Der Einbau der Ölpumpe geschieht in umgekehrter Reihenfolge wie der Ausbau. Kapitel 2.3 gibt alle Einzelheiten darüber.

3.2 Der Ölfilter

Der Ölfilter befindet sich an der in Bild 50 gezeigten Stelle. Der Ölfilter ist mit einem Ventil versehen. Nur ein Filter mit einem solchen Ventil darf verwendet werden.
Zum Ausbau des Filters ein Filterspannband verwenden. Andernfalls ein Stück Schmirgelleinwand um den Filter legen, mit der Schmirgelseite gegen den Filter, den Filter mit beiden Händen erfassen und abschrauben.
Den Dichtring eines neuen Filters einölen und den Filter anziehen, bis er soeben gegen den Zylinderblock ansitzt. Aus dieser Stellung den Filter mit den Händen um eine weitere Viertelumdrehung anziehen.
Filter nochmals lösen und erneut anziehen, bis der Gummidichtring den Zylinderblock berührt. Aus dieser Stellung die Filterpatrone um eine halbe bis eine dreiviertel Umdrehung anziehen. Diesen Anweisungen ist unbedingt zu folgen.

3.3 Öldruck überprüfen

Falls ein geeignetes Anschlussstück zur Verfügung steht, welches man mit einem Manometer in die Bohrung für den Öldruckschalter einschrauben kann, lässt sich der Öldruck bei laufendem Motor kontrollieren. In diesem Fall folgendermassen vorgehen:

- Motor laufen lassen, bis eine Temperatur von 90°C erhalten wird, d. h. das Fernthermometer zeigt einen betriebswarmen Motor an.
- Ölstand in der Ölwanne kontrollieren und ggf. berichtigen.
- Motor 5 Minuten lang im Leerlauf laufen lassen, bis der Kühlungsventilator ausgeschaltet hat.
- Motor abstellen und den Öldruckschalter abklemmen und herausdrehen. Der Schalter befindet sich oberhalb des Ölfilters.
- Anschlussstück mit einer Kupferscheibe einschrauben und Manometer anschliessen.
- Motor anlassen und im Leerlauf laufen lassen. Die Anzeige am Manometer sollte 1,4 bar betragen.
- Drehzahl auf 4000/min. erhöhen und kontrollieren, ob der Öldruck auf 3,5 bar ansteigt.

Die oben angegebenen Werte beziehen sich auf einen neuen Motor. Falls der Motor längere Zeit in Betrieb war, ist es möglich, dass der Öldruck im Leerlauf entsprechend abfällt.

- Manometer abschliessen und den Öldruckschalter mit der Kupferscheibe einschrauben. Den Schalter mit 20 Nm anziehen.

4 Die Kühlanlage

Das Kühlsystem führt die Wärme des Motors mittels Kühlflüssigkeit über einen Kühler und gegebenenfalls die Innenraumheizung ab. Zur Kühlung wird eine Kühlflüssigkeit mit Korrosionsschutz- bzw. Frostschutzmittel (handelsübliche Fabrikate) verwendet. Eine vom Keilriemen über die Kurbelwelle angetriebene Wasserpumpe führt das Kühlwasser über die verschiedenen Schläuche und Kanäle. Zur Entgasung der Kühlflüssigkeit wird ein Entgasungsbehälter, der gleichzeitig einen Einfüllstutzen und eine Niveauanzeige besitzt, verwendet. Der grossflächige Wasserkühler wird im Normalzustand vom Fahrtwind gekühlt und bei grösserer thermischer Belastung zusätzlich durch einen elektrisch betriebenen Ventilator belüftet. Der Ventilator befindet sich an der Stirnseite des Kühlers. Der Ventilator wird durch einen Thermoschalter an der Unterseite des Kühlers aus- und eingeschaltet. Um rasch eine Betriebstemperatur von ca. 80 °C zu erreichen, wird der Kühlkreislauf über einen Thermostat in einen kleineren und grösseren Kühlkreis aufgeteilt. Bild 52 zeigt die Auslegung der Kühlanlage.

4.1 Ablassen und Auffüllen der Kühlanlage

- Ablassstopfen im Zylinderblock herausdrehen. Dieser befindet sich an Stelle (1) in Bild 2.
- Den Stopfen aus der Unterseite des Kühlers herausschrauben. Das Frostschutzmittel in der Anlage kann durch Unterstellen eines Behälters aufgefangen werden. Falls das Frostschutzmittel erneuert werden soll, einen der Wasserschläuche vom Motor abschliessen. Die Arbeiten jedoch im Freien durchführen.
- Falls das Frostschutzmittel lange in der Anlage war, diese durchspülen. Dazu den Verschluss des Kühlwasserbehälters abschrauben und ei-

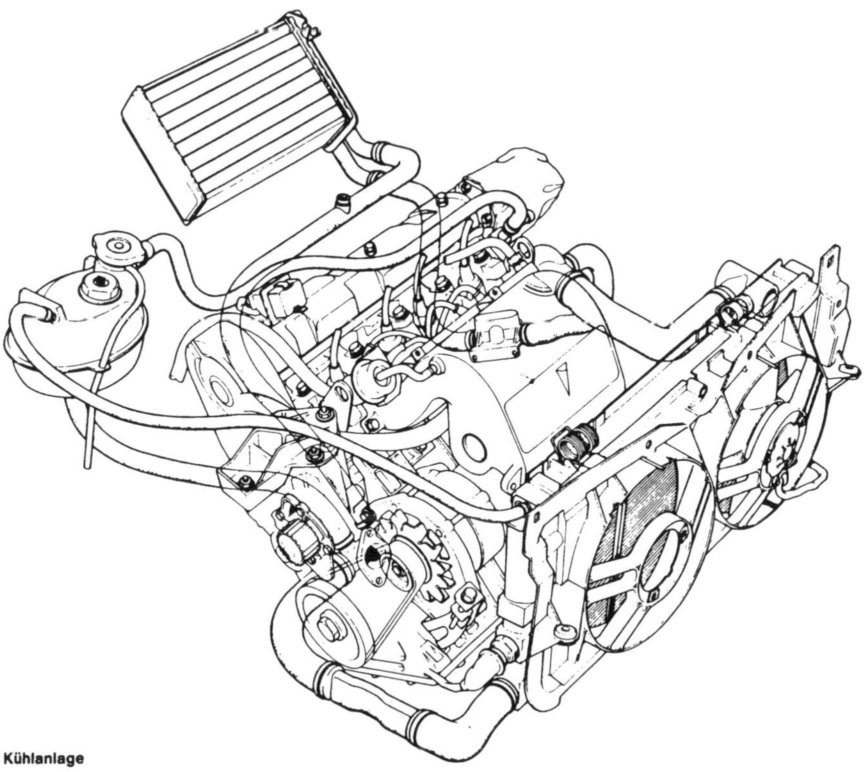

Bild 52
Schematische Ansicht der Kühlanlage

nen Wasserschlauch in die Öffnung einhängen. Das Wasser durchlaufen lassen, bis es klar aus den Öffnungen für die Stopfen oder aus dem unteren Kühlerstutzen herausläuft.

- Frostschutzmittel entsprechend der zu erwartenden Temperaturen zusammenmischen. Eine Mischung von 35% Frostschutz und 65% Wasser eignet sich für normale Temperaturen unter Null (bis ca. −15°). 50% Frostschutz und 50% Wasser schützt die Kühlanlage bis auf −35° C. Beim Kauf des Frostschutzmittels muss man angeben, dass es sich um einen Motor mit Aluminiumzylinderblock und -zylinderkopf handelt.

- Die beiden Ablassstopfen wieder einschrauben oder den Kühlerschlauch anschliessen. Unbedingt eine gute Abdichtung herstellen.
- Heizungsentlüftungsventil in der Heizungsleitung öffnen (im Schlauch in der Nähe des Dehngefässes).
- Kühlmittel durch die Öffnung im Kühlmitteldehngefäss einfüllen und den Verschluss aufdrehen (6,6 Liter Kühlmittel).
- Die Entlüftungsschraube schliessen, sobald die Flüssigkeit blasenfrei aus der Öffnung herausläuft.
- Dehngefäss auffüllen, bis das Kühlmittel an der Kante steht.
- Verschlussdeckel auf das Dehngefäss aufschrauben.
- Nochmals kontrollieren, dass die Ablassstellen und die Entlüftungsschraube geschlossen sind. Der Motor darf nicht bei gelockerter Entlüftungsschraube angelassen werden.
- Motor anlassen und abwarten, bis der Thermostat geöffnet hat, d. h. bis der Ventilator eingeschaltet hat. Den Motor jetzt noch 5 Minuten laufen lassen und wieder abstellen.
- Kontrollieren, dass der Kühlmittelstand in der Nähe der «Maxi»-Markierung oder etwas darüber steht. Andernfalls zusätzliches Kühlmittel durch das Dehngefäss einfüllen.

4.2 Aus- und Einbau des Kühlers

- Minuskabel der Batterie abklemmen.
- Luftfilter ausbauen, um besser an die Anschlüsse heranzukommen.
- Kühlanlage ablassen, wie es in Kapitel 4.1 beschrieben ist.
- Die Traverse an der Oberseite des Kühlergitters und das Kühlergitter ausbauen.
- Die Befestigungsschrauben des Kühlers an der Traverse abschrauben.
- Das Dehngefäss ausbauen.
- Den Kühlungsventilator mit dem kompletten Rahmen vom Kühler abmontieren und den Kühlungsventilatorträger nach vorn abnehmen.
- Den oberen und unteren Kühlerschlauch abschliessen und vom Kühler abziehen. Ebenfalls die Entlüftungsleitung vom Kühleranschluss abziehen.
- Das elektrische Kabel vom Temperaturschalter an der Unterseite des Kühlers abklemmen und den Schalter herausdrehen, da es sein kann, dass er beim Herausheben des Kühlers im Wege ist.
- Den Kühler vorsichtig aus dem Motorraum herausheben, ohne dabei mit den Waben gegen andere Teile im Motorraum anzustossen.

Der Einbau des Kühlers geschieht in umgekehrter Reihenfolge wie der Ausbau. Den Ablassstopfen wieder einschrauben. Die Gewinde des Temperaturschalters mit Dichtungsmasse einschmieren und den Schalter in die Seite des Kühlers schrauben. Falls der Kühler erneuert wurde, müssen die Aufhängungsteile auf den neuen Kühler umgerüstet werden. Abschliessend die Kühlanlage auffüllen, wie es in Kapitel 4.1 beschrieben wurde. Den Motor anlassen und die Anlage auf Leckstellen kontrollieren. Dazu das Fahrzeug auf eine trockene Fläche fahren, so dass man irgendwelche vorhandenen Leckstellen durch Tropfen des Kühlmittels sofort feststellen kann.

4.3 Aus- und Einbau der Wasserpumpe

Die Wasserpumpe kann nicht repariert werden. Falls die Pumpe Leckstellen aufweist oder die Lager ausgeschlagen sind, muss man eine neue Pumpe einbauen. Die Wasserpumpe sitzt an der Steuerseite des Motorblocks und wird vom Zahnriemen der Motorsteuerung angetrieben. Die Wasserpumpe kann am eingebauten Motor ausgebaut werden. Dazu ist der Zahnriemen und die darunterliegende Kunststoffabdeckung auszubauen, wie es beim Erneuern des Zahnriemens in Kapitel 2.8 beschrieben wurde.
Die Pumpe danach einfach vom Motor abschrauben. Bild 25 zeigt die Befestigung der Pumpe.

Beim Einbau der Pumpe immer die Dichtung erneuern.

4.4 Der Kühlungsventilator

Zur Prüfung des Kühlungsventilators ist die elektrische Zuleitung vom Thermoschalter abzuklemmen und mittels Überbrückungsschalter an das Bordnetz zu verbinden. Der Lüfter muss kräftig und ruhig laufen.
Die Kühlerverkleidung muss ausgebaut werden, um die Ventilatorflügel oder den Motor zu erneuern.

4.5 Der Thermostat

Der Thermostat befindet sich im Wasserstutzen. Zum Ausbau die Kühlanlage ablassen (Kapitel 4.1) und den Schlauch vom Anschluss am Stutzen nach Lockern der Schlauchschelle abziehen. Den Thermostat herausnehmen. Bild 53 zeigt die Lage des Thermostats. Zu beachten ist, dass die beiden Dichtringe (2) und (4) immer erneuert werden müssen.
Ein Thermostat kann nicht repariert werden und ist im Schadensfalle zu erneuern. Eine einfache Prüfung lässt sich folgendermassen durchführen:

- Thermostat an einem Stück Draht in einen Behälter mit kaltem Wasser einhängen.
- Ein Thermometer in ähnlicher Weise einhängen.
- Wasser allmählich erhitzen und kontrollieren, ob sich der Thermostat bei der eingeschlagenen Temperatur zu öffnen beginnt (79-82 °C). Bei 93 °C muss der Thermostat vollkommen geöffnet sein.
- Der Thermostatstift muss bei dieser Kontrolle mindestens 7,5 mm aus dem Thermostat heraustreten. Falls der Thermostat diese Prüfungen nicht besteht, muss er erneuert werden.

Beim Einbau des Thermostats neue Dichtungen verwenden. Die Schlauchschellen kontrollieren, ehe sie wieder am Schlauch festgezogen werden. Die Kühlanlage auffüllen (Kapitel 4.1).

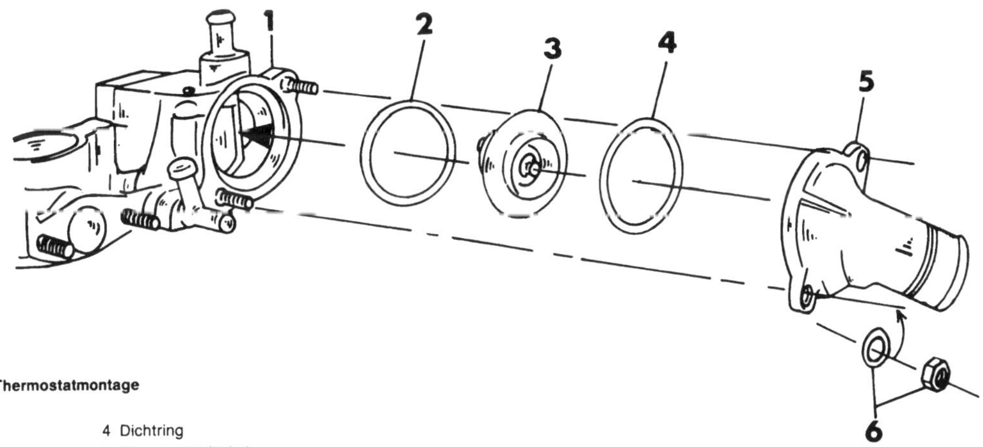

Bild 53
Einzelheiten der Thermostatmontage

1 Wasserstutzen
2 Dichtring
3 Thermostat
4 Dichtring
5 Thermostatdeckel
6 Mutter und Scheibe

5 Die Kraftstoffanlage

Der Motor arbeitet mit einer von Bosch hergestellten LE2-Kraftstoffeinspritzung. Bei der Anlage handelt es sich um eine intermittierende Einspritzung, welche mit niedrigem Druck arbeitet und in der Hauptsache durch die Drehzahl des Motors und den Lufterfordernissen des Motors reguliert wird. Die Betriebsbedingungen des Motors werden durch verschiedene Fühler ermittelt und mit Hilfe von elektrischen Signalen einem elektronischen Steuergerät zugeführt. Das Steuergerät bestimmt die Kraftstofferfordernisse des Motors und reguliert die Einspritzventile.

5.1 Kurze Beschreibung der Arbeitsweise

Bild 54 zeigt ein Diagramm mit den zur Anlage gehörenden Teilen. Eine Kraftstoffpumpe saugt das Benzin aus dem Tank ab und führt es einer Verteilerleitung zu, welche einen gleichmässigen Druck an alle Einspritzventile gewährt. Der Druck in der Leitung wird durch einen Druckregler bestimmt. Durch die verschiedenen Fühler werden die Betriebserfordernisse des Motors festgestellt. Signale von diesen Fühlern werden im elektronischen Steuergerät bearbeitet, welche als elektrische Impulse den Einspritzventilen zugeführt werden. Die Einspritzventile, durch Elektromagneten erregt, arbeiten gleichzeitig, um den Kraftstoff auf der Einlasskrümmerseite des Einlassventils zu zerstäuben.

Um eine gute Kraftstoffverteilung zu erzielen, werden die Einspritzventile zweimal bei jedem Motortakt betätigt. Die Hälfte der erforderlichen Gesamtmenge des Kraftstoffs für einen kompletten Motortakt wird bei jeder Einspritzung zerstäubt.

Die *Kraftstoffanlage* ist in Bild 55 gezeigt und besteht aus dem Tank (1), der elektrischen Kraftstoffpumpe (2), einem Filter (3), einer Verteilerleitung und vier Einspritzventilen (4) sowie dem Kraftstoffdruckregler (5).

Die *Kraftstoffpumpe* ist eine Mehrzellen-Rollenpumpe, welche durch einen elektrischen Motor angetrieben wird. Um den Kraftstoffdruck in der Anlage zu erhalten, ist die Leistung der Pumpe grösser

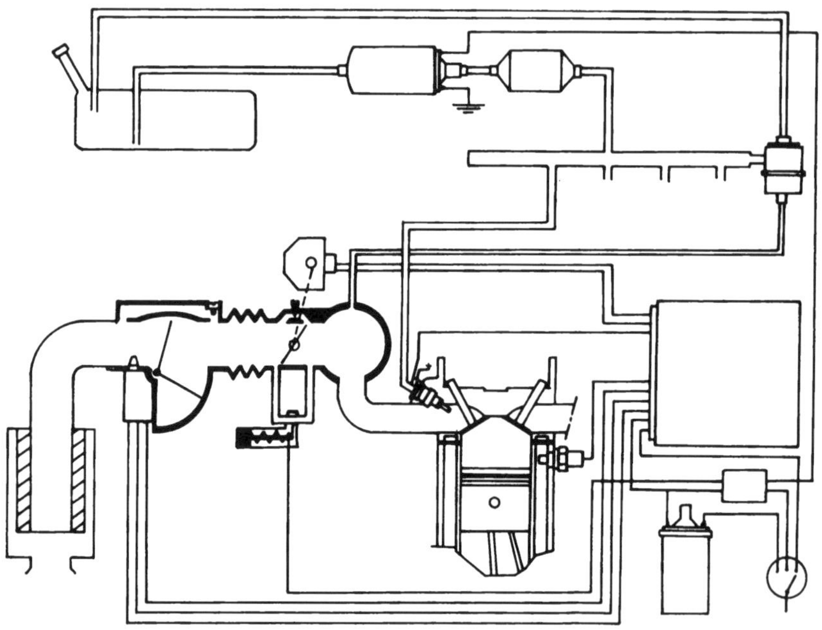

Bild 54
Diagramm der Kraftstoffeinspritzanlage

Bild 55
Die Lage der einzelnen Teile der Kraftstoffanlage

1 Kraftstofftank
2 Elektrische Kraftstoffpumpe
3 Kraftstoffilter
4 Verteilerrohr und Einspritzdüsen
5 Kraftstoffdruckregler

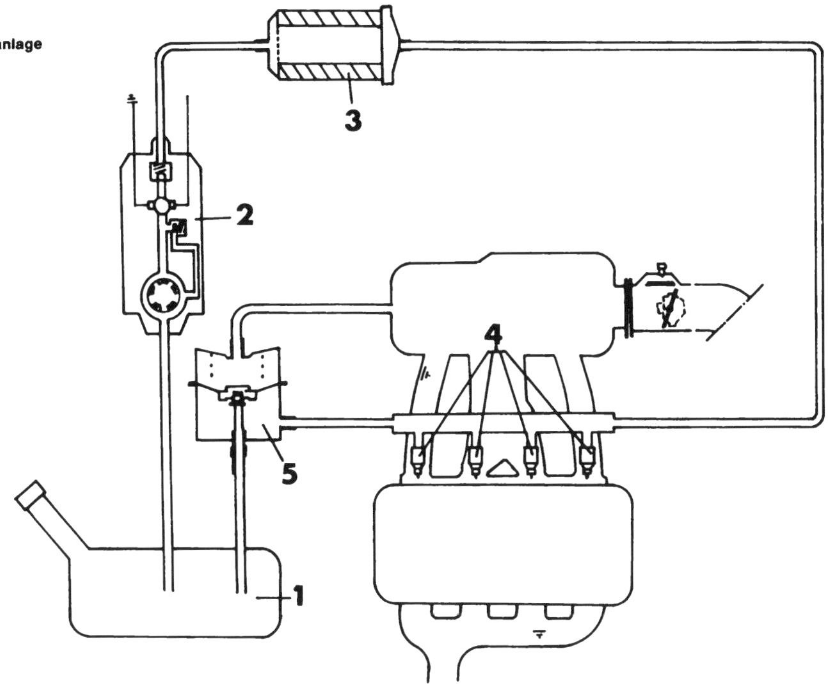

als dies durch die Anforderungen des Motors erforderlich ist, d. h. bei Vollast wird 70 % des Kraftstoffs wieder dem Tank zugeführt. Bei einem Druck von 3 bar liefert die Pumpe 130 Liter Kraftstoff pro Stunde.

Der *Kraftstoffilter* befindet sich an der Aussenseite der Kraftstoffpumpe.

Die *Einspritzventile* sind in den Ansaugkrümmer eingesetzt und zerstäuben den Kraftstoff auf der Krümmerseite der Einlassventile. Die Ventile werden von der Verteilerleitung mit Kraftstoff versorgt und öffnen gleichzeitig. Die Verteilerleitung gewährleistet einen gleichmässigen Druck an alle Einspritzventile.

Der *Kraftstoffdruckregler* besteht aus den in Bild 56 gezeigten Teilen und arbeitet folgendermassen:

- Wenn sich der Druck in der Kammer (A) über den voreingestellten Wert der Feder (3) ansteigt, kann sich das Ventil (7) öffnen und der Kraftstoff kann in den Tank zurücklaufen.
- Die Kammer (B) wird mit dem Ansaugkrümmer durch eine biegsame Leitung verbunden und verändert den Wert der Feder so, dass der Unterschied zwischen der Kammer (A) und dem Ansaugkrümmer immer konstant bleibt. Der Druck an den Einspritzventilen ist aus diesem Grund immer konstant, ganz gleich welche Motorbelastung vorhanden ist. Der Einspritzdruck ist immer 2,5 bar grösser als der Druck im Ansaugkrümmer.

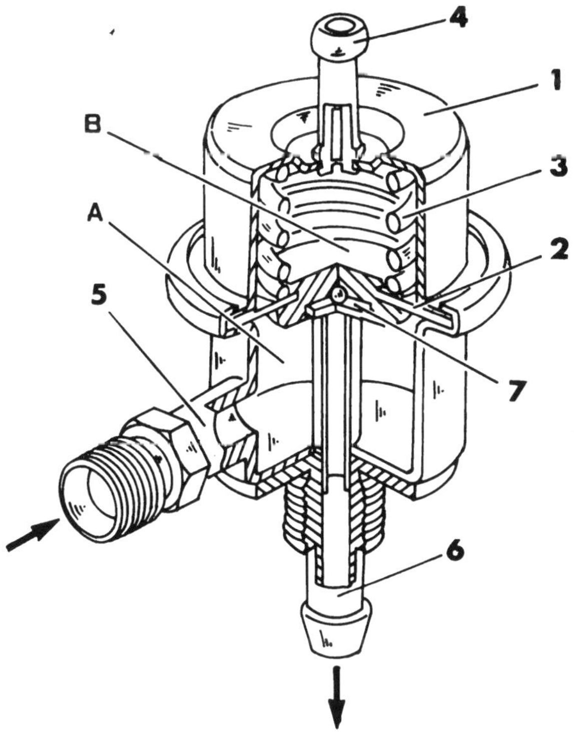

Bild 56
Ansicht des Kraftstoffdruckreglers

1 Metallgehäuse
2 Membrane
3 Feder
4 Anschluss zum Krümmer
5 Kraftstoffanschluss
6 Rücklauf zum Tank
7 Ventil

Die *Luftanlage* besteht aus den in Bild 57 gezeigten Teilen. Die vom Motor angesaugte Luftmenge hängt von der Belastung ab. Das Messen dieser Menge ist wichtig, damit die vorschriftsmässig einzuspritzende Kraftstoffmenge bestimmt werden kann. Diese Messung wird durch einen Luftströmungsmesser vorgenommen, mit welchem es immer möglich ist:

- Ein Kraftstoff/Luftgemisch zu erhalten, welches dem mechanischen Zustand des Motors innerhalb seiner Lebensdauer angepasst ist, d. h. Veränderungen in Ventilspielen, Kohleablagerungen in den Verbrennungskammern, usw.
- Die Anreicherungsvorrichtung beim Beschleunigen auszuschalten.

Der Luftströmungsmesser besteht aus den in Bild 58 gezeigten Teilen. Die Staudruckplatte (1) nimmt eine Winkelstellung ein, welche sich entsprechend der ausgeübten Kraft der durch den Motor angesaugten Luftmenge verändert. Das Verhältnis zwischen dem Winkel der Platte und der angesaugten Luftmenge ist so geschaffen, dass die Platte bei einer niedrigen Luftmenge empfindlicher ist.

In die Dämpfkammer ist eine Ausgleichsklappe (2) mit der gleichen Wirkungsfläche wie die Staudruckplatte eingesetzt, welche ein Pulsieren durch Gegendruck im Ansaugkrümmer verringert.

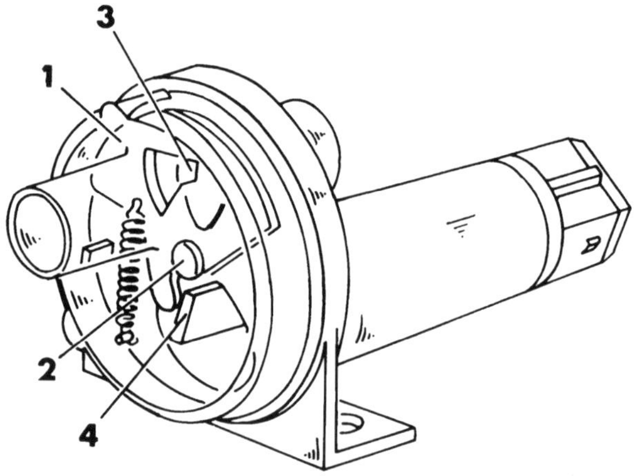

Bild 58
Ansicht der Zusatzlufteinrichtung

1 Klappe
2 Spindel
3 Bohrung
4 Bimetallstreifen

Ein integral mit der Staudruckplatte gebauter Potentiometer (4) überträgt ein dem Winkel der Staudruckplatte entsprechendes Spannungssignal zum Steuergerät.

Ein Lufttemperaturfühler ist parallel in den elektrischen Schaltkreis des Luftströmungsmessers eingebaut. Bei diesem handelt es sich um einen Thermalwiderstand, dessen Widerstand sich bei anstei-

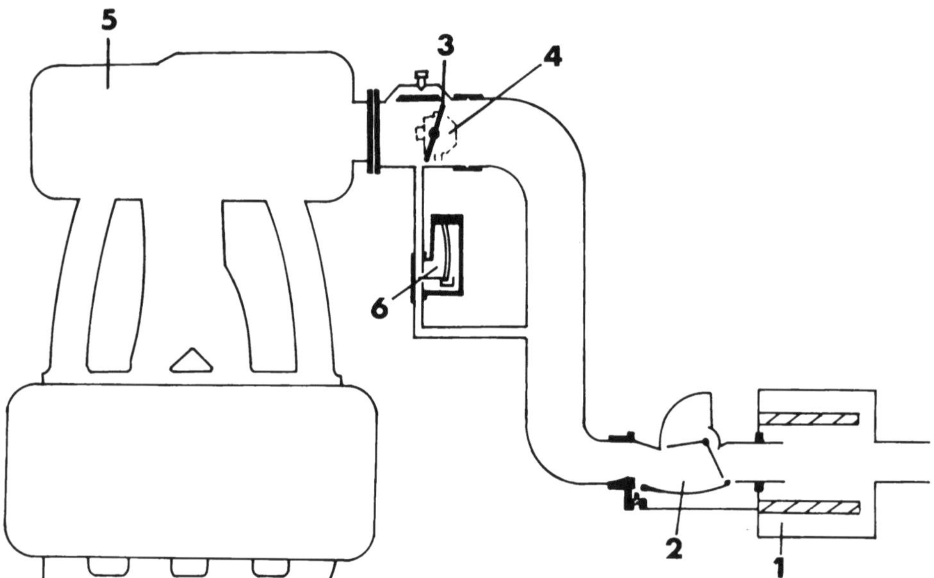

Bild 57
Die Auslegung der Ansaugluftanlage

1 Luftfilter
2 Luftströmungsmesser
3 Drosselklappengehäuse
4 Drosselklappenschalter
5 Luftverteilergehäuse
6 Zusatzlufteinrichtung

genden Temperaturen verringert. Er verändert das Ausgangssignal des Luftströmungsmessers entsprechend der Temperatur der Ansaugluft.
Etwas Luft, welche nicht durch die Staudruckplatte gemessen werden kann, kann den Luftströmungsmesser durch die Umleitbohrung (6) umgehen. Diese Bohrung kann mit Hilfe der Gemischregulierschraube eingestellt werden.
Am Ansaugkrümmer ist das *Drosselklappengehäuse* montiert. Die durch den Motor angesaugte Luft wird durch die Stellung der darin befindlichen Drosselklappe bestimmt. Im Leerlauf ist die Drosselklappe geschlossen und die zum Lauf des Motors erforderliche Luft kann durch eine Bohrung einströmen. Diese Luftmenge wird jedoch durch den Luftströmungsmesser wahrgenommen und der Leerlauf kann durch die Leerlaufeinstellschraube eingestellt werden, ohne dabei das Kraftstoffgemisch zu beeinflussen.
Ein Drosselklappenschalter mit einem Leerlaufkontakt und einem Vollastkontakt befindet sich an der Drosselklappenwelle und informiert das elektronische Steuergerät über die Stellung der Drosselklappe.
Das *elektronische Steuergerät* verarbeitet die durch die verschiedenen Fühler gefütterten Daten. Aus diesen wird die Dauer der Einspritzung bestimmt und die Einspritzventile werden durch elektrische Impulse gesteuert.
Verschiedene Kaltstarteinrichtungen werden in der Anlage verwendet, da der Motor in kaltem Zustand ein angereichertes Gemisch benötigt, um die Kondensierung an den kalten Flächen der Verbrennungskammern und am Ansaugkrümmer auszugleichen. Gleichzeitig muss die Kraftstoff/Luftmenge erhöht werden, um die schweren Reibverluste an den kalten Flächen des Motors auszugleichen.
Während des Anlassens wird die Kraftstoffanreicherung durch die Haupteinspritzventile bewerkstelligt. Die Anreicherung wird vom elektronischen Steuergerät anhand der folgenden Daten bestimmt: der Motortemperatur, der Anlasszeit und der Motordrehzahl.
Der Anstieg der Kraftstoffzufuhr wird während der Anlassphase durch den Startschalter bestimmt. Zu diesem Zeitpunkt liefert das elektronische Steuergerät zweimal die Impulse zu den Einspritzventilen. Diese Funktion wird eingestellt, sobald der Motor eine vorbestimmte Drehzahl erreicht.
Während der ersten Phase des Warmlaufens ist die Anreicherung eine Zeitfunktion (während ca. 30 Sekunden).
Während der zweiten Phase des Warmlaufens ist die Anreicherung eine Temperaturfunktion.
Der Anstieg im Kraftstoff/Luftgemisch wird durch eine *Zusatzluftvorrichtung* erzielt, welche in Bild 58 gezeigt ist. Eine Klappe (1) kann sich auf einer Spindel (2) drehen. Die Grösse der Öffnung (3) wird durch Verdrehung der Klappe verringert. Die Klappe wird dabei durch einen elektrisch beheizten Bimetallstreifen reguliert. Durch Erwärmung des Streifens wird die Luftbohrung fortschreitend geschlossen.

5.2 Vorsichtsmassnahmen bei Arbeiten an der Einspritzanlage

Bild 59 zeigt, wie die Teile der Einspritzanlage im Motorraum angeordnet sind. Falls irgendwelche Arbeiten am Motor durchgeführt werden, bei welchen Teile der Einspritzanlage betroffen werden, müssen die folgenden Punkte beachtet werden:

- Niemals den Motor laufen lassen, wenn die Batterieklemmen nicht vollkommen angezogen sind.
- Niemals die Batterie abklemmen während der Motor läuft.
- Die Batterie abklemmen, ehe sie nachgeladen wird.
- Niemals eine Batterie von mehr als 12 V benutzen, um den Motor anzulassen.
- Niemals das elektronische Steuergerät abklemmen, während die Zündung eingeschaltet ist.
- Vor dem Anschliessen eines Steckverbinders den Zustand der Klemmen kontrollieren und überprüfen, dass die Klemmen fest in den Steckverbindern sitzen. Bei Bosch-Steckern ebenfalls kontrollieren, dass die Sicherungsfeder gut sitzt.
- Bei Durchführung von elektrischen Schweissarbeiten das elektronische Steuergerät aus dem Stromkreis ausschliessen.
- Bei Kontrolle der Verdichtungsdrücke den Anschlussstecker vom elektronischen Steuergerät und den Stecker vom Drehzahlrelais abschliessen. Dadurch wird die Benzinzufuhr zu den Einspritzventilen unterbrochen.
- Keine Prüflampen zum Kontrollieren der Stromkreise benutzen.

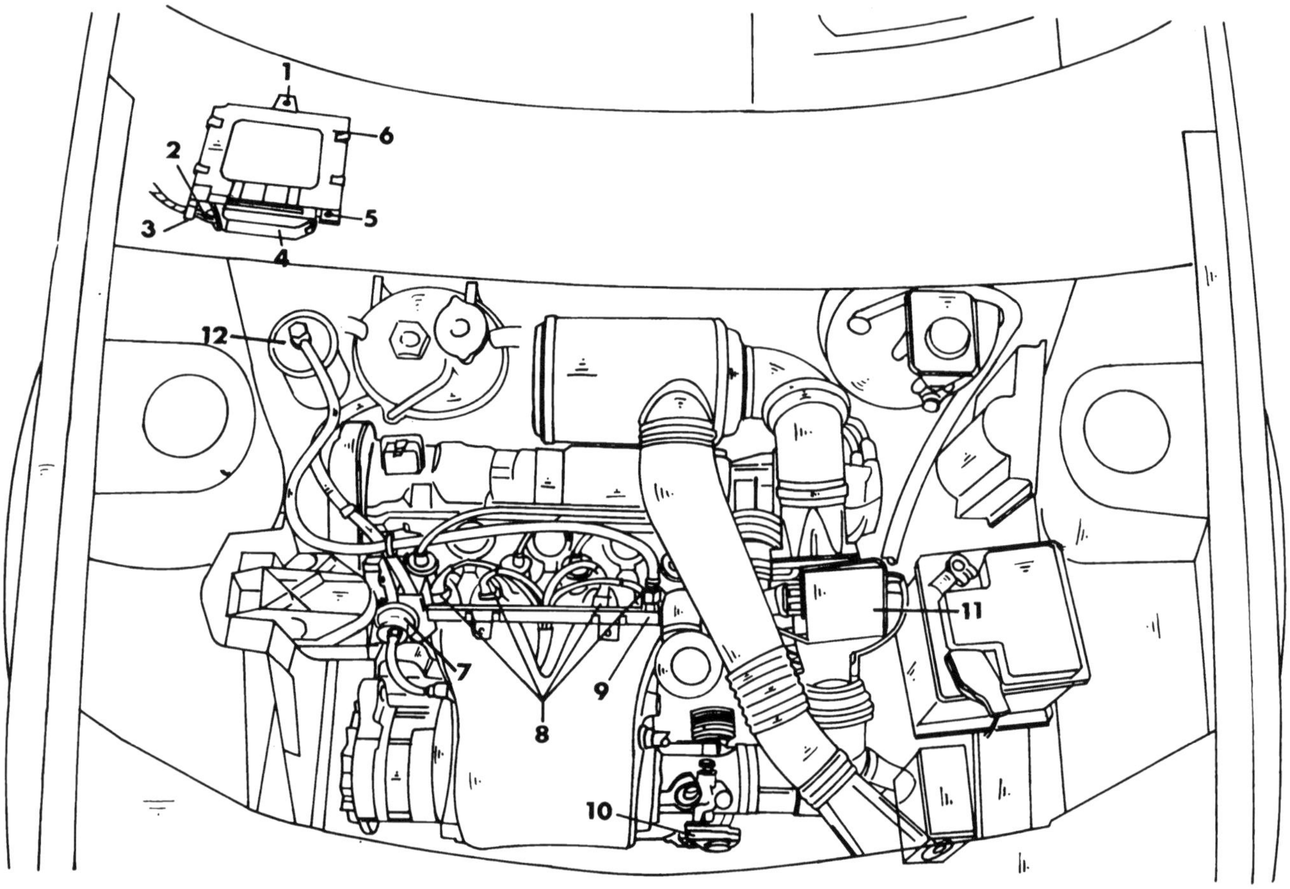

Bild 59
Die Anordnung der Teile der Einspritzanlage im Motorraum.

1 Befestigungsstelle des Steuergeräts
2 Befestigungsstelle des Steuergeräts
3 Befestigungsstelle für Anschlussstecker
4 Anschlussstecker
5 Befestigungsstelle des Steuergeräts
6 Steuergerät (an der Oberseite des Handschuhkastens)
7 Kraftstoffdruckregler
8 Einspritzventile
9 Verteilerleitung
10 Drosselklappenschalter
11 Luftströmungsmesser
12 Kraftstoffilter

- Keinen Draht benutzen, um Anschlüsse mit Masse zu verbinden.

5.3 Einstellungen an der Einspritzanlage

Nur die folgenden Einstellungen sollten an der Einspritzanlage durchgeführt werden.

5.3.1 Einstellen der Grundstellung der Drosselklappe und des Leerlaufs

Ein Unterdruckmesser ist zur Durchführung dieser Einstellungen erforderlich.

- Motor warmlaufen lassen und abwarten, bis der elektrische Ventilator ausgeschaltet ist. Die Zündung muss einwandfrei eingestellt sein.
- Einen Unterdruckmesser an die Prüfstelle (1) in Bild 60 anschliessen. Dies ist die Abnahme für den Unterdruck des Zündverteilers.
- Einen Drehzahlmesser und einen CO-Anteilprüfer entsprechend der Anweisungen des Herstellers anschliessen.
- Kontrollieren, dass die Drosselklappe sich einwandfrei bewegen kann und dass die Unterdruckanzeige bei laufendem Motor 65 mbar oder 50 mm Hg beträgt, je nachdem in welcher Einteilung der Unterdruckmesser gebaut ist.
- Kontrollieren, dass man die Leerlaufdrehzahl einstellen kann.
- Unter Bezug auf Bild 60 kontrollieren, dass die Schraube (2) durch die Sicherungsvorrichtung (4) gehalten wird und dass die Plombenkappe (3) aufgesetzt ist.

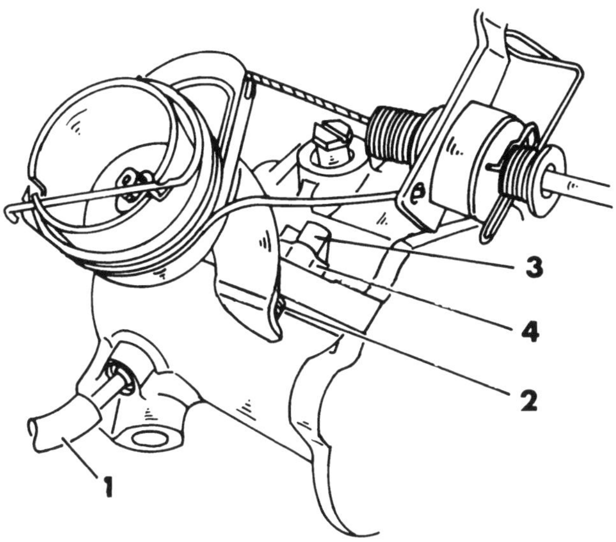

Bild 60
Einzelheiten zum Einstellen der Drosselklappe

1 Unterdruckanschluss
2 Schraube
3 Plombenkappe
4 Sperrvorrichtung

Bei der Einstellung des Leerlaufs folgendermassen vorgehen:

- Unter Bezug auf Bild 61 die Lufteinstellschraube (3) vollkommen nach innen schrauben.
- Die Plombenkappe (2) entfernen.
- Den Drosselklappenschalter zurücklassen, Schrauben (4).

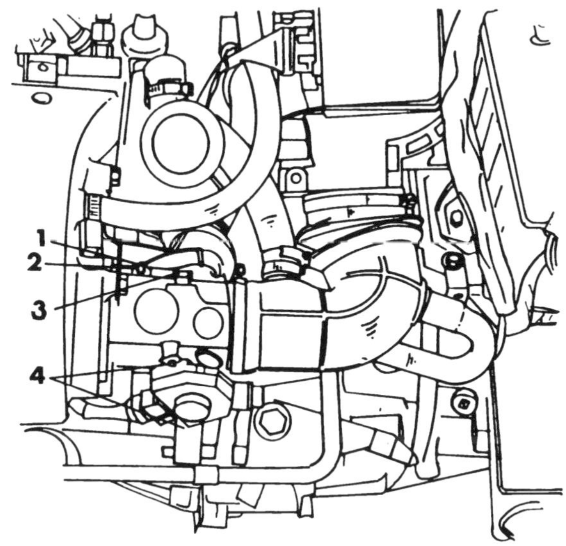

Bild 61
Einzelheiten zum Einstellen der Drosselklappe

1 Einstellschraube
2 Plombenkappe
3 Lufteinstellschraube
4 Befestigungsschrauben (Schalter)

- Die Schraube (1) zurückdrehen und wieder anziehen, bis die Drosselklappe sich soeben öffnet.
- Die Schraube (1) aus dieser Stellung um weitere vier Umdrehungen hineindrehen.
- Motor anlassen und die Schraube (2) in Bild 61 verstellen, bis ein Leerlauf von 650/min erhalten wird. Der CO-Anteil muss zwischen 1 und 2 % liegen. Falls dies nicht der Fall ist, muss er eingestellt werden, wie es im nächsten Kapitel beschrieben ist.
- Den Unterdruckmesser ablesen. Falls die Unterdruckanzeige mehr als 65 mbar, bzw. 50 mm Hg beträgt, die Schraube (2) erneut verstellen, bis der Wert erhalten ist.
- Nach der Einstellung eine neue Plombenschutzkappe auf die Einstellschraube aufdrücken.
- Drosselklappenschalter und Leerlaufgemisch einstellen, wie es im betreffenden Kapitel beschrieben ist.
- Mit Hilfe der Lufteinstellschraube (1) in Bild 62 den Leerlauf auf 850 bis 900/min bringen.

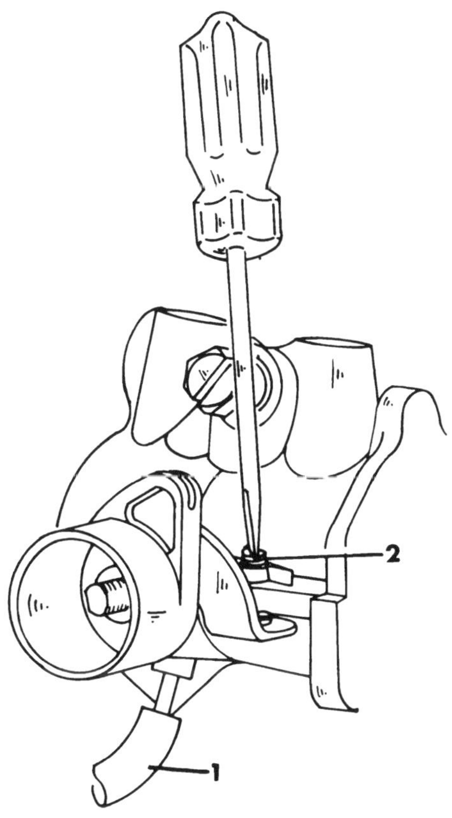

Bild 62
Einstellen des Leerlaufs

1 Leerlaufeinstellschraube
2 Unterdruckschlauch

5.3.2 Einstellen des Leerlaufgemischs

Nach Einstellen der Grundstellung der Drosselklappe und des Leerlaufs den Motor anlassen und kontrollieren, dass der CO-Anteil zwischen 1,0 bis 2,0 % liegt. Das Leerlaufgemisch wird an der Lufteinstellschraube (1) und der Gemischeinstellschraube (2) am Luftströmungsmesser eingestellt (siehe Bild 63). Über der Schraube (2) ist eine Plombenschutzkappe aufgesetzt, welche man zerstören muss, ehe die Schraube verstellt werden kann. Dazu in die Mitte der Kappe bohren und diese mit einem Schraubenzieher heraushebeln (Bild 64). Bei der Einstellung folgendermassen vorgehen:

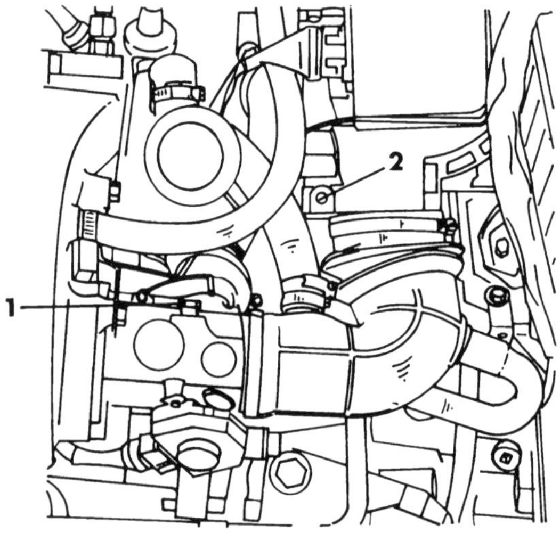

Bild 63
Die Lage der Lufteinstellschraube (1) und der Gemischeinstellschraube (2)

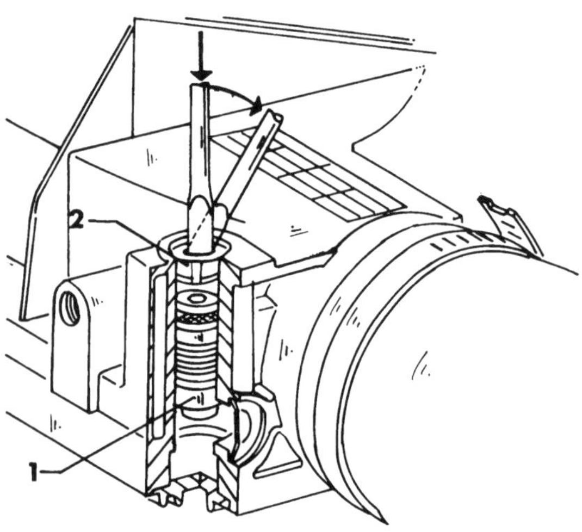

Bild 64
Entfernen der Plombenschutzkappe (2) über der Leerlaufeinstellschraube (1). Einen Schraubenzieher einsetzen und die Kappe heraushebeln.

- Lufteinstellschraube (1) in Bild 63 verstellen, bis der Motor mit 850–900/min im Leerlauf läuft. Falls der CO-Anteil verstellt werden muss, einen 5-mm-Innensechskantschlüssel benutzen und die Schraube nach innen drehen, um das Gemisch anzureichern oder die Schraube herausdrehen, um das Gemisch abzumagern (Bild 65).

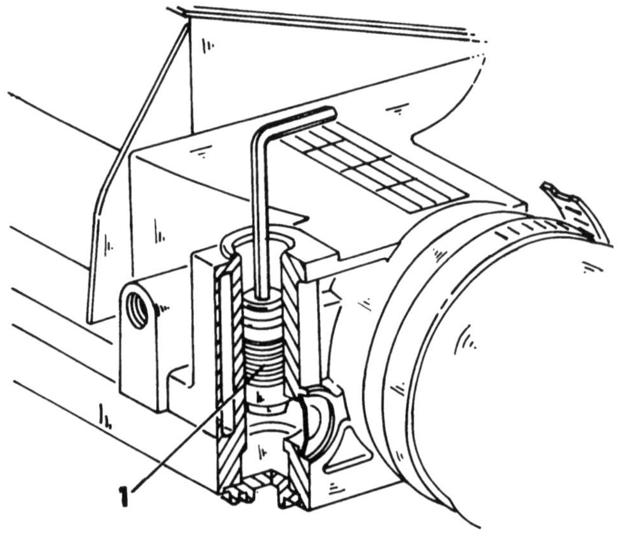

Bild 65
Einstellen der Gemischeinstellschraube (1) mit einem Innensechskantschlüssel

- Nach jeder Verstellung der Gemischeinstellschraube, die Drosselklappe zwei oder dreimal kurz öffnen, um den Leerlauf zu stabilisieren, ehe der CO-Anteil erneut abgelesen wird.
- Leerlauf durch Verstellen der Lufteinstellschraube auf den vorgeschriebenen Wert bringen und den CO-Anteil erneut kontrollieren.
- Falls der CO-Anteil nicht stimmt, den Einstellvorgang wiederholen.
- Abschliessend eine neue Plombenschutzkappe auf die Öffnung für die Schraube drücken.

5.3.3 Einstellen des Drosselklappenschalters

Die Lage des Drosselklappenschalters kann aus Bild 59 ersehen werden. Als erstes die Stromzufuhr zum Schalter kontrollieren:

- Unter Bezug auf Bild 66 den Stecker (1) vom Schalter abziehen.
- Einen Voltmesser zwischen die Klemme (2) am Stecker (Kabel 18B) und Masse anlegen.
- Den Anlasser betätigen und kontrollieren, ob die Spannung mindestens 9 V beträgt.

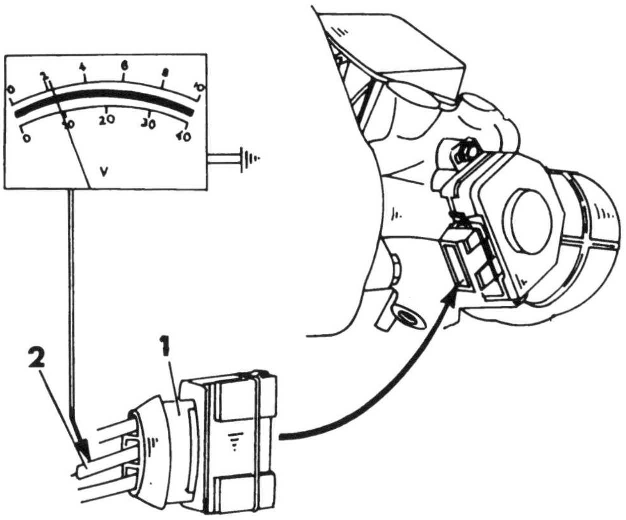

Bild 66
Kontrolle des Drosselklappenschalters. Den Stecker (1) abziehen und einen Voltmesser an Kabel «18B» (2) anschliessen

- Falls dies nicht der Fall ist, alle Stromanschlüsse kontrollieren.

Bei der Einstellung des Drosselklappenschalters müssen der Leerlaufkontakte und der Vollastkontakt überprüft werden:

5.3.3.1 Leerlaufkontakt

- Unter Bezug auf Bild 67 den Stecker (1) abziehen.

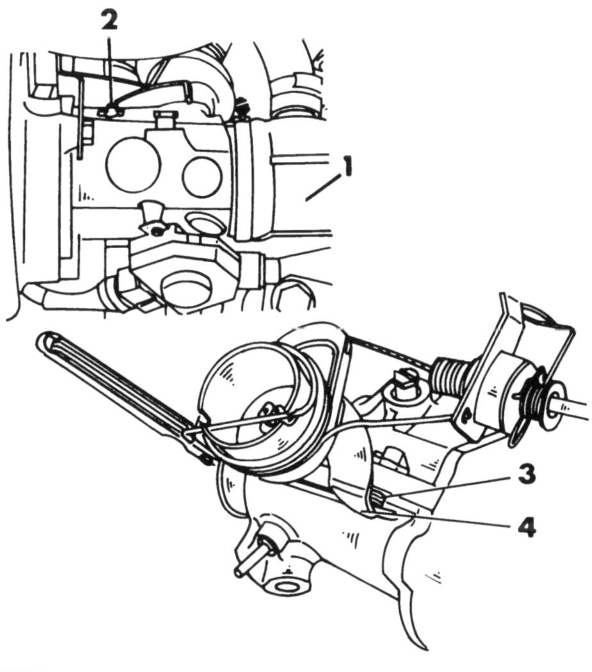

Bild 67
Einstellen des Leerlaufkontakts am Drosselklappenschalter

1 Stecker
2 Lage der Schraube «3»
3 Schraube
4 Hebel

- Eine Fühlerlehre von 0,30 mm zwischen die Schraube (3) und den Hebel (4) einsetzen.
- Die Befestigungsschrauben des Drosselklappenschalters (links und rechts) lockern.
- Ein Ohmmeter zwischen die Klemmen «18» und «2» an der Steckeraufnahme des Schalters anlegen. Die Klemmen sind entsprechend gezeichnet.
- Den Drosselklappenschalter hin- und herbewegen, bis das Ohmmeter «Null» anzeigt, d. h. bis Kontakt zwischen den Klemmen «18» und «2» hergestellt ist.
- Die Befestigungsschrauben anziehen, ohne den Schalter dabei zu verschieben und die Fühlerlehre entfernen.
- Eine Fühlerlehre von 0,70 mm zwischen die Schraube (3) und den Hebel (4) einschieben. Unter diesen Bedingungen muss der Stromkreis zwischen den Klemmen «2» und «18» geöffnet sein, d. h. das Ohmmeter muss «unendlich» anzeigen.
- Falls dies nicht der Fall ist, die obige Einstellung mit der 0,30 mm Fühlerlehre wiederholen.

5.3.3.2 Vollastkontakt

- Ein Ohmmeter zwischen den Klemmen «18» und «3» am Schalter anlegen.
- Unter Bezug auf Bild 68 die Drosselklappe öffnen, bis das Mass «X» zwischen dem Hebel (2)

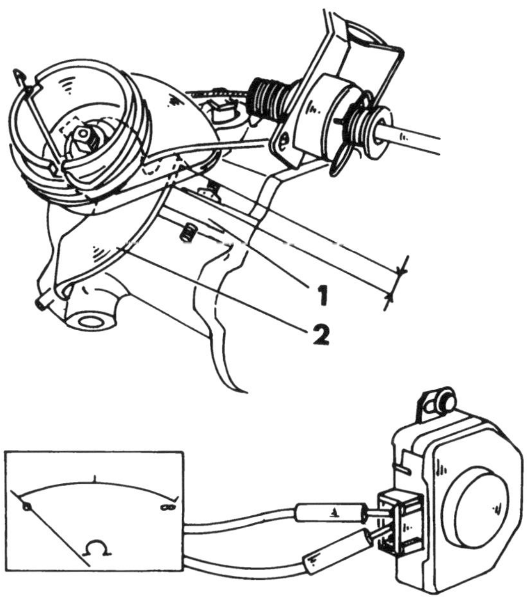

Bild 68
Zum Einstellen des Vollastkontakts im Leerlaufschalter. Das Mass «x» wie beschrieben ausmessen (siehe Text).

und dem Drosselklappengehäuse (1) 4,0 mm beträgt. Das Ohmmeter sollte «Null» anzeigen.

- Falls dies nicht der Fall ist, muss der Drosselklappenschalter erneuert werden.

5.4 Kraftstoffpumpe

5.4.1 Aus- und Einbau

Die Kraftstoffpumpe liegt unter einem Deckel im Kasten des Rücksitzes. Beim Ausbau der Pumpe unter Bezug auf Bild 69 folgendermassen vorgehen:

- Batterie abklemmen.
- Sitzkissen des Rücksitzes ausbauen und den Verschlussdeckel entfernen.
- Kraftstoffvorlauf- und -rücklaufleitungen (2) und (3) abschliessen.
- Stecker (1) abziehen.
- Schrauben (4) entfernen und die Kraftstoffpumpe (5) herausnehmen.

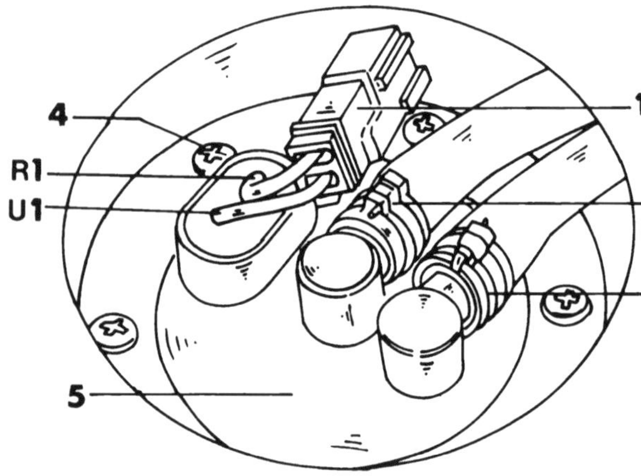

Bild 69
Die Anschlüsse an der Oberseite der Kraftstoffpumpe

1 Anschlussstecker
2 Benzinvorlaufleitung
3 Benzinrücklaufleitung
4 Befestigungsschrauben
5 Kraftstoffpumpe

Bild 70
Die Lage der elektrischen Kraftstoffpumpe in der Innenseite des Tanks

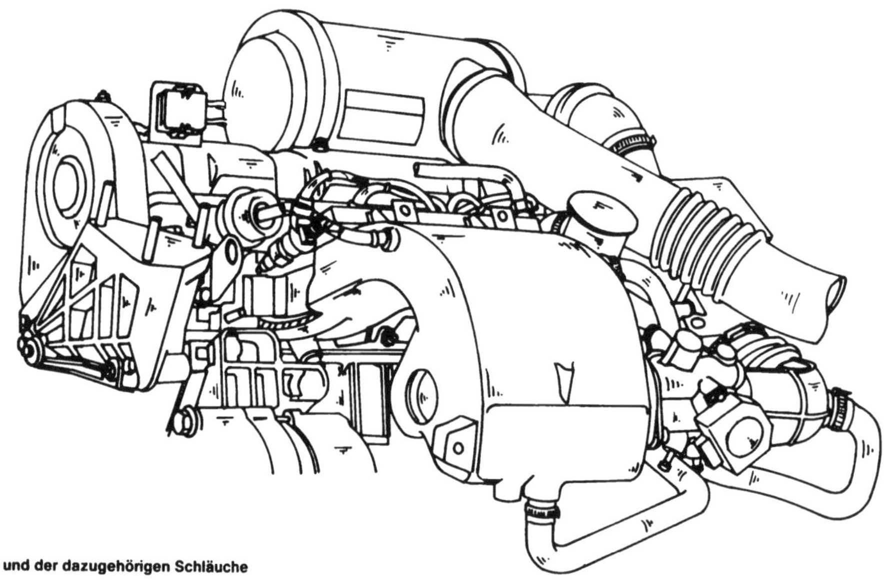

Bild 71
Ansicht des Luftfilters und der dazugehörigen Schläuche

- Um die Pumpe aus der Halterung auszubauen, den Filter an der Unterseite entfernen, die beiden Befestigungsschellen lösen und die Pumpe herausnehmen. Die elektrischen Anschlüsse von der Pumpe abziehen.

Der Einbau der Pumpe geschieht in umgekehrter Reihenfolge wie der Ausbau. Die Befestigungsschellen immer erneuern. Beim Einsetzen der Pumpe in der Halterung darauf achten, dass die Anschlüsse gut von den Klemmen ferngehalten werden, um keine Kurzschlüsse zu verursachen. Eine neue Dichtung zwischen dem Tank und dem Pumpengehäuse verwenden.

5.5 Luftfilter

Der Luftfilter ist im aufgesetzten Zustand in Bild 71 gezeigt. Der Aus- und Einbau des Filterelements bringt keinerlei Schwierigkeiten mit sich. Das Element darf nicht in irgendwelchen Reinigungsflüssigkeiten gesäubert werden.

6 Die Zündanlage

Beim Peugeot 205 GTI ist eine elektronische Zündanlage mit elektro-magnetischer Impulsauslösung eingebaut. Der Zündverteiler besitzt keine Unterbrecherkontakte.

Ein Schema der Zündung ist in Bild 72 gezeigt. Bei dieser Anlage werden die Unterbrecherkontakte des Zündverteilers (c) durch einen magnetischen Fühler ersetzt, welcher die Zündimpulse an das transistorisierte Schaltgerät (f) weiterleitet. Die Impulse werden durch das Drehen eines mit vier Ecken versehenen Sternrades im Impulsgeber (d) hergestellt, d. h. eine Ecke für jeden Zylinder. Die verbleibenden Teile der Zündanlage sind gleich wie bei einer konventionellen Zündung.

Der Primärstrom fliesst durch einen Schalttransistor, welcher sich in dem Schaltgerät (f) befindet. Wenn ein Impuls durch den Generator im Zündverteiler hergestellt wird, schaltet sich der Transistor aus und schneidet damit den Stromlauf in der Primärwicklung der Spule ab.

Die Zündspule ist speziell für dieses System entwickelt worden und formt die Primärspannung in den zum Betrieb der Zündung erforderlichen Sekundärstrom um.

Die folgenden Vorsichtsmassnahmen müssen bei Arbeiten an der Zündanlage beachtet werden:

- Bei der Einstellung des Leerlaufs oder des Zündzeitpunkts nur einen Drehzahlmesser benutzen, welcher sich für die elektronische Anlage eignet. Vor dem Anschliessen darüber erkundigen.
- Beim Anlassen des Motors keine Starthilfe oder ein Schnelladegerät benutzen.
- Bei Durchführungen von elektrischen Schweissungen die Batterie abklemmen. Dies muss sowieso wegen der Drehstromlichtmaschine durchgeführt werden.

6.1 Zündspule

Die Zündspule ist von Bosch hergestellt. Die Zündspule besteht aus einem Eisenkern mit der Primär-

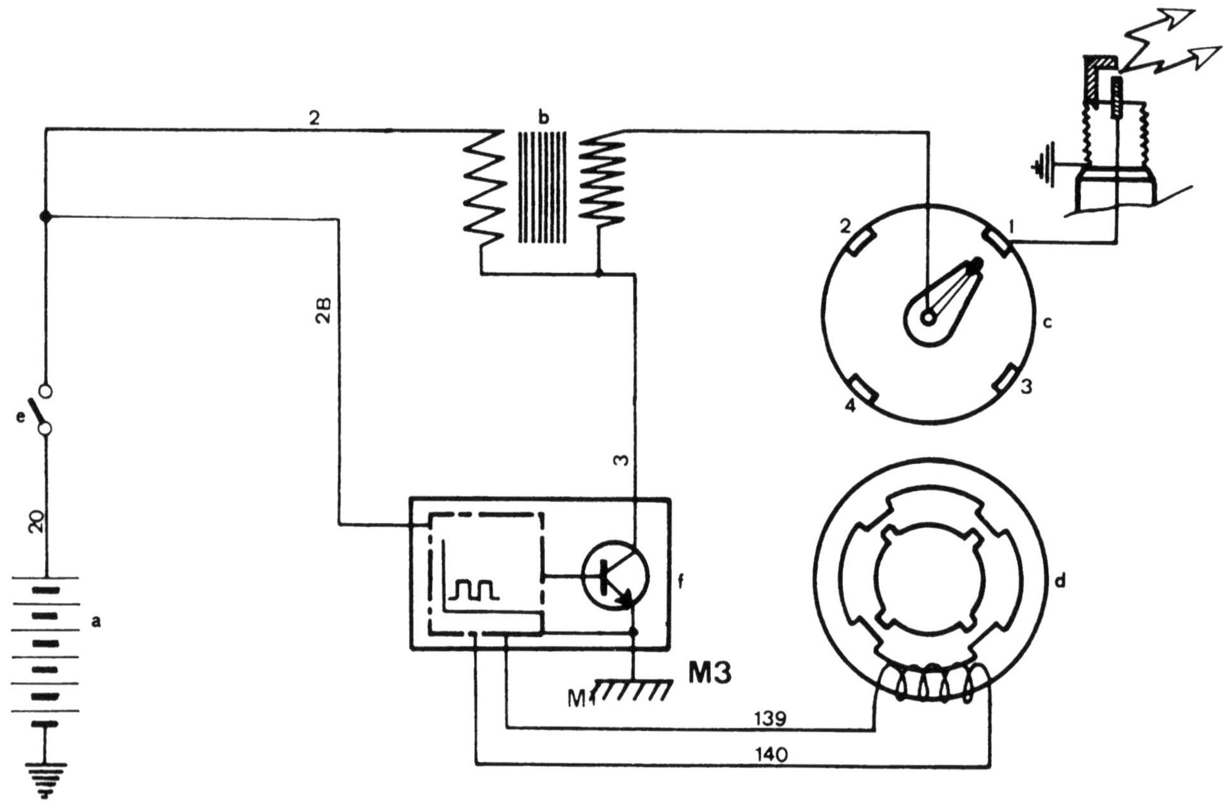

Bild 72
Schematische Ansicht der elektronischen Zündung

a Batterie
b Zündspule
c Zündverteiler
d Impulsgeber
e Zündschloss
f Schaltgerät

wicklung (weniger Wicklungen – starker Draht) und der Sekundärwicklung (viele Wicklungen – dünner Draht). Der Eisenkern ist von Vergussmasse umhüllt. Das Gehäuse besteht aus Stahlblech. Die Zündspule kann nicht zerlegt oder repariert werden, jedoch ist Ihr Händler oder eine Elektro-Werkstatt in der Lage, den Widerstand der Primär- und Sekundärspannung der Spule mit Spezialgeräten zu kontrollieren. Falls angenommen wird, dass ein Fehler in der Spule vorliegt, kann eine Zündspule ausgeliehen werden (vielleicht von einem Freund) und anstelle der alten Spule in den Stromkreis eingeschlossen werden (die Spule muss sich jedoch für die elektronische Zündung eignen). Liegt der Fehler in der Spule, wird sich dies jetzt schnell zeigen. Es sollte daran gedacht werden, dass Zündspulen manchmal keine Fehler aufweisen, bis ihre Betriebstemperatur erreicht ist. Eine Kontrolle im kalten Zustand bringt deshalb nicht immer das gewünschte Ergebnis.
Ausser Sauber- und Trockenhaltung der Isolierkappe, um Überschläge und Kriechströme zu vermeiden, bedarf die Zündspule keinerlei Wartung.

6.2 Der Zündverteiler

Der Zündverteiler hat dafür zu sorgen, dass der Zündstrom in der richtigen Folge, d. h. 1–3–4–2 und im richtigen Augenblick (Zündzeitpunkt) an die richtige Zündkerze geleitet wird. Der Verteiler wird vom Ende der Nockenwelle angetrieben und sitzt in einem Flansch auf der gegenüberliegenden Seite des Nockenwellenrades im Zylinderkopf.

6.2.1 Wartung des Zündverteilers

Der Verteilerdeckel ist innen und aussen in regelmässigen Abständen zu reinigen, um Kohlereste, Staub oder Feuchtigkeit zu entfernen. Verteilerläufer ebenfalls reinigen. Zum Reinigen einen mit Benzin angefeuchteten Lappen verwenden; dabei gleichzeitig den Verteilerdeckel auf Rissstellen hin kontrollieren. Verteilerläufer erneuern, wenn die Kontakte sehr abgeschliffen sind. Die Messingkontakte dürfen auf keinen Fall nachgefeilt oder nachgeschliffen werden.
Bei abgenommenem Verteilerdeckel zwei oder drei

Tropfen Öl in die Innenseite der Verteilerwelle träufeln, um die Verteilerlager zu schmieren.
Die Aussenflächen aller Hochspannungskabel sauber und frei von Feuchtigkeit halten, um eine einwandfreie Stromführung durch die Zündanlage zu garantieren. Gelegentlich alle Leitungen aus dem Zündverteiler ziehen, die Anschlussenden reinigen und kontrollieren. Die Leitungen dürfen nicht verkürzt werden, um schlechte Anschlussenden zu berichtigen. Leitungen immer erneuern.

6.2.2 Aus- und Einbau des Zündverteilers

Wenn der Verteiler aus dem Motor ausgebaut wird, muss er wieder in der gleichen Stellung eingebaut werden, um die Zündeinstellung beizuhalten. Alle Teile aus diesem Grund in geeigneter Weise kennzeichnen und, ohne den Motor durchzudrehen, den Zündverteiler wieder so einsetzen, dass der Mitnehmer in der gleichen Stellung in Eingriff kommt. Der Zündverteiler wird durch die Nockenwelle angetrieben und ist auf der Seite der Batterie waagerecht in den Zylinderkopf eingesetzt. Ein Mitnehmerschlitz im Ende der Nockenwelle ist im Eingriff mit einer Mitnehmerklaue an der Zündverteilerwelle. Der Verteiler braucht eigentlich nur ausgebaut zu werden, wenn man ihn erneuern will.

- Batterie abklemmen.
- Die Zündkabel vom Verteilerdeckel abziehen, oder den Verteilerdeckel durch Zurückdrücken der Federspangen vom Verteiler abnehmen.
- Den Stecker von der Seite des Verteilers lösen und die Leitung von der Unterdruckdose abziehen.
- Motor durchdrehen, bis der Kolben des ersten Zylinders auf dem oberen Totpunkt des Verdichtungshubes steht und die Stellung der Läuferspitze mit einer Reissnadel in der Aussenkante des Verteilergehäuses anzeichnen. Zum Durchdrehen ein Vorderrad anheben, den vierten oder fünften Gang einlegen und am Rad drehen, bis der Totpunkt hergestellt ist.
- Die drei Befestigungsschrauben des Verteilers lösen und den Verteiler aus dem Zylinderkopf herausziehen.

Falls der Motor nicht durchgedreht oder keine Reparaturen am Verteiler durchgeführt wurden, den Verteiler wieder in die ursprüngliche Lage einbauen. Falls der Verteiler zerlegt wurde, oder falls er nach einer Überholung des Motors eingebaut werden soll, ist folgendermassen vorzugehen:

- Kolben des ersten Zylinders auf den oberen Totpunkt im Verdichtungshub bringen, d. h. beide Ventile müssen geschlossen sein (falls die Zylinderkopfhaube abgenommen ist) oder den Motor durchdrehen, bis die Zündzeitpunktanzeige anzeigt, dass der Motor in dieser Stellung steht (siehe Kapitel 6.3).
- Verteilerläufer so verdrehen, dass er auf die eingezeichnete Marke im Rand des Verteilergehäuses weist.
- Verteiler in dieser Stellung einsetzen und festziehen. Alle Kabel wieder anschliessen und die Unterdruckleitung am Verteiler aufstecken.
- Abschliessend Zündzeitpunkt kontrollieren (Kapitel 6.3)

6.3 Zündzeitpunkt einstellen

Der Zündzeitpunkt sollte nur mit Hilfe einer Lichtblitzlampe kontrolliert und/oder eingestellt werden. Das Fahrzeug ist mit einer Diagnosesteckdose ausgerüstet, mit deren Hilfe Ihre Peugeot-Werkstatt den Zündstromkreis, die Zündungseinstellung, die Zündverstellung und den Leerlauf mit entsprechenden Geräten einstellen kann.
Die Zündzeitpunktverstellung muss bei abgeschlossenem Unterdruckschlauch kontrolliert werden und beträgt 30° bei einer Drehzahl von 3500/min. Dieser Wert ist in einem Aufkleber neben dem Luftströmungsmesser eingezeichnet. Die 30°-Markierung ist in das Schwungrad eingezeichnet. Bei einigen Motoren könnte diese Kennzeichnung jedoch fehlen. Diese Motoren sind im Leerlauf (700/min) auf einen Zündzeitpunkt von 6° vor OT einzustellen.
Beim Einstellen des Zündzeitpunktes folgendermassen vorgehen:

- Eine Lichtblitz- oder Stroboskoplampe entsprechend der Anweisungen des Herstellers anziehen.
- Motor anlassen und im Leerlauf laufen lassen. Falls der Motor unruhig laufen sollte, stellt man ihn vorher ein, da ein guter Zündzeitpunkt nicht mit einem schlechten Leerlauf erhalten werden kann.
- Unterdruckschlauch vom Zündverteiler abziehen und in geeigneter Weise verschliessen (z. B. eine kleine Schraube einschieben).
- Den Luftansaugschlauch vom Luftfilter abmontieren.

- Motor mit einer Drehzahl von 3500/min laufen lassen.
- Die drei Befestigungsschrauben des Zündverteilers etwas lockern, ohne sie loszuschrauben.
- Die Kunststoffabdeckung aus dem Schwungradgehäuse entfernen (Bild 73).

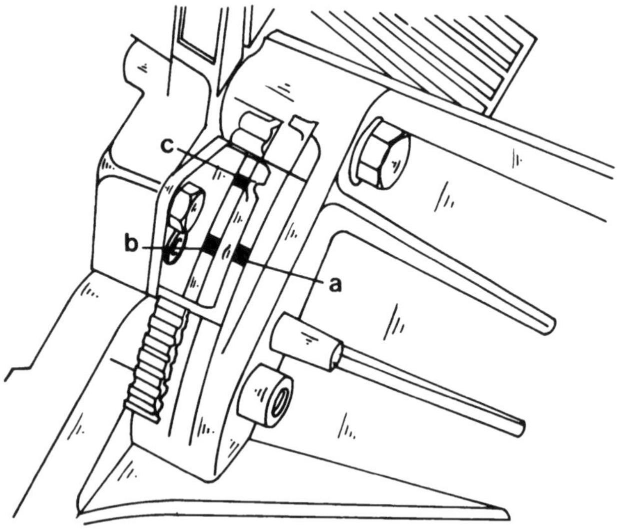

Bild 73
Ansicht der Zündzeitpunktmarkierung am Schwungrad

a Doppelmarke (30°) b Kerbe in Platte c Zündeinstellmarke (6°)

- Den Strahl der Lichtblitzlampe auf die Öffnung richten. Der Zündzeitpunkt stimmt, wenn die Doppelmarke (a) gegenüber dem OT-Schlitz (b) in der Platte steht. Dies ist der Fall wenn die 30°-Markierung eingezeichnet ist. Fehlt diese, so muss die Markierung (c) gegenüber dem Schlitz liegen (6° vor OT), wobei der Motor jedoch nur mit 700/min (Leerlauf) laufen darf.
- Den Zündverteiler unter gleichzeitiger Beobachtung der Schwungradkerbe verdrehen, bis diese gegenüber der Markierung für den betreffenden Motor steht (30° oder 6°).
- Motor abstellen, die drei Schrauben anziehen und den Zündzeitpunkt nochmals kontrollieren, wie es oben beschrieben wurde.
- Den Unterdruck wieder am Verteiler anschliessen.
- Den Luftansaugschlauch am Luftfilter anschliessen.
- Abschliessend den Leerlauf kontrollieren und ggf. nachstellen.

6.4 Zündverstellung des Verteilers überprüfen

Wie bereits erwähnt, kann der Zündverteiler nur mit Hilfe von Prüfständen auf die genaue Arbeitsweise der Fliehkraft- und Unterdruckverstellung überprüft werden. Um jedoch einen allgemeinen Überblick über die Arbeitsweise der beiden Verstellungssysteme zu erhalten, kann man die folgenden Arbeiten durchführen:

6.4.1 Fliehkraftmechanismus prüfen

Die Funktion des Fliehkraftmechanismus im Verteiler kann kontrolliert werden, indem der Verteilerläufer mit der Hand in die Richtung gedreht wird, in welcher Spannung vorliegt. Beim Loslassen des Läufers muss dieser automatisch in die Ausgangsstellung zurückkehren. Falls dies nicht der Fall ist, sind die Fliehgewichte verschmutzt oder die Rückholfedern zu schwach. Falls die erforderlichen Geräte zur Verfügung stehen, kann die Verstellung folgendermassen gemessen werden, vorausgesetzt, dass der Zündzeitpunkt stimmt:

- Motor warmlaufen lassen.
- Eine Lichtblitzlampe entsprechend der Anweisungen des Herstellers anschliessen.
- Unterdruckschlauch vom Verteiler abziehen und das Ende des Schlauches durch Einsetzen einer passenden Schraube verschliessen.
- Motor anlassen und im Leerlauf drehen lassen.
- Kunststoffabdeckung aus dem Kupplungsgehäuse entfernen.
- Lichtstrahl der Lampe in die Öffnung des Kupplungsgehäuses richten. Falls weisse Farbe zur Verfügung steht, kann man die betreffende Kerbe im Schwungrad (30° oder 6°) mit einem Klecks Farbe kennzeichnen, so dass man sie besser mit der Lichtblitzlampe erkennen kann.
- Motordrehzahl erhöhen und kontrollieren, ob die Marke im Schwungrad sichtbar im Verhältnis zur Kerbe in der Platte «wandert», wodurch die Wirkungsweise der Fliehkraftverstellung angezeigt wird, nicht jedoch die genaue Verstellung bei bestimmten Drehzahlen.

6.4.2 Unterdruckverstellung prüfen

Die allgemeine Arbeitsweise der Unterdruckverstellung kann man ebenfalls mit der Lichtblitzlampe überprüfen. Zur Kontrolle den Motor mit 2500 U/

min laufen lassen. Den Unterdruckschlauch auf dem Verteiler aufgesteckt lassen.

- Unterdruckschlauch abziehen, während die Lichtblitzlampe auf das Schwungrad gerichtet wird (durch die Öffnung im Kupplungsgehäuse). Dabei kontrollieren, ob sich der Zündzeitpunkt verändert, d.h. die Marke im Schwungrad muss «wandern».
- Unterdruckschlauch erneut aufstecken und kontrollieren, ob die Marke im Schwungrad wieder in die alte Lage zurückkehrt, die sie vor dem Abziehen des Unterdruckschlauches hatte.
- Falls sich der Zündzeitpunkt nicht verändert, könnte es sein, dass die Unterbrecherplatte festhängt oder eine Leckstelle in der Unterdruckleitung oder der Unterdruckdose vorliegt.

6.5 Zündkerzen

Die haben einen konischen Sitz und einen Gewindedurchmesser von 14 mm. Keine Dichtungen werden unter den Kerzen eingelegt. Zu beachten ist jedoch das Anzugsdrehmoment, welches 17,5 Nm nicht überschreiten darf.
Vom Hersteller werden bestimmte Kerzen empfohlen, jedoch können geeignete Kerzen mit dem entsprechenden Wärmewert anderer Hersteller verwendet werden.
Der Elektrodenabstand der Kerzen beträgt 0,6 – 0,7 mm.
Zündkerzen sollten mindestens alle 10 000 km mit einem Sandstrahlgebläse gereinigt werden. Dabei den Elektrodenabstand auf den entsprechenden Wert stellen. Beim Einstellen des Abstandes niemals die mittlere Elektrode verbiegen, da dadurch der Porzellanisolator platzen kann.
Vor dem Ausschrauben der Kerzen kontrollieren, ob sich keine Fremdkörper in den Kerzenaufnahmevertiefungen befinden. Eine beim Ausschrauben der Kerze in die Kerzenbohrung fallende Scheibe, eine Schraube, ein Stein oder ähnliches können Ventile, Ventilsitze oder den Zylinderkopf beim ersten Lauf des Motors zerstören.
Aus dem Kerzengesicht lassen sich Schlüsse auf Eignung und einwandfreies Arbeiten der Kerzen, auf den Gemischzustand und den Zustand des Motors (Kolben, Kolbenringe, etc.) ziehen. Allgemein gilt dafür:

Isolator:	Mittelbraun
Elektroden:	Schwarz und verrusst
Betriebszustand:	Kerzen, Vergaser, Motor in Ordnung
Isolator:	Schwarz oder verrusst
Elektroden:	Schwarz und verrusst
Betriebszustand:	Gemisch zu fett, zu grosser Elektrodenabstand
Isolator:	Hellgrau, weiss
Elektroden:	Grau, feine Schmelzperlen
Betriebszustand:	Gemisch zu mager, Kerzen undicht oder lose, Ventile schliessen nicht einwandfrei
Isolator:	Verölt
Elektroden:	Verölt
Betriebszustand:	Undichter Kolben, undichte Kolbenringe, Kerze setzt aus

Da die Lebensdauer der Kerzen normalerweise bei mindestens 15 000 km liegt, reicht eine Reinigung alle 8 000 km aus. Beim Einschrauben der Kerzen darauf achten, dass diese nicht zu übermässig angezogen werden, um die Gewinde nicht zu überziehen.

7 Die Kupplung

Die Kupplung ist eine Einscheibentrockenkupplung mit einer Tellerfederdruckplatte. Die Betätigung der Kupplung erfolgt über ein Kupplungsseil. Druckplatte und Tellerfeder können nicht zerlegt werden und sind bei Beschädigung zusammen zu erneuern.

7.1 Kupplung in eingebautem Zustand überprüfen

Ehe man eine Kupplung zwecks Erneuerung ausbaut, kann man die folgenden Arbeiten durchführen, um festzustellen, wo der Fehler liegen könnte:

- Motor anlassen und im Leerlauf laufen lassen.
- Kupplungspedal durchtreten und ca. 3 Sekunden warten.
- Den Rückwärtsgang einlegen. Falls Kratzgeräusche vom Getriebe gehört werden können, kann man annehmen, dass die Kupplung oder die Mitnehmerscheibe erneuert werden muss, da die Verbindung zwischen der Kupplung und dem Schwungrad unterbrochen ist.

Um eine Kupplung auf Durchrutschen zu kontrollieren:

- Das Fahrzeug fahren, bis Getriebe und Kupplung ihre Betriebstemperatur erhalten haben.
- Fahrzeug anhalten und die Handbremse fest anziehen.
- Dritten Gang einschalten.
- Kupplungspedal durchtreten, den Motor auf 3000–4000/min beschleunigen und das Kupplungspedal plötzlich zurücklassen. Die Kupplung arbeitet einwandfrei, wenn der Motor sofort abstellt.

7.2 Kupplung ausbauen

Die Kupplung kann nach Ausbau des Getriebes ausgebaut werden. Andernfalls den Motor mit dem Getriebe ausbauen und das Getriebe vom Motor trennen. Danach folgendermassen vorgehen:

- Einbaulage der Kupplung im Verhältnis zum Schwungrad kennzeichnen. Dazu verwendet man einen Körner, mit welchem man in das Schwungrad und in die Kupplung schlägt.
- Die sechs Schrauben der Kupplung gleichmässig über Kreuz lösen, bis der Federdruck entlastet ist. Das Schwungrad muss dazu in geeigneter Weise gegengehalten werden.
- Kupplung abnehmen und die Mitnehmerscheibe herausnehmen. Falls die Kupplung auf den Passstiften des Schwungrades hängt, kann man einen Schraubenzieher zum vorsichtigen Abdrücken benutzen. Sofort beachten, dass die längere Seite der Mitnehmerscheibennabe zur Getriebeseite, d. h. nach aussen weist. Wenn man sich dies bereits jetzt einprägt, hat man später keine Schwierigkeiten.
- Mit einem Lappen sofort die Innenseite des Schwungrades auswischen und die Reibfläche des Schwungrades überprüfen. Falls die Mitnehmerscheibe bis auf die Nietenköpfe abgenutzt ist, könnte es sein, dass sich die Nieten in die Schwungradfläche oder in die Kupplungsdruckplatte eingearbeitet haben.

Falls der Motor und das Getriebe getrennt werden müssen, sollte die Kupplung immer abgeschraubt werden, so dass man sie kontrollieren kann.

7.3 Kupplung überholen

Druckplatte und Deckel auf Beschädigung oder Verzug kontrollieren. Bei Schäden beide Teile im Satz erneuern.

Kontrollieren, ob die Federn der Mitnehmerscheibe noch einwandfrei sind und dass die Keilverzahnungen der Scheibe nicht übermässig ausgeschlagen sind. Da verölte Kupplungsbeläge nicht gereinigt werden können, ist die Mitnehmerscheibe in derartigen Fällen zu erneuern. Die Dämpferfedern der Mitnehmerscheiben haben nicht bei allen Motoren die gleiche Kennfarbe.

Kupplungsbeläge auf Wiederverwendbarkeit kontrollieren, indem man mit einer Tiefenlehre von der Oberfläche der Beläge bis auf die Oberseite der Nietenköpfe ausmisst. Falls das Mass weniger als 0,30 mm beträgt, muss die Scheibe erneuert werden. Die Scheibe ebenfalls erneuern, falls das Mass bald erreicht ist.

Um Mitnehmerscheiben auf Schlag zu kontrollieren, spannt man sie auf einem passenden Dorn oder einer Kupplungswelle zwischen die Spitzen einer Drehbank. Eine Messuhr mit einem geeigneten Halter neben der Scheibe so aufsetzen, dass der Messfinger gegen den Rand der Scheibe anliegt und zwar an der Aussenkante der Scheibe (Bild 74).

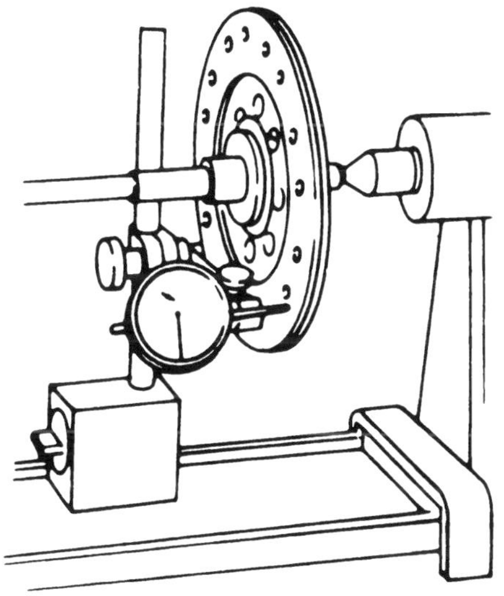

Bild 74
Kontrolle einer Mitnehmerscheibe auf Schlag

Die Scheibe langsam durchdrehen und die Anzeige der Messuhr ablesen. Falls die Anzeige grösser als 0,4 mm ist, kann man die Scheibe, falls erwünscht, vorsichtig mit einer Zange richten. Andernfalls die Scheibe erneuern.

Die Gleitpassung der Mitnehmerscheibennabe auf den Keilverzahnungen der Kupplungswelle kontrollieren. Dazu die Scheibe aufstecken und an der Aussenkante zwischen Daumen und Zeigefinger erfassen. Die Scheibe im Drehsinn hin- und herbewegen. Falls ein Spiel von mehr als 0,4 mm festgestellt werden kann, liegt Verschleiss in den Keilverzahnungen vor. Die Ursache dafür ist meistens bei der Mitnehmerscheibe zu finden.

Die inneren Enden der Tellerfeder auf Abnutzung hin kontrollieren. Falls tiefe Einlaufstellen festgestellt werden, muss man die komplette Kupplung erneuern.

Die Spitzen der Tellerfeder müssen alle innerhalb 0,5 mm auf der gleichen Höhe liegen. Verbogene Spitzen können wieder geradegebogen werden. Dazu wird normalerweise ein Spezialwerkzeug verwendet, jedoch kann man einen Stahlstreifen mit einem Schlitz versehen und die Enden biegen. Falls man Verschleissabnutzungen an den Spitzen feststellen kann, die bereits eine Tiefe von 0,3 mm erreicht haben, muss die Kupplung ebenfalls erneuert werden.

Ein Messlineal über die Reibfläche der Druckplatte auflegen, wie es in Bild 75 gezeigt ist, und mit Fühlerlehren den Spalt ausmessen. Falls der Spalt innen mehr als 0,3 mm beträgt, muss die Kupplung erneuert werden.

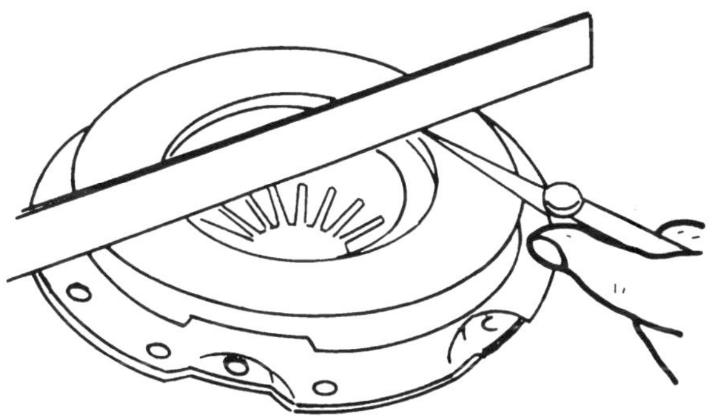

Bild 75
Ausmessen der Kupplungsdruckplatte auf Verzug

7.4 Kupplung einbauen

Der Einbau der Kupplung geschieht in umgekehrter Reihenfolge wie der Ausbau. Die folgenden Punkte sollten besonders beachtet werden:

- Falls die alte Kupplung wieder verwendet wird, die beim Ausbau eingezeichnete Markierung wieder ausfluchten. Eine neue Kupplung kann in beliebiger Weise angeschraubt werden.
- Ein Zentrierdorn wird zum Zentrieren der Mitnehmerscheibe verwendet. Dieser Dorn muss in die Verzahnung der Mitnehmerscheibe passen und einen Zapfen haben, der in die Führung der Kurbelwelle passt. Eine alte Kupplungswelle des Getriebes kann auch verwendet werden. Erfahrene Mechaniker sind auch in der Lage, die Mitnehmerscheibe nach Augenmass auszurichten.
- Die Kupplungsschrauben gleichmässig über Kreuz auf ein Anzugsdrehmoment von 25 Nm anziehen. Das Schwungrad muss dabei wieder gegengehalten werden.

- Getriebe wieder an den Motor anflanschen und das Triebwerk in das Fahrzeug einbauen (Kapitel 2.1.2) oder das Getriebe einbauen (Kapitel 8.1).

7.5 Erneuerung des Kupplungsausrücklagers

Ein herkömmliches Ausrücklager, d. h. ein Kugellager wird zum Aus- und Einrücken der Kupplung verwendet, welches nicht mit fettlösenden Flüssigkeiten ausgewaschen werden darf. Das Ausrücklager liegt ständig auf der Tellerfeder der Kupplung auf und dreht sich mit.
Zum Ausbau des Lagers muss das Getriebe aus dem Fahrzeug ausgebaut werden.

- Das Ausrücklager in der Innenseite des Kupplungsgehäuses lösen und nach der Vorderseite der Welle ziehen.
- Die Abdeckung für die Ausrückgabel aus dem Getriebe entfernen und die Gabel vom Kugelbolzen der Lagerung abdrücken.
- Ausrückgabel bis gegen das Getriebe ziehen und danach ankippen, bis sie zur Innenseite zu herausgezogen werden kann.
- Falls erforderlich, kann man den Kugelbolzen für die Ausrückgabel und die Abdichtung erneuern.

Der Einbau des Ausrücklagers und der Gabel werden in umgekehrter Reihenfolge durchgeführt. Folgende Punkte beachten:

- Die Kupplungswelle und die Gleitmuffe mit Molycote-Fett einschmieren.
- Den Kugelbolzen und die beiden Seiten der Ausrückgabel mit Mehrzweckfett einschmieren.

8 Das Getriebe

Ein Getriebe vom Typ BE 1/5 wird in den Peugeot 205 GTI eingebaut. Das Getriebe ist zusammen mit dem Differential im gleichen Gehäuse untergebracht.

8.1 Aus- und Einbau des Getriebes

Das Getriebe kann getrennt, d. h. ohne den Motor, aus dem Fahrzeug ausgebaut werden. Es wird von der Unterseite des Fahrzeuges her herausgehoben. Beim Ausbau des Getriebes folgendermassen vorgehen:

- Die Motorhaubenscharniere in geeigneter Weise am Motorhaubenblech anzeichnen (mit einem Bleistift). Die Haube abschrauben und an sicherer Stelle ablegen. Peugeot Werkstätten setzen die Haube in senkrechte Stellung, jedoch ist ein Spezialwerkzeug dazu erforderlich.
- Die in Bild 76 gezeigten Teile ausbauen.
- Die drei Befestigungsschrauben des Anlassers an der Vorderseite lösen, die beiden Schrauben an der Rückseite entfernen und den Anlasser herausziehen, ohne die Kabel abzuklemmen.
- Vorderseite des Fahrzeuges auf Böcke setzen und zwei Unterstellböcke unter die Seiten der Karosserie untersetzen.
- Unter Bezug auf Bild 77 die beiden Ölablassstopfen herausdrehen. Das Öl in einen sauberen Behälter laufen lassen.

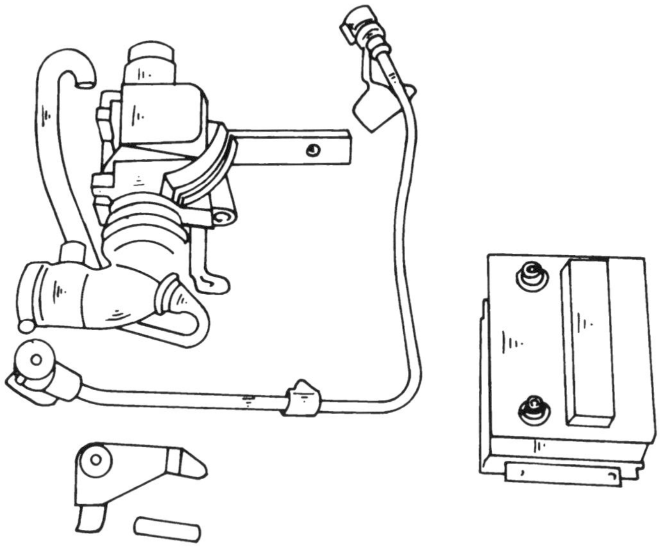

Bild 76
Die gezeigten Teile zum Ausbau des Getriebes ausbauen

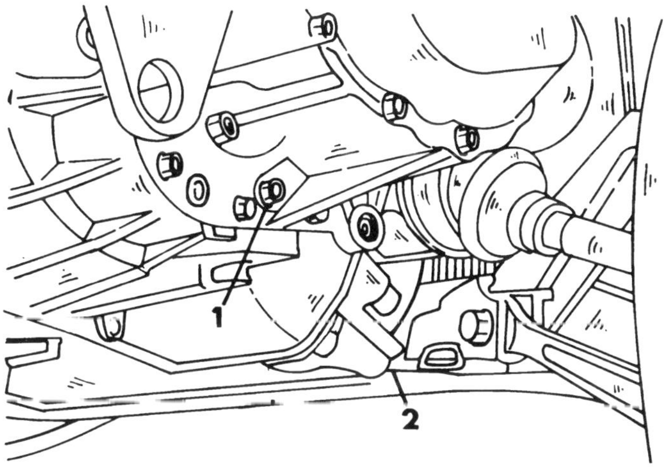

Bild 77
Die beiden Ölablassstopfen (1) und (2) sind von der Unterseite des Getriebes auszuschrauben

- Auf jeder Seite des Fahrzeuges die Klemmverbindung des Federbeins vom Aufhängungsarm lockern und entfernen.
- Unter Bezug auf Bild 8 die Muttern (1) lockern und die dahintersitzenden Schrauben um eine halbe Umdrehung verdrehen.
- Die hintere Befestigung der Drehmomentstütze entfernen, die vordere Befestigung lockern und die Drehmomentstütze herunterhängen lassen.
- Die drei Schaltgestänge abschliessen.
- Kupplungsseil aus dem Ausrückhebel aushängen und vom Widerlager am Getriebe freimachen.
- Auf der linken Seite, mit dem Rad vollkommen nach rechts eingeschlagen, den Aufhängungsarm erfassen, wie es in Bild 78 gezeigt ist, und nach unten ziehen, bis der Bolzen auf dem Klemmschlitz des Federbeins austritt. Das Schutzblech (1) abnehmen.

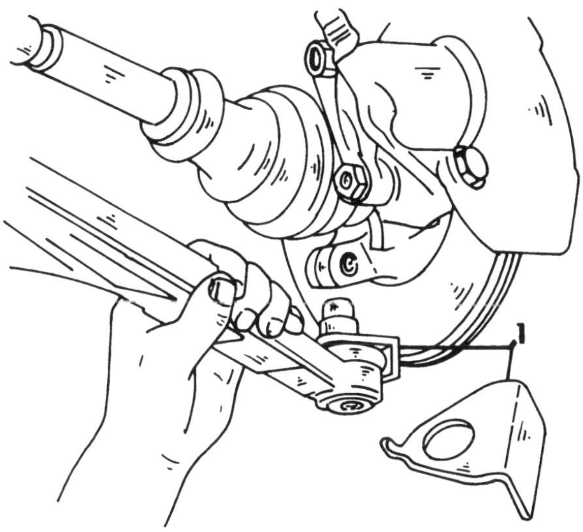

Bild 78
Trennen des Aufhängungsarms vom Federbein. Das Schutzblech (1) abnehmen.

- Die linke Antriebswelle aus dem Getriebe herausziehen und die beiden in Bild 4 gezeigten Werkzeuge in das Getriebe einschieben, damit die Differentialseitenräder nicht in das Getriebe fallen können.
- Die gleichen Arbeiten auf der rechten Seite durchführen, wozu das Rad in den linken Einschlag zu bringen ist. Darauf achten, dass die Gummikappen nicht beschädigt werden.
- Den Motor mit einer geeigneten Seilschlinge und einem Kran aus den Aufhängungen heben, bis diese soeben unter Spannung stehen.
- Die linke Gummilagerung ausbauen.
- Den elektrischen Kabelstrang vom Getriebe abklemmen und so zur Seite legen, dass er sich nicht beim Herausheben des Getriebes verfangen kann.
- Tachometerspirale abschliessen.
- Den Motor etwas absenken um an die unteren Schrauben des Batterieträgers zu kommen und die vier Schrauben herausdrehen.
- Den Motor weiterhin ablassen, dieses Mal soweit wie möglich, d. h. der Steuerdeckel sollte auf einer Seite soeben anschlagen. Während

der Motor abgelassen wird, das Antriebsaggregat nach vorn ziehen, damit der Achsantrieb nicht gegen den Nebenrahmen anschlagen kann.

- Das untere Ende des Antriebsaggregats nach vorn halten, die Reaktionsstütze in die waagerechte Lage zurückbringen und die Befestigungsschraube in den Nebenrahmen einsetzen, wie es aus Bild 79 ersichtlich ist.

Bild 79
Arbeitsstufe beim Ausbau des Getriebes

- Eine Hebeöse an der Oberseite des Getriebes anschrauben und mittels Seil an ein Hebezeug hängen. Falls kein Hebezeug zur Verfügung steht, kann man das Getriebe auch von unten herausheben, wozu eine zweite Person benötigt wird.
- Die vier Schrauben des Kupplungsgehäuses vom Zylinderblock entfernen. Ebenfalls den Deckel des Kupplungsgehäuses an der Unterseite abschrauben.
- Das Getriebe vom Zylinderblock abziehen und entweder am Hebezeug hängend nach unten ablassen, oder das Getriebe von der Unterseite herausheben.

Der Einbau geschieht in umgekehrter Reihenfolge wie der Ausbau unter Beachtung der folgenden Punkte:

- Beim Einbau die Dichtringe der Ölablassstopfen, alle selbstsichernden Muttern, Sicherungsscheiben und die Dichtringe der Differentialabtriebswellen erneuern.
- Nach Anschrauben des Kupplungsgehäuses an den Zylinderblock den Batterieträger montieren und das Triebwerk in die waagerechte Lage bringen.
- Die linke Gummilagerung montieren und die beiden äusseren Muttern mit 18 Nm und die mittlere Mutter mit 35 Nm anziehen. Den Motor danach wieder in seine Aufhängungen absenken.
- Drehmomentstütze montieren. Die Mutter in der Mitte mit 35 Nm, die Mutter an der Unterseite mit 45 Nm anziehen.
- Antriebswellen wieder montieren.
- Das Schutzblech der Kugelgelenke auf jeder Seite montieren, die Kugelgelenke an den Federbeinen anschliessen und die Muttern der Klemmschrauben mit 35 Nm anziehen.
- Alle weiteren Arbeiten in umgekehrter Reihenfolge durchführen. Abschliessend das Getriebe nach Herausdrehen des Einfüllstopfens in Bild 80 mit 1,4 Liter Getriebeöl füllen und das Kupplungspedalspiel einstellen, bis der Pedalweg 140 mm beträgt.

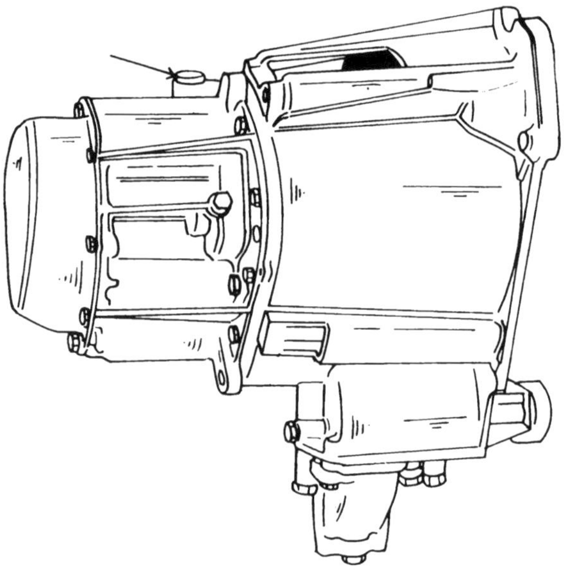

Bild 80
Der Pfeil weist auf die Lage des Einfüllstopfens für das Getriebeöl

8.2 Instandsetzung des Getriebes

8.2.1 Zerlegung des Getriebes

Abgesehen von einigen Lagerabziehern, welche durch Universalabzieher ersetzt werden, und Einstellwerkzeuge für den Achsantrieb werden wenige Spezialwerkzeuge gebraucht, um das Getriebe zu überholen. Eine Tube «Loctite» muss zum Zusammenbau des Getriebes zur Verfügung stehen.

Der Achsantrieb befindet sich unter den Getriebewellen. Das Antriebsrad des Achsantriebs wird von einem Kegelrad am Ende der Abtriebswelle oder Sekundärwelle angetrieben. Bild 81 zeigt eine Schnittansicht des Getriebes mit der Lage der einzelnen Teile. Bei der Zerlegung des Getriebes in der folgenden Reihenfolge vorgehen:

- Falls möglich, das Getriebe in einen Montagestand einspannen, damit man es in die richtige Lage zu jeder Zerlegungsarbeit drehen kann. Andernfalls das Getriebe auf einer sauberen Werkbank zerlegen.
- Den hinteren Deckel abschrauben.
- Mit einer Reissnadel das Verhältnis der Schiebemuffe und der Synchronnabe anzeichnen, wie es durch «a» in Bild 82 gezeigt ist.
- Den 5. Gang einschalten und den Stift (1) ausschlagen, welcher die Schaltgabel mit der Schaltschiene verbindet. Ein 5-mm-Durchschlag wird dazu gebraucht.

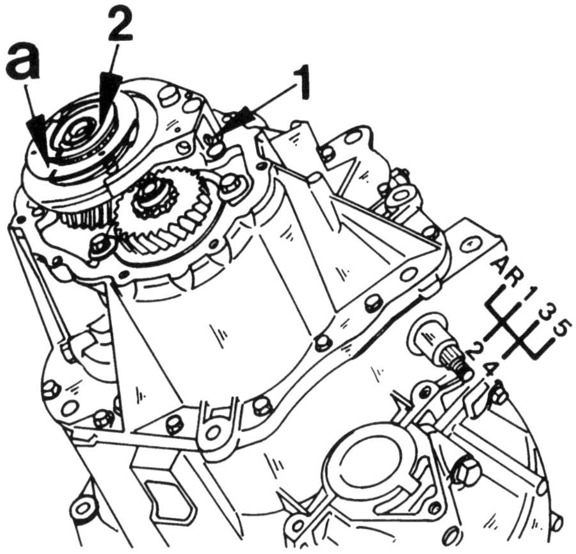

Bild 82
Schiebemuffe und Synchronnabe an Stelle «a» zeichnen

1 Sicherungsstift 2 Mutter der Antriebswelle

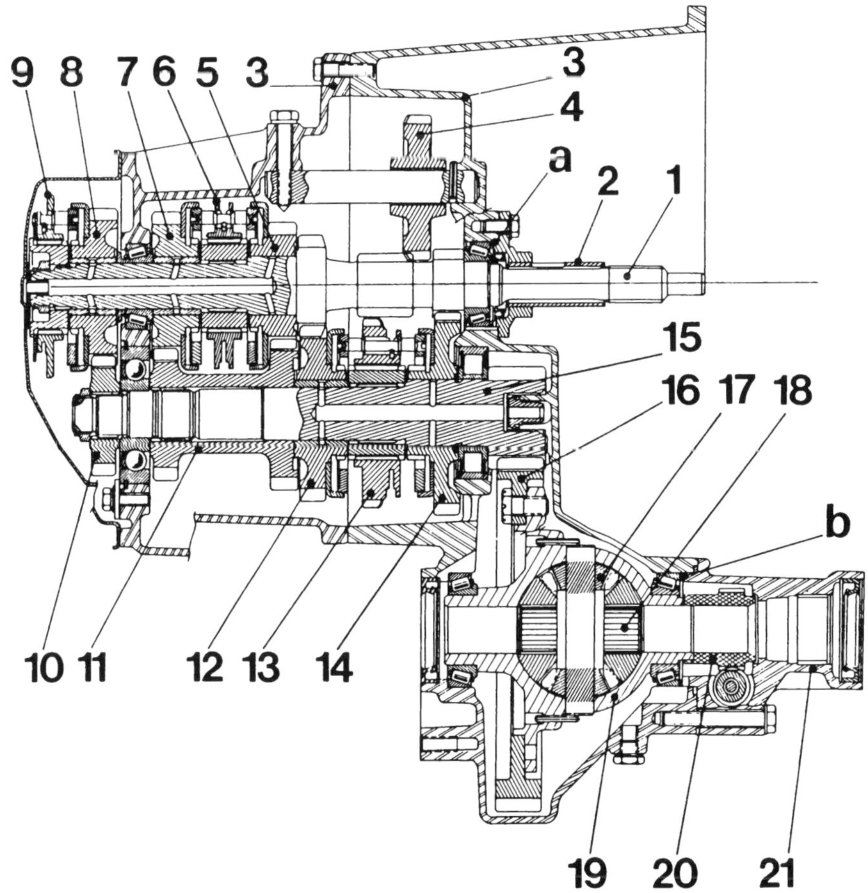

Bild 81
Schnitt durch das Getriebe

1 Antriebswelle
2 Führungsrohr, Kupplungslager
3 Getriebe- und Achsantriebsgehäuse
4 Rücklaufwelle
5 Gangrad, 3. Gang
6 Synchronkörper, 3./4. Gang
7 Gangrad, 4. Gang
8 Gangrad, 5. Gang
9 Synchronkörper, 5. Gang
10 Gangrad, 5. Gang
11 Gangräder, 3./4. Gang
12 Gangrad 2. Gang
13 Synchronkörper, 1./2. Gang
14 Gangrad, 1. Gang
15 Abtriebswelle
16 Tellerrad
17 Differentialkegelräder
18 Differentialseitenräder
19 Differentialkorb
20 Tachometerantriebsrad
21 Anschlussgehäuse

- 5. Gang eingeschaltet lassen und die Schaltgabel in die Leergangstellung zurückbringen, so dass die Schaltschiene durch die Gabel gleitet.
- Einen weiteren Gang einschalten, um das Getriebe zu blockieren.
- Mutter der Antriebswelle (2) mit einer 28-mm-Stecknuss lösen.
- Synchronkörper, Schiebemuffe und Schaltgabel vom Getriebe herunterziehen. Dabei die Sperrkugel in der Schaltgabel in der in Bild 83 gezeigten Weise freimachen.

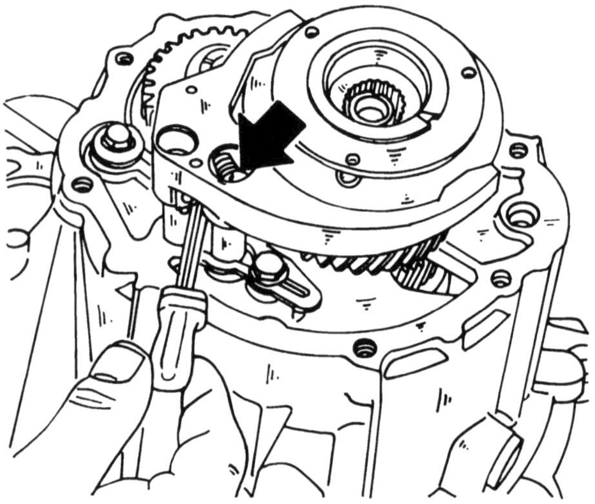

Bild 83
Lage der Sperrkugel in der Schaltgabel für den 5. Gang

- Die Schiebemuffe und die Schaltnabe wieder ohne Schaltgabel aufstecken, den 5. Gang einschalten und die Mutter der anderen Welle lösen.
- Schiebemuffe des 5. Ganges, das Gangrad des 5. Ganges, die Büchse des Gangrades und die darunter befindliche Scheibe von der Welle ziehen.
- Unter Bezug auf Bild 84 die Schrauben (1) und (3) des hinteren Abtriebswellenlagers lösen und den Lagersicherungsring (2) mit einer Seegeringzange entfernen. Die Schraube der Sicherungsplatte für die Schaltschiene (4) entfernen und die Schraube für die Rücklaufwelle (5) ausschrauben.
- Die Befestigungsschrauben des Getriebegehäuses lösen.
- Das Getriebegehäuse mit einem Kunststoff- oder Plastikhammer abschlagen. Es sitzt auf

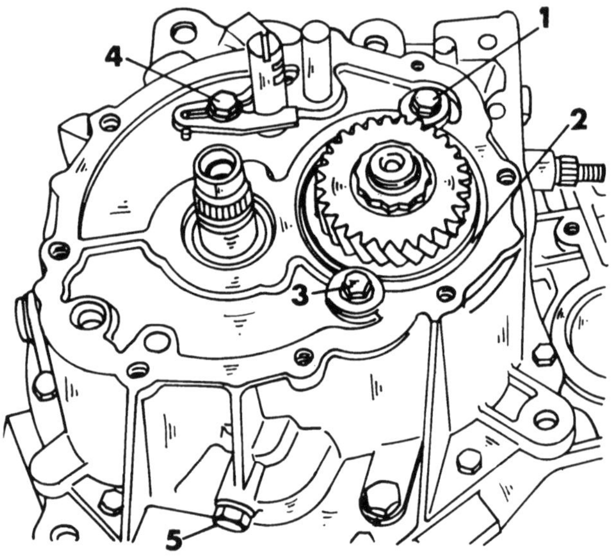

Bild 84
Einzelheiten zum Zerlegen des Getriebes (siehe Text)

1 Befestigungsschraube
2 Lagersprengring
3 Befestigungsschraube
4 Schraube für Sicherungswinkel
5 Schraube für Rücklaufwelle

Passstiften und kann nur nach Freigabe dieser abgehoben werden.

- Den Sprengring und die Scheibe an der Seite des Getriebes von der Gangwählwelle entfernen, die Welle nach innen schieben und den «O»-Dichtring abnehmen.
- Den Sicherungsstift aus dem Wählfinger und der Schaltsperre ausschlagen, wie es in Bild 85 gezeigt ist. Dazu wird ein Durchschlagen von 7,0 mm und 4,5 mm gebraucht.

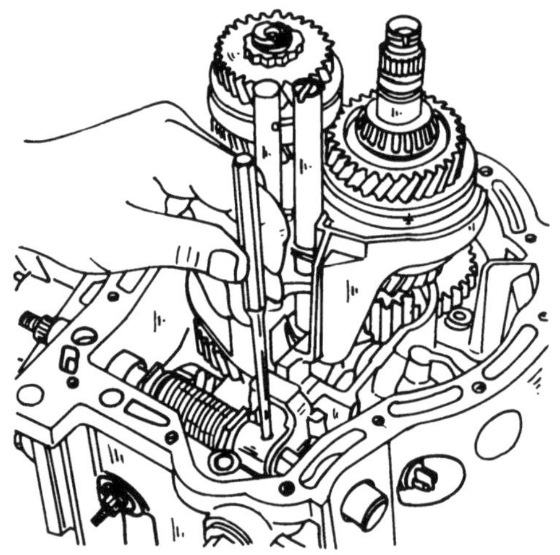

Bild 85
Ausschlagen der Sicherungsstifte aus dem Wählfinger und der Schaltsperre

- Schaltwelle nach aussen ziehen und der Reihe nach den Schaltfinger, die Schaltsperre, die Welle, die Feder und die Federsitze herunterziehen.
- Die Schraube in das Gewinde der Rücklaufwelle hineindrehen und mit deren Hilfe die Welle aus dem Gehäuse ziehen. Auf der anderen Seite des Gehäuses den Magneten herausnehmen.
- Die beiden Wellen wie in Bild 86 gezeigt erfassen und zusammen herausziehen.

Bild 86
Ausbau der Getriebewellen

Die nächsten Arbeiten unter Bezug auf Bild 87 durchführen:

- Den Federstützbügel (1) abschrauben, den Verschlussdeckel (2) entfernen und die Schaltwelle mit einem Durchschlag von nicht mehr als 14 mm Durchmesser herausschlagen.
- Die Schmierdüse (3) mit einem Werkzeug mit einem Haken am Ende herausziehen.
- Den Schalter für die Rückfahrleuchten (4) ausbauen.
- Die Schaltgabel und die Welle für den Rückwärtsgang (5) ausbauen und dabei den Sperrstift (6) und die Feder (7) abnehmen.
- Den Belüftungsstopfen (8) ausschrauben.

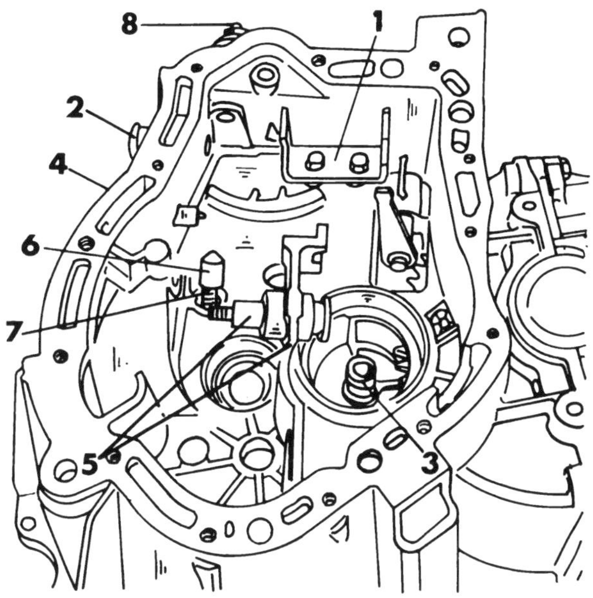

Bild 87
Einzelheiten zum Zerlegen des Getriebes. Auf die Zahlen wird im Text verwiesen.

- Aus der Vorderseite des Getriebes das Führungsrohr für das Kupplungsausrücklager abschrauben und mit der Dichtung abnehmen. Die Ausgleichsscheibe und den äusseren Laufring des vorderen Antriebswellenlagers herausnehmen.
- Zum Zerlegen des Achsantriebs den Tachometerantrieb aus dem Gehäuse ausbauen und das Gehäuse abschrauben. Das Tachometerantriebsrad und die Ausgleichsscheibe herausnehmen.
- Das Achsantriebsgehäuse abschrauben. Falls die Differentiallager wieder eingebaut werden sollen, müssen die äusseren Lagerlaufringe entsprechend ihrer Seitenzugehörigkeit gekennzeichnet werden.

Das Getriebe ist jetzt in seine Hauptbestandteile zerlegt und alle weiteren Arbeiten können wie folgend beschrieben durchgeführt werden.

8.2.2 Zerlegung der Antriebswelle

- Die Welle unter eine Presse setzen, mit Pressplatten unter dem Gangrad für den 3. Gang und die Welle durch das Lager und die anderen Teile pressen.
- Unter Bezug auf Bild 88 das Gangrad für den 4. Gang (2) mit der Büchse (1), den Synchronkörper (3) und das Gangrad für den 3. Gang (4) herunternehmen. Die Schiebemuffe und die Schalt-

Bild 88
Die Teile auf dem Ende der Antriebswelle. Der Pfeil zeigt, wo die Teile des Synchronkörpers zu zeichnen sind

1 Büchse für Gangrad
2 Gangrad, 4. Gang
3 Synchronkörper
4 Gangrad, 3. Gang

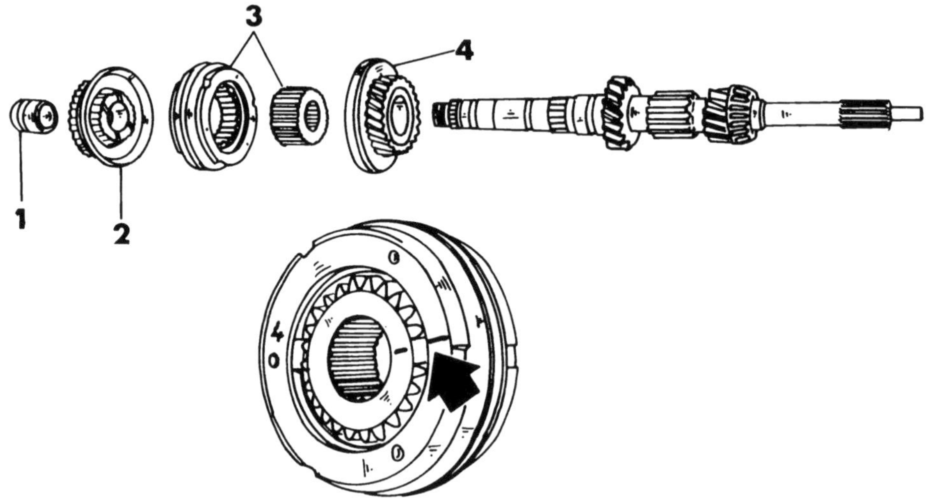

Bild 89
Die Teile auf dem Ende der Antriebswelle

1 Gangrad, 5. Gang
2 Kugellager
3 Gangradblock, 3./4. Gang
4 Gangrad, 2. Gang
5 Buchse für Gangrad

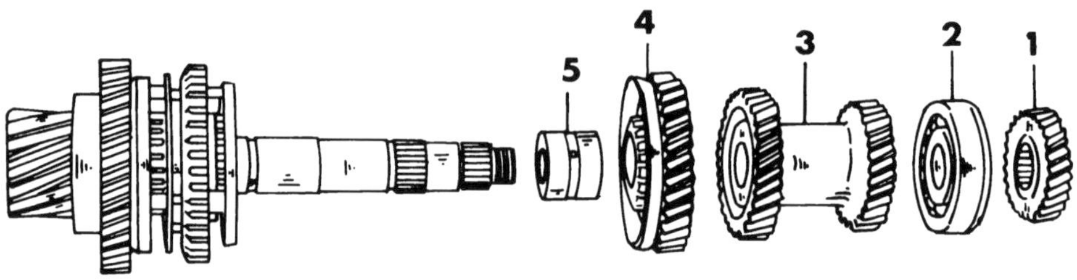

nabe wie durch den Pfeil gekennzeichnet markieren und auseinandernehmen.

- Das Lager von der anderen Seite der Welle abpressen oder abziehen.

8.2.3 Zerlegung der Abtriebswelle

- Unter Bezug auf Bild 89 das Gangrad für den 5. Gang (1) und das Kugellager (2) mit einem Abzieher von der Welle herunterziehen.
- In Reihenfolge den Zahnradblock für den 3. und 4. Gang (3), das Gangrad des 2. Ganges (4) und dessen Büchse (5) von der Welle ziehen.
- Die Schiebemuffe und die Schaltnabe des Synchronkörpers ähnlich wie in Bild 88 gezeigt kennzeichnen und die Teile von der Welle ziehen, gefolgt vom Gangrad für den 1. Gang und den Halbscheiben zur Führung des Lagers. Das Lager unter einer Presse von der Welle drücken. Dabei das Gewinde der Welle nicht beschädigen.

8.2.4 Zerlegung des Differentials

Die Teile des Differentials sind in Bild 90 gezeigt.

- Das Tellerrad abschrauben.
- Den Sicherungsstift (3) ausschlagen und die Differentialachse austreiben.
- Die Differentialkegelräder (5) sowie die Seitenräder (2) herausnehmen, indem man sie entsprechend im Differentialkorb mit der Öffnung ausrichtet. Die Anlaufscheiben (4) herausnehmen.

- Falls erforderlich die Differentiallager mit einem geeigneten Abzieher von den Lagerzapfen herunterziehen.

8.2.5 Zerlegung der Schaltgabeln und -schienen

Die Sperrkugeln befinden sich in den Schaltgabeln. Zum Ausbau die Schaltschienen in den Gabeln drehen, bis die Sperrasten aus den Kugeln herauskommen. Die Schaltschiene danach herausziehen. Die

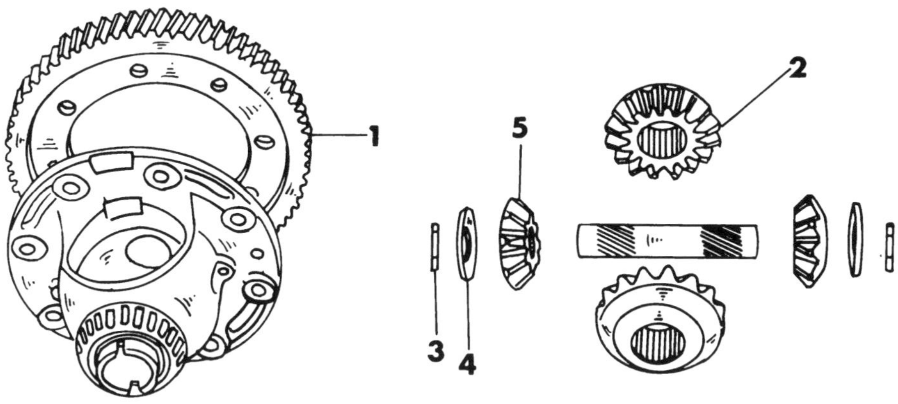

Bild 90
Die Teile des Differentials

1 Tellerrad
2 Ausgleichsseitenrad
3 Sicherungsstift
4 Anlaufscheibe
5 Ausgleichskegelrad

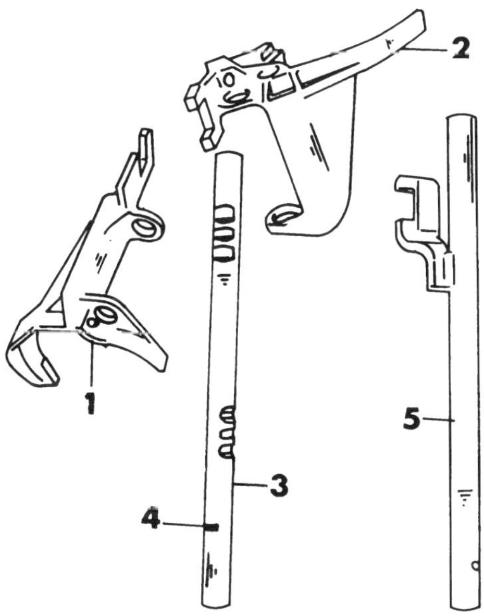

Bild 91
Die Schaltgabeln und Schaltschienen

1 Schaltgabel, 3./4. Gang
2 Schaltgabel, 1./2. Gang
3 Schaltschiene, 1. bis 4. Gang
4 Sperrkerbe, Arretierkugel
5 Schaltschiene, 5. Gang

Teile der Schaltgabeln und -schienen sind in Bild 91 gezeigt.

8.3 Überprüfung der Getriebeteile

Das Getriebegehäuse gründlich reinigen. Die Überprüfung der Dichtflächen ist mittels einer Tuschierplatte vorzunehmen. Dabei ist darauf zu achten, dass die Dichtflächen nicht zerkratzt oder beschädigt werden. Die max. zulässige Unebenheit der Dichtflächen beträgt 0,1 mm. Zum Ausmessen von Verzug ein Stahllineal mit Scharfkante verwenden und durch Einschieben von Blattfühlerlehren in der Mitte kontrollieren.

Alle Gangräder, Büchsen, Schaltschienen, Schaltgabeln usw. auf den üblichen Verschleiss kontrollieren und wie erforderlich neue Teile bestellen.

8.4 Getriebe zusammenbauen und einstellen

Je nachdem in welchem Umfang das Getriebe zerlegt wurde, werden die Zusammenbauarbeiten entsprechend der folgenden Untergliederungen durchgeführt.

8.4.1 Schaltmechanismus

Unter Bezug auf Bild 91:

- Die Schaltschiene für den 5. Gang (5) in die Schaltgabel für den 1./2. Gang (2) einschieben.
- Den Wählfingerschlitz der Schaltgabel für den 3./4. Gang (1) zwischen den der Schaltgabeln für den 1./2. Gang und 5. Gang einsetzen.
- Die Schaltschiene einschieben, wobei darauf zu achten ist, dass der Sperrschlitz von den Schaltgabeln wegweist.
- Den Schaltmechanismus in den Leergang schalten, d. h. alle Schlitze der Wählfinger müssen in einer Linie liegen.

8.4.2 Differential

Unter Bezug auf Bild 90:

- Die Lager auf die Lagerzapfen aufpressen. Dazu ein passendes Rohrstück verwenden.
- Das gut eingeölte Differentialseitenrad einlegen.

- Die beiden abgerundeten Anlaufscheiben gegen die Seiten des Differentialgehäuses anlegen und die beiden Ausgleichskegelräder einsetzen. Die abgerundete Seite der Anlaufscheiben muss wie im Bild gezeigt ausgerichtet sein.
- Eines der Kegelräder mit den Bohrungen ausrichten, die Differentialachse einschlagen und danach das andere Kegelrad einlegen.
- Das zweite Differentialseitenrad über die Zähne der Kegelräder aufsetzen, die Räder in der Innenseite rollen, bis die Differentialachse eingeschoben werden kann, und die Achse mit dem Sicherungsstift befestigen.
- Das Tellerrad über das Differentialgehäuse setzen und die acht Schrauben eindrehen. Die Schrauben müssen immer erneuert werden. Das Differential mit Blechbacken in einen Schraubstock einspannen und die Schrauben gleichmässig über Kreuz mit einem Anzugsdrehmoment von 65 Nm anziehen.

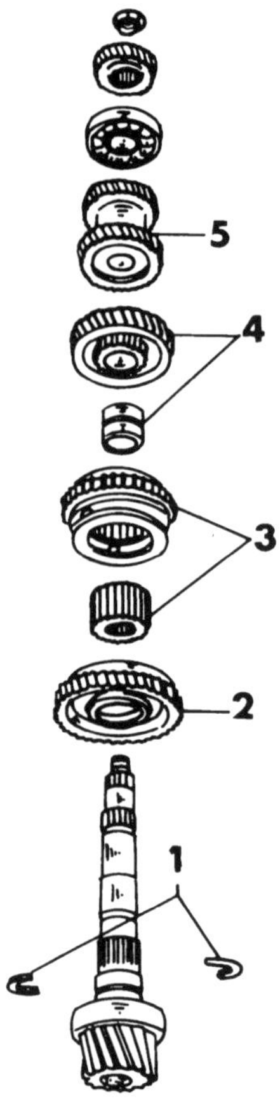

Bild 92
Einzelheiten zum Zusammenbau der Abtriebswelle

1 Halbscheiben
2 Gangrad, 1. Gang
3 Gangrad und Büchse, 2. Gang
4 Gangrad und Büchse, 2. Gang
5 Gangradblock, 3./4. Gang

8.4.3 Abtriebswelle

Beim Zusammenbau der Abtriebswelle Bezug auf Bild 92 nehmen.

- Alle Teile mit Motorenöl einschmieren, ehe sie zusammengebaut werden.
- Lager unter einer Presse mit einem passenden Rohrstück auf die Welle pressen.
- Die Halbscheiben (1) über dem Lager anbringen und mit Fett ankleben.
- Das Gangrad des 1. Ganges aufschieben, ohne dabei die Halbscheiben zu verschieben.
- Die Schiebemuffe und die Schaltnabe (3) auf die Welle bringen, wobei die Kennzeichnungen gegenüberliegend auszurichten sind. Die Anschrägung an der Aussenseite der Zähne muss zum Gangrad des 1. Ganges weisen.
- Das Gangrad des 2. Ganges mit der Büchse (4) aufbringen, gefolgt vom Gangradblock für den 3. und 4. Gang (5).
- Welle unter eine Presse untersetzen und das Lager aufpressen. Die Rille für den Spengring muss an die Aussenseite kommen.
- Das Gangrad für den 5. Gang entsprechend Bild 93 aufsetzen, d. h. der Bund am Gangrad (Pfeil)

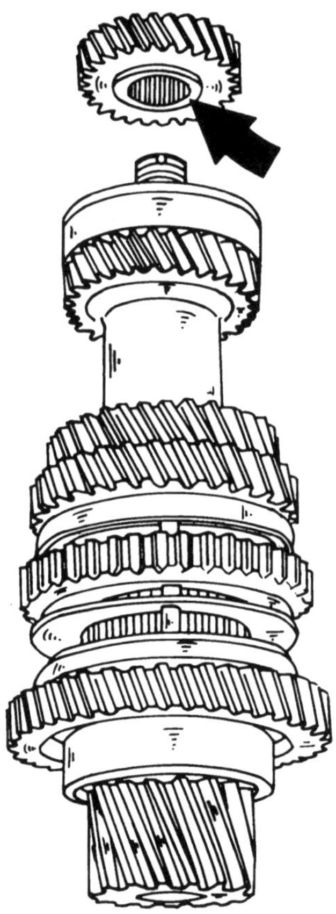

Bild 93
Aufsetzen des Gangrades für den 5. Gang (siehe Text)

muss zum Lager weisen. Eine neue Mutter aufschrauben, aber noch nicht festziehen.

8.4.4 Antriebswelle

- Abgezogene Lager müssen erneuert werden. Zum Aufpressen ein geeignetes Rohrstück verwenden. Den Druck nur auf dem inneren Lagerring ansetzen, damit die Lager nicht zerfallen. Den Lagerlaufring des hinteren Lagers in das Getriebegehäuse einschlagen.
- Das Gangrad des 3. Ganges (4) in Bild 94 auf die Welle schieben. Zu beachten ist, dass die Gangräder des 3. und 4. Ganges ähnlich aussehen und nicht verwechselt werden dürfen.

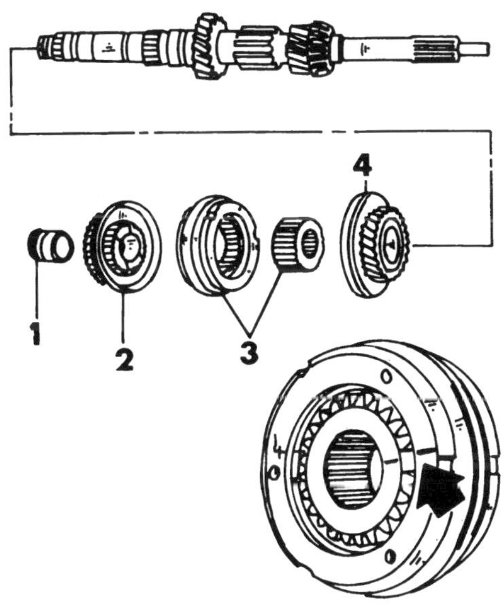

Bild 94
Einzelheiten zum Zusammenbau der Antriebswelle

1 Büchse
2 Gangrad, 4. Gang
3 Synchronkörperteile
4 Gangrad, 3. Gang

- Die Schiebemuffe und die Schaltnabe entsprechend der Kennzeichnungen (Pfeil, Bild 94) zusammensetzen und die Teile auf die Welle schieben. Die Markierungen an den Schaltriegeln müssen zum 3. Gangrad weisen und bündig mit dem Synchronkörper abschneiden.
- Das Gangrad des 4. Ganges (2) mit der Büchse (1) auf die Welle aufbringen.
- Das Lager über die zusammengebaute Welle pressen.

8.4.5 Zusammenbau des Achsantriebs

- Einen Passstift in die Fläche des Getriebegehäuses einschlagen und den Gangwählhebel montieren.
- Die Fläche des Antriebsgehäuses mit Dichtungsmasse einschmieren und das Differential in das Gehäuse heben.
- Das Halbgehäuse darüber setzen und das Anschlussgehäuse montieren, um die Flächen auszurichten. Die 10-mm- und 7-mm-Schrauben fingerfest anziehen und das Anschlussgehäuse wieder abnehmen.
- Den Öldichtring einschlagen und die Kappe über das Spezialwerkzeug zum Sperren des Differentialseitenrades setzen.

Die Vorspannung der Differentiallager wird jetzt folgendermassen eingestellt:

- Eine Ausgleichsscheibe von 2,2 mm Stärke auf den äusseren Laufring des Differentiallagers auflegen und das Anschlussgehäuse ohne «O»-Dichtring montieren.
- Das Tellerrad durchdrehen, während die Schrauben des Anschlussgehäuses fortschreitend angezogen werden, bis es soeben schwer ist, das Tellerrad durchzudrehen. Dadurch wird der richtige Sitz der äusseren Lagerlaufringe gewährleistet.
- Das Gehäuse wieder abschrauben und die Ausgleichsscheibe herausnehmen.
- Die Stärke der erforderlichen Scheibenstärke mit einer Tiefenlehre ermitteln. Dazu den Abstand von der Dichtfläche des Gehäuses zur Aussenfläche des Lagerlaufringes (Bild 95) und

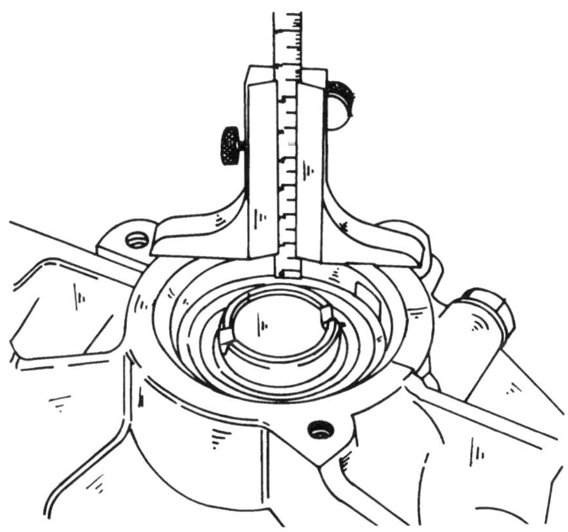

Bild 95
Ausmessen des Getriebegehäuses bei der Einstellung der Lagervorspannung

den Abstand vom Vorsprung am Anschlussgehäuse zur Dichtfläche ausmessen. Zum Unterschied zwischen den beiden Massen eine Stärke von 0,10 mm hinzurechnen.

- Die Schrauben des Antriebsgehäuses festziehen. Die grösseren 10-mm-Schrauben mit 40 Nm, die kleineren 7-mm-Schrauben mit 12,5 Nm.
- Unter Bezug auf Bild 96 die Ausgleichsscheibe (1) einlegen, das Tachometerrad (2) darübersetzen und das Anschlussgehäuse (5) mit einem neuen «O»-Dichtring (3) aufsetzen. Die Schrauben mit einem Anzugsdrehmoment von 15 Nm anziehen.

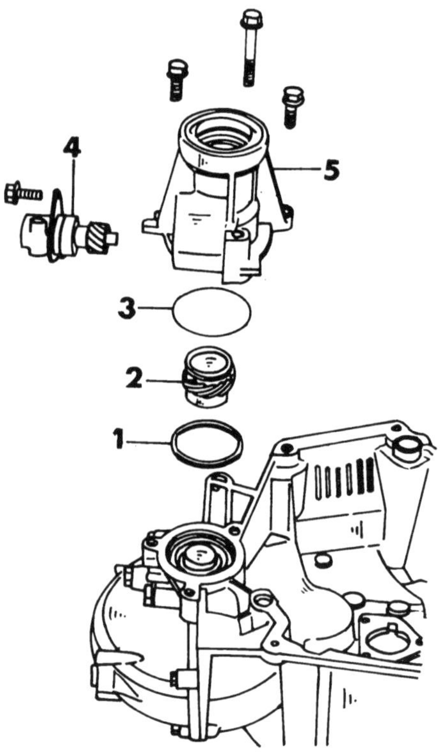

Bild 96
Einzelheiten zum Zusammenbau des Achsantriebs

1 Ausgleichsscheibe
2 Tachometerantriebsrad
3 «O»-Dichtring
4 Tachometerantrieb
5 Anschlussgehäuse

- Tachometerantrieb (4) montieren und die Schraube mit 12,5 Nm anziehen.

8.4.6 Verbleibender Zusammenbau

- Den Öldichtring für die Gangschaltwelle montieren.
- Das Führungsrohr für das Kupplungsausrücklager ohne Papierdichtung montieren und ohne die Schrauben vollkommen anzuziehen.
- Die Distanzscheibe auflegen und den Lagerlaufring für das vordere Antriebswellenlager montieren.
- Den Federbügel anbringen und die Schrauben mit 15 Nm anziehen.
- Zwei Passstifte in die Dichtfläche einschlagen.
- Den Belüftungsstopfen und die Ölspritzdüse einbauen.
- Die Feder und den Sperrstift für den Rückwärtsgang einsetzen, den Stift nach innen drücken und die Spindel und die Welle einschieben. Die Mutter mit 20 Nm anziehen.
- Den Schalter der Rückfahrleuchte mit einer neuen Kupferscheibe einschrauben und mit 25 Nm anziehen.
- Die beiden Wellen miteinander in Eingriff bringen und zusammen mit den Schaltschienen in das Getriebegehäuse einsetzen.
- Die Rücklaufwelle und das Rücklaufrad montieren. Die Anschrägung der Zähne muss zur Rückseite des Getriebes weisen. Ebenfalls den Magnet einsetzen.
- Die Schaltwelle mit der Feder und den Scheiben in das Gehäuse einsetzen. Die Feder muss entsprechend zusammengedrückt werden.
- Die Schaltsperre und den Wählhebel mit der Schaltwelle in Eingriff bringen. Falls erforderlich, einen Dorn von nicht mehr als 14 mm Durchmesser zum Ausrichten benutzen. Den Deckel über das Ende der Schaltwelle setzen.
- Einen neuen «O»-Dichtring, eine Scheibe und den Sprengring an der Schaltwelle anbringen.
- Die Fläche des Kupplungsgehäuses mit Dichtungsmasse einschmieren und das Getriebegehäuse aufbringen. Die Schrauben mit 12,5 Nm anziehen.
- Unter Bezug auf Bild 84 die Sicherung in die Schaltwelle einsetzen und die Schraube mit 15 Nm anziehen. Eine neue Scheibe auf die Schraube (5) auflegen, die Schraube eindrehen und mit 15 Nm anziehen. Den Lagersprengring (2) einfedern. Falls erforderlich, die Welle dazu etwas anheben. Unbedingt darauf achten, dass der Sprengring ringsherum sitzt. Das Lager mit den beiden Schrauben befestigen und mit 15 Nm anziehen.
- Auf die herausstehende Welle die Scheibe, mit dem Bund zum Lager, die Büchse für das Gang-

rad des 5. Ganges, das Gangrad des 5. Ganges und den Synchronkörper aufstecken.

- Den 5. Gang und einen weiteren Gang einschalten und die Mutter der Abtriebswelle mit einem Drehmoment von 50 Nm anziehen. Die Mutter verstemmen, indem man den Bund der Mutter in die Rille der Welle einschlägt.
- Synchronkörper wieder abziehen und wieder mit der Schaltgabel montieren. Dabei die Sperrkugel mit einem Schraubenzieher nach innen drükken, während der Synchronkörper aufgedrückt wird. Bild 97 zeigt diese Arbeit.

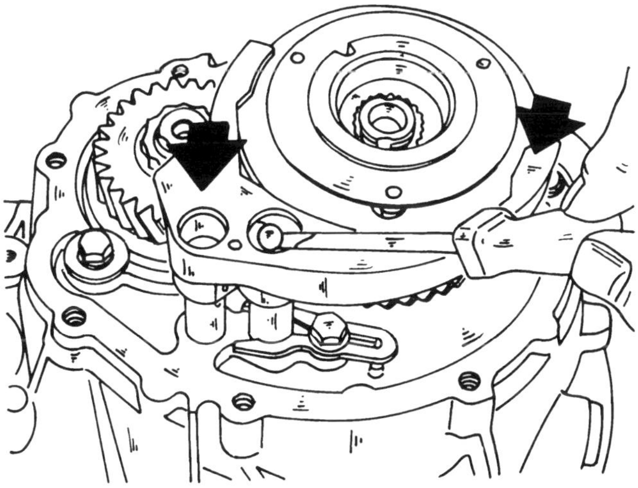

Bild 97
Einschieben der Sperrfeder und Kugel, die mit einem Schraubenzieher, während der Synchronkörper in Pfeilrichtung aufgedrückt wird

- Zwei Gänge einschalten und die Mutter der Abtriebswelle mit 50 Nm anziehen. Den Bund der Mutter danach in die Rille der Welle verstemmen.
- Die Schaltgabel für den 5. Gang mit einem Sicherungsstift an der Schaltschiene befestigen.
- Die Fläche des hinteren Deckels mit Dichtungsmasse einstreichen, die Schrauben eindrehen und mit einem Drehmoment von 12,5 Nm anziehen. Das Gewinde der Schrauben mit Gewindesicherungsmittel einstreichen.
- Das Führungsrohr für das Kupplungsausrücklager wieder ausbauen und die Lagervorspannung folgendermassen einstellen:
  - — Eine Vorspannungsscheibe von 2,4 mm Stärke auf den äusseren Lagerlaufring legen.
  - — Das Führungsrohr ohne Papierdichtung aufsetzen.
  - — Die Antriebswelle langsam durchdrehen, während die Schrauben des Führungsrohres angezogen werden, bis die Welle soeben schwer zu drehen ist. Dadurch wird der richtige Sitz des äusseren Lagerlaufrings gewährleistet.
  - — Führungsrohr wieder abschrauben und die Scheibe herausnehmen.
  - — Mit einer Tiefenlehre das Mass von der Fläche des Getriebes bis zur Aussenfläche des Lageraussenringes ausmessen, wie es in Bild 98 gezeigt ist, und in ähnlicher Weise den Abstand vom Bund des Führungsrohres bis zur Anlagefläche des Rohres ausmessen.

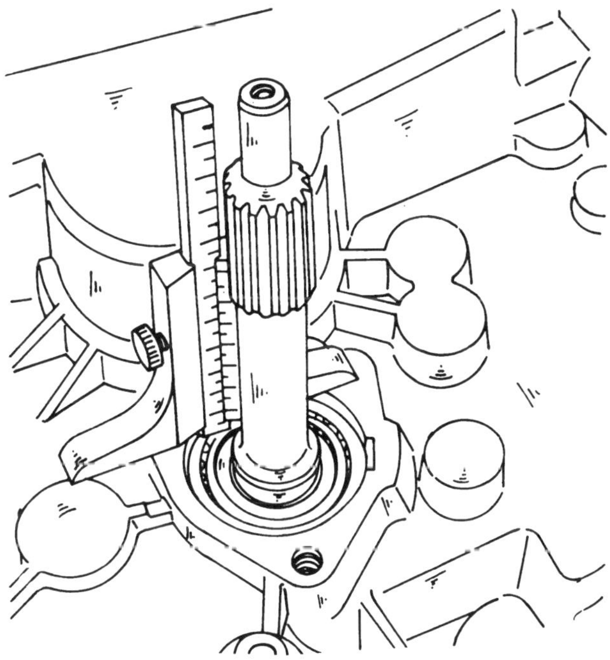

Bild 98
Ausmessen des Abstandes von der Getriebefläche bis zur Oberfläche des äusseren Lagerlaufringes

  - — Den Unterschied zwischen den beiden Massen errechnen und einen Wert von 0,15 mm für die Vorspannung hinzurechnen. Dieser Wert schliesst ebenfalls die Stärke der Papierdichtung ein. Die gefundene Gesamtstärke ist die Stärke der Einstellscheibe.
- Einen neuen Dichtring in das Führungsrohr einschlagen.
- Die ausgemessene Einstellscheibe in das Getriebe einlegen, eine neue Papierdichtung auflegen und das Führungsrohr anschrauben. Das Drehmoment beträgt 12,5 Nm.

9 Die Antriebswellen

Die Antriebswellen des Peugeot 205 GTI haben auf der Getriebeseite ein sog. Dreiachs-Gelenk, welches sich auf den inneren Keilnuten verschieben kann und ein nichtgleitendes, homokinetisches Gleichlaufgelenk auf der Radseite. Die Mutter auf dem Ende der Antriebswellen ist mit einem sehr hohen Drehmoment angezogen und wird in ihrer Endstellung verstemmt.

9.1 Ausbau einer Gelenkwelle

Zum Ausbau einer Antriebswelle werden bestimmte Spezialwerkzeuge benötigt, in der Hauptsache das Haltewerkzeug für das Differentialseitenrad, um dieses in seiner Lage zu halten, nachdem man die Welle herausgezogen hat. Falls man das Seitenrad einfach in seiner Stellung lässt, kann es in das Getriebe fallen.

Beim Ausbau einer Antriebswelle folgendermassen vorgehen:

- Vorderseite des Fahrzeuges aufbocken und die beiden in Bild 99 gezeigten Ölablassstopfen herausdrehen. Das Öl in einen geeigneten Behälter ablaufen lassen.
- Fahrzeug wieder auf die Räder absenken und die Handbremse anziehen.
- Bei Fahrzeugen mit Radblenden diese entfernen und die Mutter der Antriebswelle lösen. Das Fahrzeug vorn aufbocken und auf Böcke setzen.
- Bei Fahrzeugen mit Aluminiumfelgen oder Stahlfelgen mit integralen Radblenden das Fahrzeug vorn aufbocken und das Rad auf der betreffenden Seite abnehmen. Die Radnabe in geeigneter Weise gegenhalten und die Achswellenmutter lösen. Zum Gegenhalten kann man eine Stahlstange zwischen zwei der Radbolzen einsetzen, jedoch müssen die Radmuttern aufgeschraubt werden, um das Gewinde nicht zu beschädigen.
- Auf beiden Seiten die Klemmschrauben des unteren Kugelgelenks vom Federbein lösen und mit einem Hebel, wie in Bild 100 gezeigt, den Querlenker nach unten drücken, bis der Kugelgelenkschaft aus dem Federbein austritt. Das Schutzblech für das Kugelgelenk herausnehmen.
- Zum Ausbau der Welle auf der linken Seite den Achskopf vollkommen nach rechts einschlagen und den Achskopf nach aussen ziehen, bis die Antriebswelle aus der Lagerung frei ist.
- Antriebswelle nach einer Seite schieben und aus dem Getriebe herausziehen.

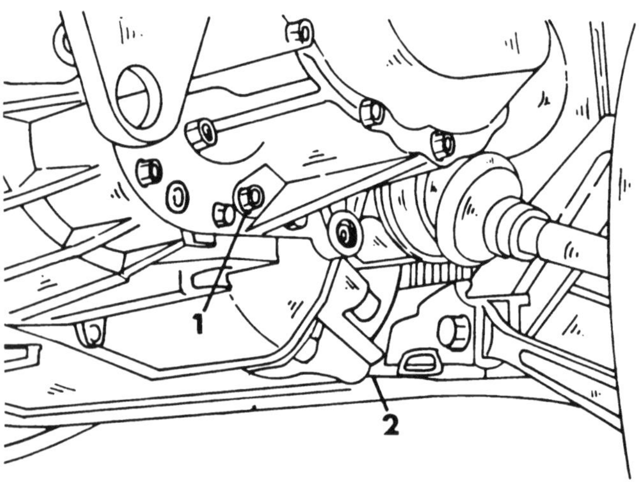

Bild 99
Die beiden Ablassstopfen (1) und (2) an der Unterseite des Getriebes müssen zum Ablassen des Getriebeöls herausgedreht werden

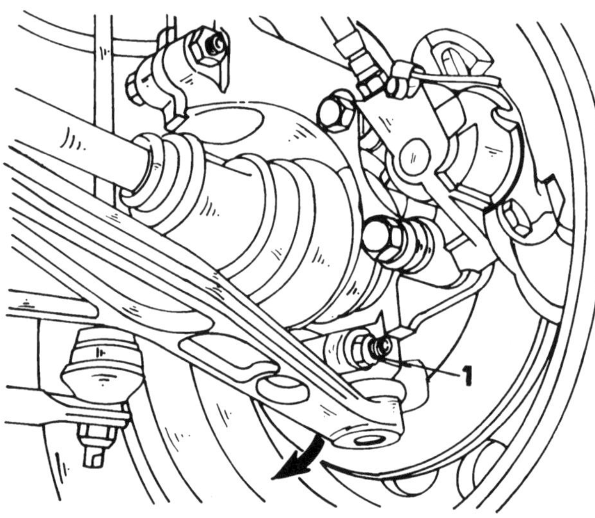

Bild 100
Die Klemmschraube (1) lösen und den Querlenker in Pfeilrichtung nach unten drükken, bis das Kugelgelenk aus dem Federbein herauskommt

Hinweis: Niemals beide Antriebswellen zusammen ausbauen. Vor dem Ausbau der rechten Antriebswelle das Haltewerkzeug 8.0317M und N einsetzen, wie es in Bild 4 gezeigt ist, um zu verhindern, dass das Seitenrad in das Getriebe fallen kann. Ausserdem niemals das Fahrzeug bei ausgebauter Antriebswelle verschieben, indem man die Räder wieder anschraubt.

- Beim Ausbau der rechten Antriebswelle sind die folgenden Punkte zu beachten:
  - Unter Bezug auf Bild 101 die beiden Muttern (1) lockern, um das Lager des Lagergehäuses für die Antriebswelle zu lösen.

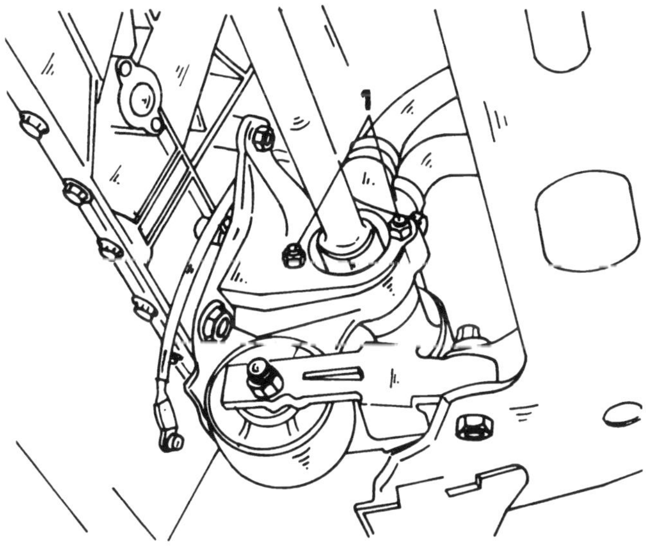

Bild 101
Die beiden Muttern (1) halten die Lagerung der rechten Antriebswelle

  - Die Exzenterschraubenköpfe um eine halbe Umdrehung aus ihrer Grundstellung verdrehen, indem man die selbstsichernden Muttern verdreht.
  - Lenkung nach links einschlagen.
  - Den Achskopf nach aussen ziehen, bis das Ende der Antriebswelle frei ist.
  - Die Antriebswelle aus dem Getriebe herausziehen und seitwärts durch das Lagergehäuse herausnehmen.

9.1.1 Einbau einer Antriebswelle

Die beiden Öldichtringe in den Seiten des Getriebes müssen immer erneuert werden, wenn man eine Antriebswelle ausgebaut hat. Die alten Ringe mit einem Schraubenzieher heraushebeln, ohne dabei das Getriebegehäuse zu beschädigen. Den Raum zwischen den beiden Lippen der Dichtringe mit Fett füllen und die Dichtringe einschlagen, ohne sie dabei zu beschädigen.
Die mit dem neuen Öldichtring mitgelieferte Schutzhülse auf das Antriebswellenlagerende aufschieben, ehe die rechte Antriebswelle eingebaut wird. Die Schutzhülse herausnehmen, nachdem die Schrauben (1) in Bild 101 festgezogen wurden. Der verbleibende Einbau der Antriebswellen geschieht in umgekehrter Reihenfolge wie der Ausbau. Alle Anzugsdrehmomente sind der Tabelle am Ende des Buchs zu entnehmen. Die Achswellenmuttern anziehen, wenn das Fahrzeug mit seinen Rädern auf dem Boden aufsteht.

9.2 Reparatur einer Antriebswelle

Falls eine Antriebswelle an den Gelenken ausgeschlagen ist, sollte man sie immer erneuern. Eingerissene Gummimanschetten bringen in den meisten Fällen das Eintreten von Schmutz mit sich, da man meistens einen Schaden in der Gummimanschette feststellt, wenn es bereits zu spät ist. Auch in diesem Fall wird strengstens geraten, eine neue Welle einzubauen. Ihre Peugeot-Werkstatt wird Sie sicher beraten, ob die Welle erneuert werden muss, oder ob man die Gummimanschetten erneuern kann. In diesem Fall die Arbeiten in der Werkstatt durchführen lassen.

10 Die Lenkung

Der Peugeot 205 GTI ist mit einer Zahnstangenlenkung versehen.

10.1 Die Zahnstangenlenkung

10.1.1 Ausbau

- Die Vorderseite des Fahrzeuges auf Böcke setzen. Die Vorderräder abschrauben.
- Von der Innenseite des Motorraums aus die Mutter der Klemmschraube (2) in Bild 102 entfernen. Diese Klemmschraube hält die Lenkscheibe an der Lenkwelle.
- Die Muttern der beiden Kugelbolzen für die Spurstangengelenke entfernen und mit einem geeigneten Kugelbolzenabzieher, wie er in Bild 103 gezeigt ist, die Verbindungen auf beiden Seiten trennen.
- Die Befestigungsschrauben und Muttern (1) in Bild 104 entfernen und die Abstandsstücke abnehmen.

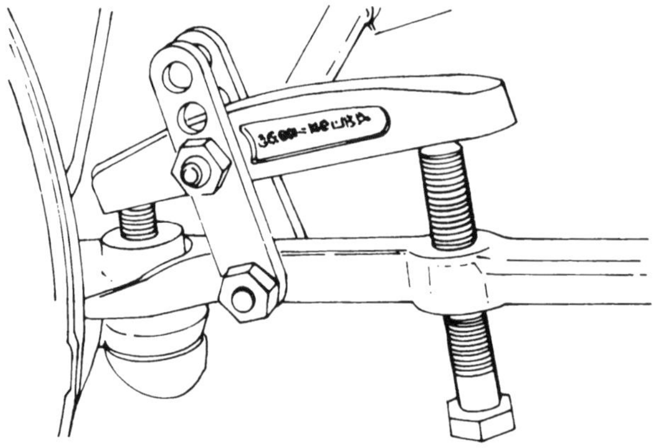

Bild 103
Abdrücken eines Spurstangenkopfes mit dem Spezialabzieher

- Die Lenkung seitlich aus dem Fahrzeug herausziehen.

Falls die Spurstangenköpfe erneuert werden sollen, die Kontermuttern lockern und die Gelenke abschrauben. Dabei die genaue Anzahl der Umdrehungen zählen, welche zum vollkommenen Ab-

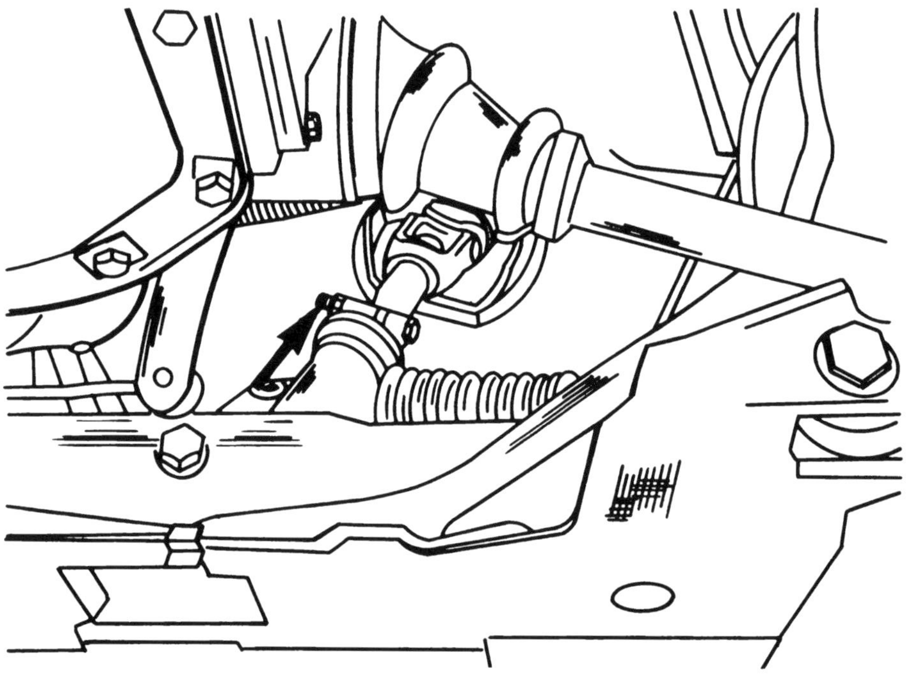

Bild 102
Der Pfeil weist auf die Klemmschraube der Lenksäulenbefestigung

Bild 104
Die Lage der beiden Befestigungsschrauben der Zahnstangenlenkung

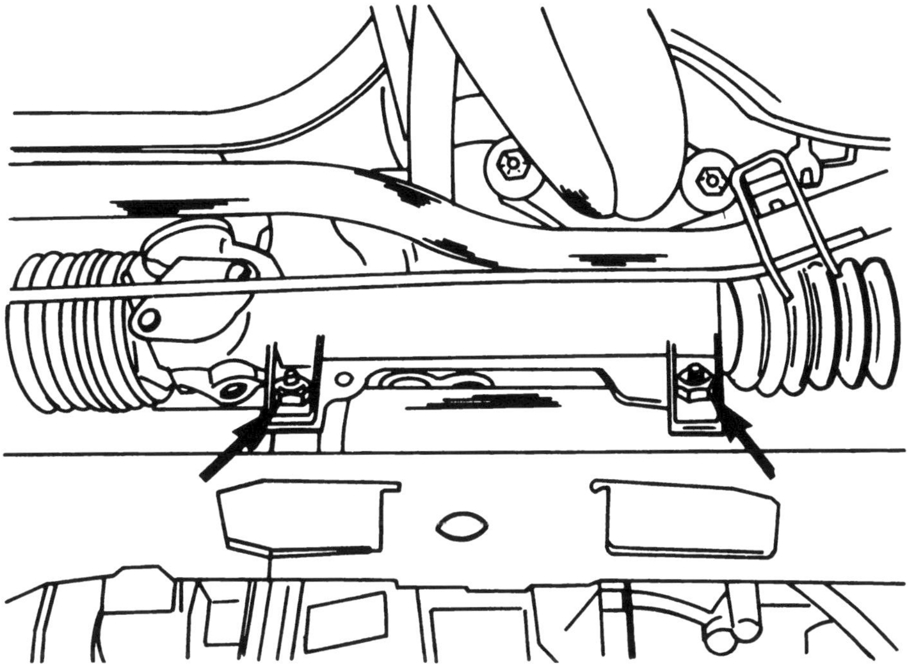

schrauben erforderlich sind. Die Anzahl der Umdrehungen für jede Seite auf ein Stück Papier schreiben, damit das neue Gelenk um den gleichen Wert wieder auf die Spurstange geschraubt werden kann. Dadurch werden die Spurstangen auf die richtige Länge zum Einstellen der Vorspur gestellt.

10.1.2 Einbau

Der Einbau der Lenkung geschieht in umgekehrter Reihenfolge wie der Ausbau unter Beachtung der folgenden Punkte:

- Den Zustand der Lenkungsmanschetten kontrollieren und überprüfen, dass die Befestigungsspangen gut angelegt sind.
- Falls neue Spurstangenköpfe eingebaut werden, diese wie oben beschrieben wieder auf die Spurstangen schrauben. Nach dem Aufschrauben mit einem Messlineal das Mass «L» in Bild 105 ausmessen. Dieses Mass genau auf 365,0 mm bringen. Die Kontermutter in dieser Stellung anziehen.
- Die Lenkung in die Geradeausstellung bringen, wie es in Kapitel 10.3 beschrieben ist.

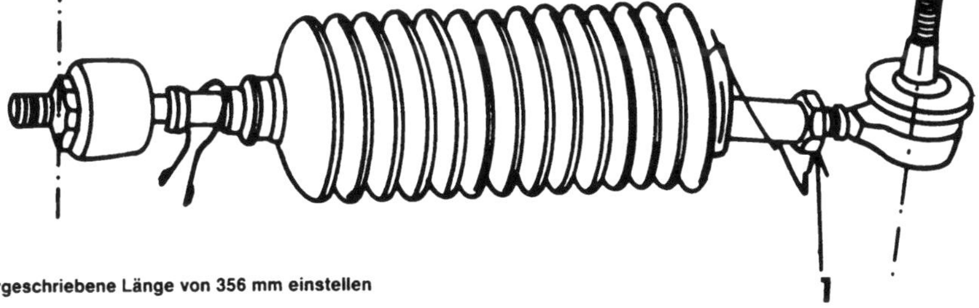

Bild 105
Die Spurstangen auf die vorgeschriebene Länge von 356 mm einstellen

1 Kontermutter

- Die Lenkung am vorderen Querträger ansetzen, aber gleichzeitig die Lenkwelle in den Flansch der Lenkscheibe einsetzen. Kontrollieren, dass die Lenkradspeiche richtig steht, wenn der Eingriff zustandegekommen ist. Falls dies nicht der Fall ist, muss die Lenkwelle um eine halbe Umdrehung verdreht werden.
- Die Abstandshülsen unterlegen und die beiden Schrauben einschieben.
- Neue selbstsichernde Muttern für die Schrauben verwenden und die Muttern abwechselnd auf ein Anzugsdrehmoment von 30–40 Nm anziehen.
- Die Klemmschraube in die Lenkverbindungsscheibe einschlagen. Die Aussparung in der Welle muss dementsprechend ausgefluchtet sein. Eine neue selbstsichernde Mutter mit 12,5–17,5 Nm anziehen.
- Die Spurstangenköpfe an den Lenkhebeln anschliessen. Die Kugelbolzen müssen frei von Fett oder Öl sein, um einen guten Sitz zu gewährleisten. Neue selbtsichernde Muttern mit 30–40 Nm anziehen.
- Vorspur einstellen, wie es in Kapitel 10.5.3 beschrieben ist.

10.1.3 Reparatur der Lenkung

Die Lenkung sollte nicht zerlegt werden. Im Fall von Verschleiss oder Schäden sollte man eine neue Lenkung einbauen oder versuchen, eine Austauschlenkung zu beziehen. Obwohl es möglich ist, den Lenkungsdämpfer in der Innenseite der Zahnstange einzustellen, wird diese Arbeit nicht empfohlen, da eine spezielle Messuhr sowie ein besonders abgeänderter Deckel für den Lenkungsdämpfer erforderlich sind. Der Deckel muss zur Messung durchgebohrt werden, so dass man ihn später nicht mehr verwenden kann.

10.2 Mittelstellung der Lenkung

Die Lenkung muss in die Mittelstellung gebracht werden, wenn man die Vorspur kontrollieren oder einstellen will. Dies ist ebenfalls bei allen Arbeiten erforderlich, bei denen die Lenkung in der Mittelstellung stehen muss.

- Lenkung vollkommen in einen Einschlag einschlagen und an der Oberseite der Lenkradfelge ein Stück Klebband umwickeln. Auf das Klebband mit einem Schreiber einen Markierungsstrich einzeichnen («A», Bild 106).

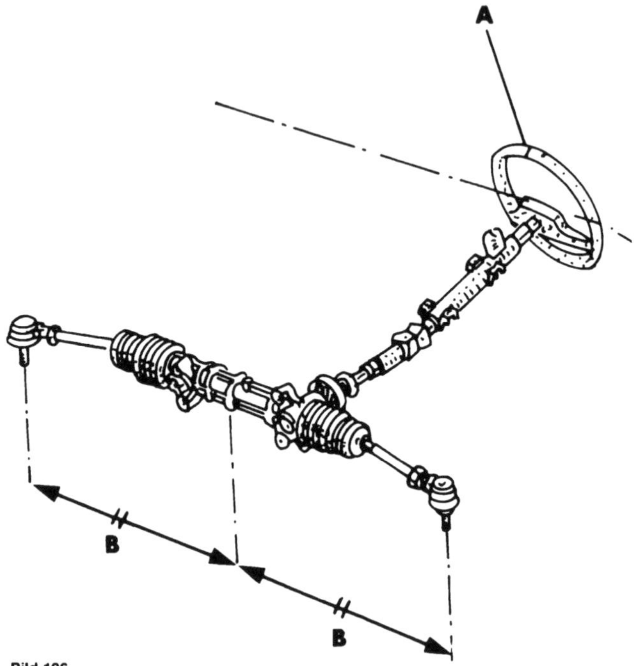

Bild 106
Mittelstellung der Lenkung. Wenn die Lenkradmarkierung (A) in der Mitte steht, müssen beide Spurstangen die gleiche Länge (B) haben

- Aus der Anschlagstellung die Lenkung in den anderen Anschlag einschlagen und die genaue Anzahl der Umdrehungen zählen.
- Die gezählten Umdrehungen durch 2 teilen und das Lenkrad um genau diesen Wert zurückdrehen.
- Kontrollieren, dass die Räder genau in der Geradeausstellung stehen.
- Falls dies nicht der Fall ist, die Spurstange auf der Seite des ausser Linie stehenden Rades verstellen, um das Rad in die Mittelstellung zu bringen.
- Stellung des Lenkrades kontrollieren. Falls es nicht in der Mittelstellung steht, das Lenkrad abmontieren und in der neuen Stellung wieder montieren.

10.3 Erneuerung der Lenkscheibe

Die Lenkscheibe kann ohne Ausbau der Lenkung erneuert werden, jedoch muss die Lenkung vom Querträger abgeschraubt werden, damit man sie zum Trennen der Lenkscheibe absenken kann.

- Das Schaltgestänge von der Lenkung trennen und die beiden Schrauben der Lenkung lösen.
- Die Lenkung nach unten absenken und die Klemmschraube aus der Verbindung am Lenkritzel herausschlagen.
- Mutter und Schraube der Lenkscheibe an der Lenkzwischenwelle entfernen und die Lenkscheibe abziehen.
- Der Einbau geschieht in umgekehrter Reihenfolge wie der Ausbau. Alle Muttern mit 15 Nm anziehen.

10.4 Erneuerung der Spurstangen

Obwohl die Spurstangen bei eingebauter Lenkung erneuert werden können, raten wir die Lenkung auszubauen, da man besser an die Befestigung heran kann.

- Die Lenkmanschette von der Spurstange und von der Seite des Zahnstangengehäuses entfernen. Dazu die beiden Enden der Befestigungsspangen zusammendrücken, bis sie über die Kante gehoben werden können.
- Lenkungsmanschette auf der Spurstange nach aussen schieben.
- Anschlussstelle der Spurstange an der Zahnstange gründlich reinigen, um das Sicherungsblech zu finden.
- Lasche des Sicherungsbleches mit einem Meissel oder einem kräftigen Schraubenzieher zurückschlagen. Die Spurstange ist mit dem eigentlichen, inneren Kugelgelenk an der Zahnstange befestigt. Peugeot-Werkstätten verwenden ein Spezialwerkzeug zum Abschrauben des Kugelgelenks, jedoch kann man es mit einer Wasserpumpenzange oder einer Klemmzange versuchen. Das runde Kugelgelenkgehäuse ist ziemlich fest gebaut und das Schadenrisiko ist sehr niedrig.
- Spurstange abschrauben, sobald sie frei ist.
- Sicherungsblech und Unterlegscheibe abnehmen. Das Sicherungsblech muss immer erneuert werden.
- Zum Lösen des Spurstangengelenks an der Aussenseite die Kontermutter lockern und den Kopf abschrauben. Dabei die Umdrehungen zählen, die zum Abschrauben erforderlich sind.
- Das neue Spurstangengelenk mit der gleichen Anzahl Umdrehungen wieder aufdrehen.
- Neue Spurstange mit der Unterlegscheibe und dem Sicherungsblech an der Zahnstange anschrauben und das Kugelgelenkgehäuse mit einer Wasserpumpenzange oder einer Klemmzange so fest wie möglich anziehen.
- Lasche des Sicherungsbleches umschlagen, um das Kugelgelenkgehäuse zu sichern.
- Zahnstange mit Lenkfett einschmieren und die Lenkungsmanschetten anbringen.
- Spurstange am Lenkhebel befestigen. Eine neue selbstsichernde Mutter muss dazu verwendet werden. Das Anzugsdrehmoment der Mutter beträgt 40 Nm.
- Länge der Spurstange zwischen den in Bild 105 gezeigten Stellen ausmessen und die Länge verstellen, falls das Mass nicht 365 mm beträgt.

10.5 Vorderradgeometrie

Die Einstellung der Vorderräder muss kontrolliert werden, wenn das Fahrzeug sein Betriebsgewicht hat, d. h. wenn es unbeladen und mit Wasser, Öl und Kraftstoff gefüllt ist.

10.5.1 Nachlaufwinkel

Der Nachlaufwinkel kann nicht eingestellt werden. Der Winkel kann mit einem gewöhnlichen Messgerät entsprechend der Anweisungen des Herstellers ausgemessen werden. Der Nachlauf sollte 1° 50′ betragen. Eine Toleranz von 30′ nach beiden Seiten ist zulässig.

Falls die erhaltenen Werte ausserhalb der angegebenen Grenzen liegen, kann man annehmen, dass die Vorderradaufhängung verzogen ist. In diesem Fall den Vorderwagen ausmessen lassen.

10.5.2 Sturzwinkel

Den Sturzwinkel mit einem gewöhnlichen Messgerät entsprechend der Anweisungen des Geräteherstellers ausmessen. Der Unterschied zwischen den beiden Seiten darf nicht grösser als 30′ sein. Der Winkel muss 0° 30′ betragen. Eine Toleranz von 30′ nach beiden Seiten ist zulässig.

Der Nachlauf kann nicht eingestellt werden. Falls die erhaltenen Werte ausserhalb der Grenzen liegen, kann man annehmen, dass Verzug in der Vorderradaufhängung stattgefunden hat. In diesem Fall den Vorderwagen einwandfrei vermessen lassen.

10.5.3 Vorspur der Vorderräder

Die Vorspur der Vorderräder kann mit einem mechanischen Spurmessgerät ausgemessen werden. Die Vorderräder sind auf eine Vorspur von 2,0 mm eingestellt, d. h. die Räder stehen an der Vorderseite näher zusammen als an der Rückseite. Bei der Messung folgendermassen vorgehen:

- Reifendrücke kontrollieren und ggf. berichtigen.
- Fahrzeug auf einer ebenen Fläche abstellen und die Vorderräder in die Geradeausstellung bringen. Dies kann man anhand der Lenkradspeiche durchführen.
- Das Spurmessgerät an der Vorderseite der Räder ansetzen und die beiden Messstifte gegen die Kanten der Felgen anlegen und auf Null stellen. Dies muss in Nabenhöhe durchgeführt werden.
- Die Anlagestellen der Messstifte mit Kreide anzeichnen.
- Spurmass entfernen.
- Das Fahrzeug um eine halbe Umdrehung der Räder nach vorn schieben, d. h. bis die beiden Kreidezeichen jetzt an der Rückseite der Räder und wieder in Nabenhöhe stehen.
- Das Spurmass unter dem Wagen durchschieben und die Messstifte wieder gegen die Kanten der Felgen anlegen. Falls die Räder Vorspur haben, heisst das, dass man die Stifte herausziehen muss.
- Messstifte feststellen und die Anzeige ablesen. Das Mass sollte jetzt mindestens 2,0 mm grösser sein.
- Falls dies nicht der Fall ist, die Kontermuttern der beiden Spurstangen an den äusseren Kugelgelenken lockern und die beiden Spurstangen um den gleichen Wert verstellen. Die Verstellung nur in kleinen Stufen durchführen und jedesmal nachmessen. Zu beachten ist, dass das sichtbare Gewinde zwischen dem Spurstangenkopf und der Fläche der Mutter auf beiden Seiten innerhalb 2,0 mm gleich sein muss (Bild 107).
- Abschliessend die beiden Kontermuttern mit einem Anzugsdrehmoment von 40–50 Nm anziehen. Die Spurstange sollte dabei gegengehalten werden, damit sie sich nicht innerlich verdrehen kann.

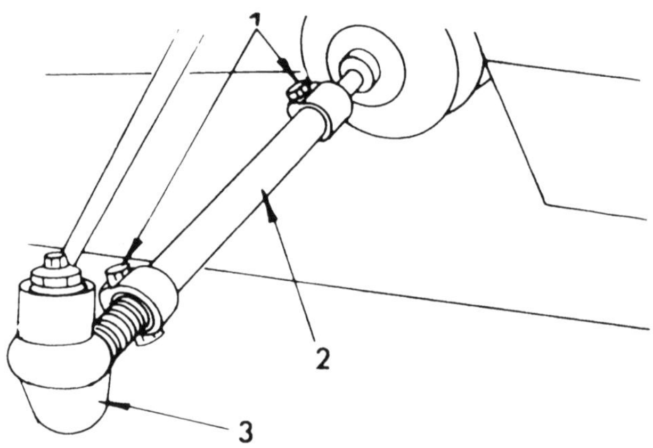

Bild 107
Zur Einstellung der Vorspur

1 Mutter 2 Spurstange 3 Kugelgelenk

11 Vorderradaufhängung

Die Vorderradaufhängung besteht aus zwei McPherson-Federbeinen mit integralen Stossdämpfern, welche sich innerhalb von Schraubenfedern befinden. Das untere Ende jedes Federbeins ist mit Hilfe einer Klemmschraube mit dem Achsschenkel verbunden. Der untere Querlenker wird mittels eines Kugelgelenks an der Unterseite des Achsschenkels befestigt. Die Befestigung des Kugelgelenks am Achsschenkel geschieht ebenfalls mit Hilfe einer Klemmschraube, d. h. der Achsschenkel hat einen Klemmschlitz, in welchen der Schaft des Traggelenks eingeschoben ist.
Die inneren Enden der Querlenker sind an der vorderen Quertraverse angeschraubt.
Ein Kurvenstabilisator ist zwischen die beiden Seiten der Radaufhängung eingesetzt und wird an der Rückseite des Aufhängungsquerträgers in zwei Lagern befestigt. Verbindungsgestänge sind zwischen den Aussenseiten des Stabilisators und den Federbeinen eingesetzt.

Bild 108 zeigt eine Ansicht der kompletten Vorderradaufhängung.
Die Antriebswelle wird durch ein einzelnes Lager in der Innenseite des Achsschenkels gelagert.

11.1 Die Federbeine

Die Schraubenfeder des Federbeins muss zusammengespannt werden, ehe man ein Federbein ausbauen kann. Peugeot-Werkstätten verwenden dazu zwei Spannseile, welche man zwischen der oberen Federbeinlagerung und dem unteren Federsitz, einschiebt und durch Lockern der Muttern an der Oberseite spannt, bis die Feder gestreckt ist. Falls diese Spannseile nicht zur Verfügung stehen, muss man die Feder mit zwei Federspannhaken zusammenspannen, bis sie den oberen und den unteren Federsitz freigibt. Die Haken des Federspanners über drei oder vier Wicklungen legen.

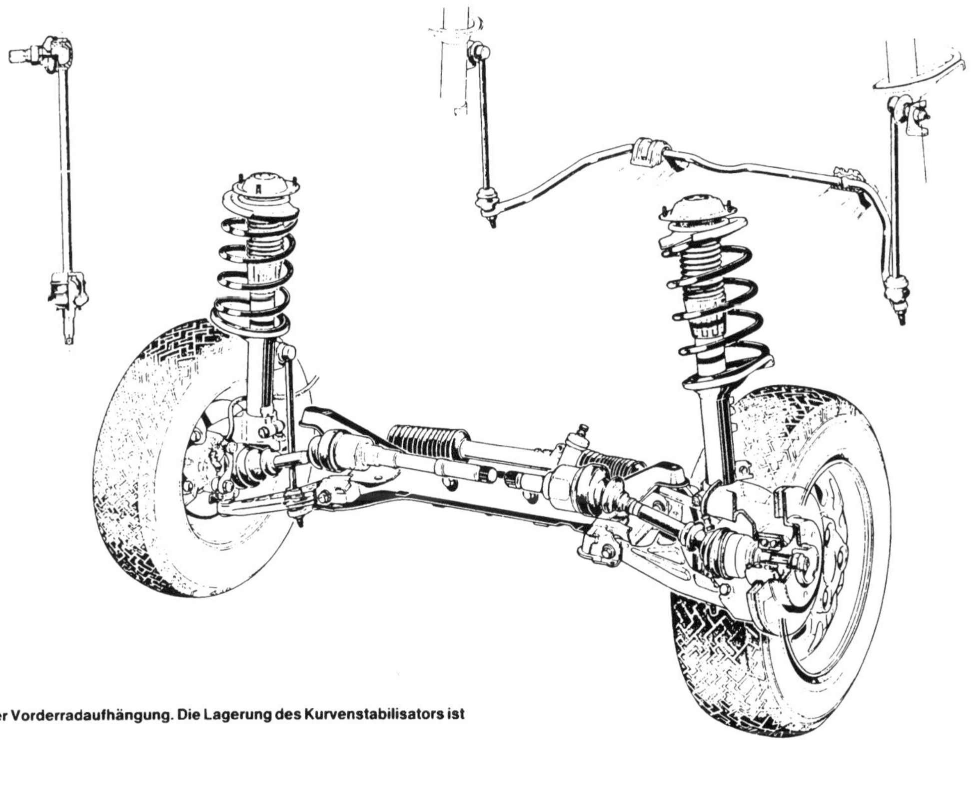

Bild 108
Gesamtansicht der Vorderradaufhängung. Die Lagerung des Kurvenstabilisators ist getrennt gezeigt.

- Handbremse anziehen und den ersten Gang einschalten.
- Radmuttern lockern. Das Fahrzeug wird im Moment noch nicht aufgebockt.
- Die Feder jetzt zusammenspannen. Bei der folgenden Beschreibung wird angenommen, dass man sich die Spannseile besorgen kann.
  — Unter Bezug auf Bild 109 eines der Seile an Stelle «a» von oben durch das Federbeinlager einschieben und an der Unterseite durch den Federsitz am Federbein führen und durch Einklinken sperren.

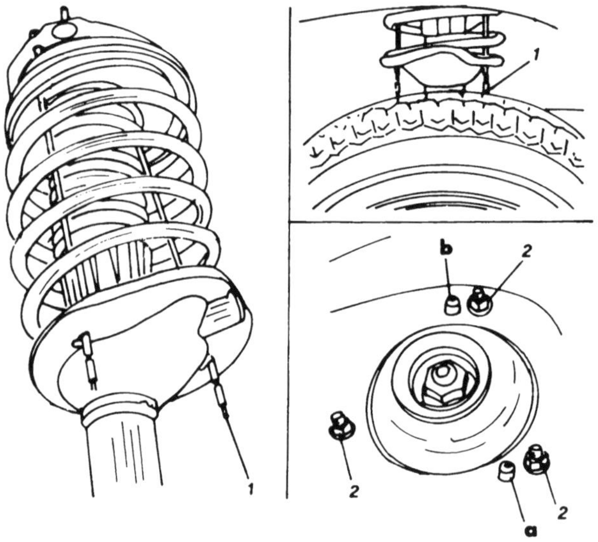

Bild 109
Vorspannen der Vorfeder und Befestigung des Federbeins an der Oberseite

1 Spannseile
2 Federbeinlagermuttern
a Eingesetztes Spannseil
b Eingesetztes Spannseil

  — Das Rad nach aussen einschlagen und das zweite Seil an Stelle «b» einschieben und wieder an der Unterseite durchführen. Das Seil wieder einklinken.
  — Die drei Muttern des Federbeinlagers (2) lokkern, bis die Feder durch die Seile gehalten wird.
- Die Vorderseite des Fahrzeuges auf Böcke setzen und das Vorderrad abschrauben.
- Die Antriebswelle aus dem Achsschenkel ausbauen, wie es in Kapitel 9.1 beschrieben wurde, ohne sie aus dem Eingriff mit dem Getriebe zu bringen.
- Die Mutter an der Unterseite der Federbeinbefestigung entfernen und die Bremsleitung am Fe-

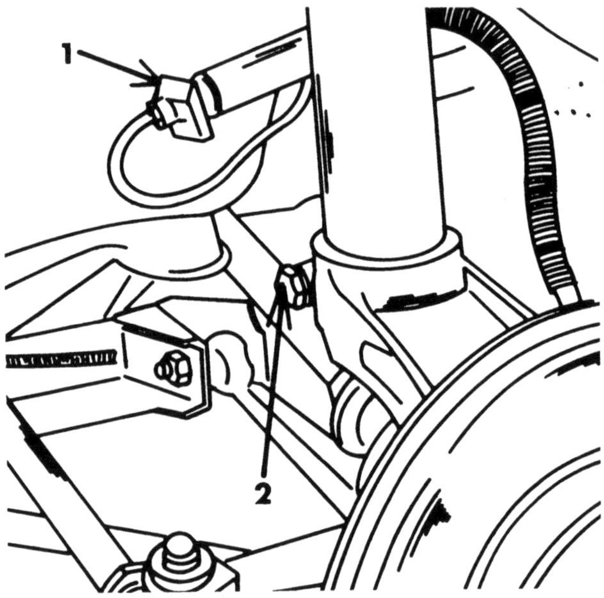

Bild 110
Befestigung des Bremsschlauches und der Bremsleitung (1) und die Klemmschraube des Federbeins an der Unterseite (2)

derbein lösen. Bild 110 zeigt die Befestigung der Teile.
- Eine Mutter an der Oberseite des Federbeins entfernen und das Gestänge des Kurvenstabilisators vom Federbein abdrücken.
- Das Spezialwerkzeug 8.0903 wie auf der linken Seite von Bild 111 gezeigt in den Schlitz des Achsschenkels einsetzen und dann, wie im rechten Bild gezeigt, nach oben bewegen. Der

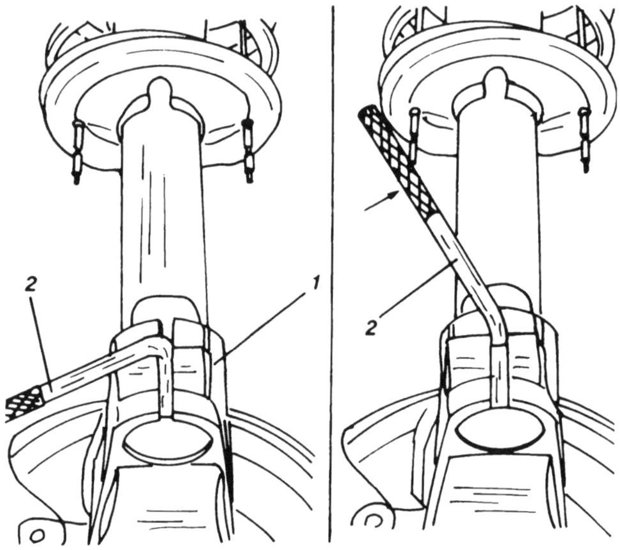

Bild 111
Den Spezialschlüssel (2) wie links gezeigt in den Klemmschlitz des Federbeins (1) einsetzen und dann wie rechts gezeigt nach oben bewegen, um den Klemmschlitz zu öffnen

Schlüssel sperrt sich automatisch in der oberen Stellung. Dadurch wird der Klemmschlitz ausgeweitet.

- Den Achsschenkel vorsichtig mit einem Reifenhebel nach unten drücken, um die Oberseite des Achsschenkels vom unteren Ende des Federbeins zu befreien, wie es in Bild 112 gezeigt ist.

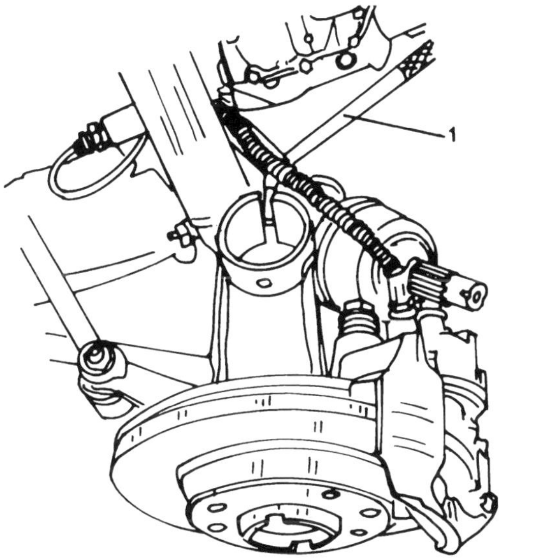

Bild 112
Nachdem der Klemmschlitz mit dem Schlüssel (1) geöffnet wurde, den Achsschenkel nach unten abdrücken

- Achswelle zur Seite drücken und mit einem Stück Draht am Fahrgestell festbinden, damit sie nicht aus dem Getriebe herausrutschen kann.
- In der Innenseite des Motorraums die drei Muttern «2» in Bild 109 am oberen Federbeinlager vollkommen entfernen.

Eine zweite Person sollte das Federbein von der Unterseite halten, da es herunterfallen kann, sobald die letzte Mutter gelöst wurde. Unter keinen Umständen die Mutter in der Mitte des Federbeinlagers entfernen, da dabei das Federbein auseinanderfällt. Falls man beabsichtigt, das Federbein zu zerlegen, kann man die Mutter bei eingebautem Federbein lockern, jedoch wieder anziehen, ehe das Federbein herausgenommen wird.

- Federbein von unten aus dem Fahrzeug nehmen.

11.1.1 Federbein zerlegen

Nur die Schraubenfeder, das komplette Federbein, das Federbeinlager oder die Kleinteile können erneuert werden. Das Federbein selbst lässt sich nicht zerlegen.

Ein Federspanner ist erforderlich, um die Spannung der Schraubenfeder zu entlasten, während das obere Federbeinlager abgeschraubt wird. Niemals versuchen, die Mutter in der Mitte des Federbeinlagers abzuschrauben, ohne dass man die Feder vorher sicher zusammenspannt. Bild 113 zeigt das von Peugeot verwendete Spezialwerkzeug. Zwei Fe-

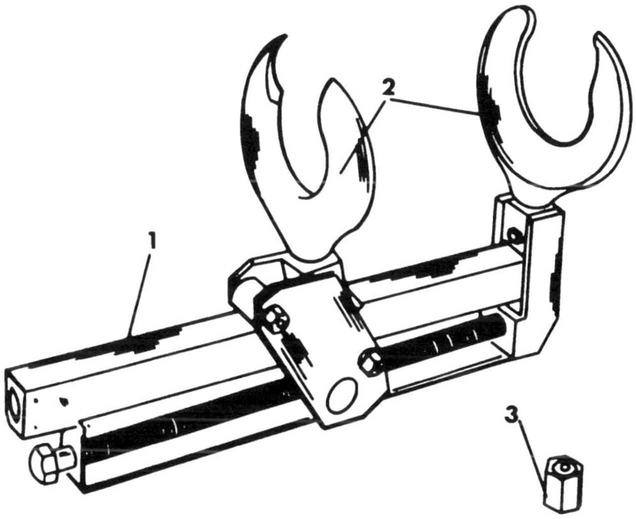

Bild 113
Spezialfederspanner zum Zerlegen eines Federbeins

1 Spannkörper 2 Klauen 3 Mutter

derspannhaken, mit einem Versteller in der Mitte, können ebenfalls verwendet werden. In diesem Fall die Haken über vier oder fünf Wicklungen legen.

- Falls der Peugeot-Federspanner besorgt werden kann, diesen in einen Schraubstock einspannen.
- Eine Mutter auf die drei zur Befestigung des Federbeins aus der Oberseite herausstehenden Stiftschrauben drehen.
- Das Federbein im Federspanner so verdrehen, dass die den beiden Spannseilen gegenüberliegende Stiftschraube in der Mitte der Gabelöffnung liegt, während die beiden anderen Stiftschrauben auf den Seiten des Gabelkreuzes liegen.
- Die Schraube des Federspanners anziehen, bis die Feder zusammengespannt ist.
- Die Kolbenstange mit einem Innensechskantschlüssel gegenhalten, wie es in Bild 114 gezeigt ist, und die Mutter der Kolbenstange entfernen.

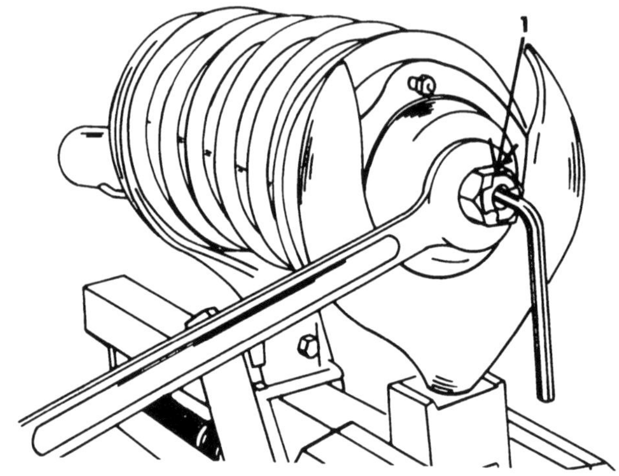

Bild 114
Lösen der Mutter (1) der Kolbenstange bei gleichzeitigem Gegenhalten der Stange mit einem Innensechskantschlüssel

- Die Mutter, die Scheibe und die obere Lagerschale von der Oberseite des Federbeinlagers abnehmen, wie es in Bild 115 gezeigt ist.
- Den Federspanner weiterhin anziehen, bis die beiden Spannseile locker genug sind, um aus dem unteren und dem oberen Federsitz ausgehängt zu werden.
- Das Federbein aus der zusammengespannten Feder herausziehen.
- Die in Bild 116 gezeigten Teile der Reihe nach vom Federbein herunternehmen.

> ***Hinweis:*** Falls Federspannhaken verwendet werden, den Versteller anziehen, bis sich die Feder vom unteren und oberen Federsitz abgehoben hat, d. h. man muss in der Lage sein, die Feder hin- und herzubewegen.

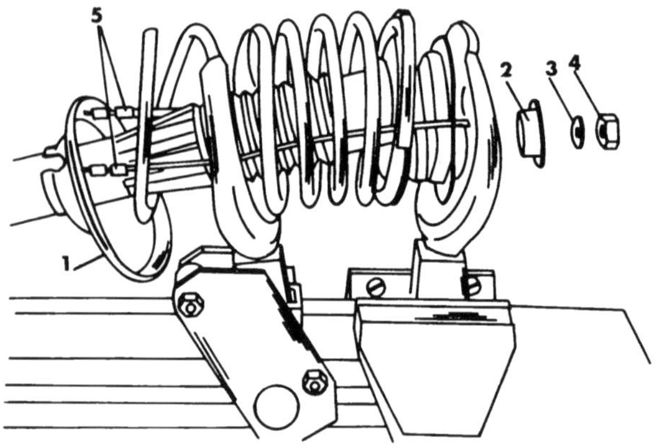

Bild 115
Zur Zerlegung eines Federbeins

1 Federbein
2 Lagerschale
3 Unterlegscheibe
4 Kolbenstangenmutter
5 Spannseile

Der Rückprallgummi, die Gummihülle und dessen Scheibe und die Gummibüchse müssen immer erneuert werden, wenn sie nicht mehr einwandfrei aussehen. Darauf achten, dass man die Kolbenstange des Stossdämpfers nicht beschädigt, wenn das Federbein abgelegt wird.

11.1.2 Zusammenbau eines Federbeins

- Die Feder aufrecht hinsetzen und der Reihe nach die in Bild 117 gezeigten Teile auf die Oberseite

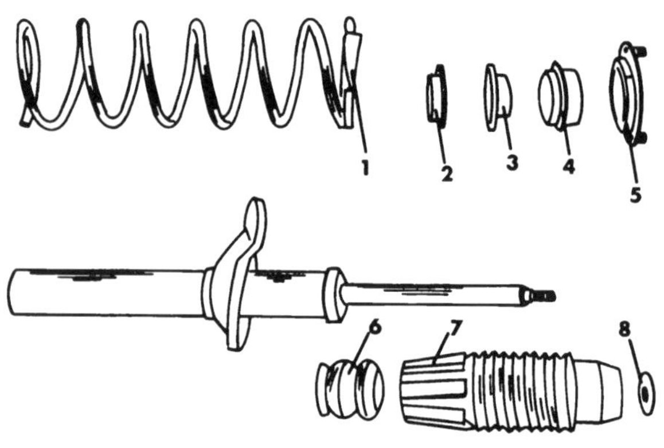

Bild 116
Die Einzelteile eines Federbeins

1 Oberer Federsitz
2 Anschlag
3 Lagerschale
4 Gummilager
5 Oberes Federbeinlager
6 Rückprallgummi
7 Schutzhülle
8 Scheibe

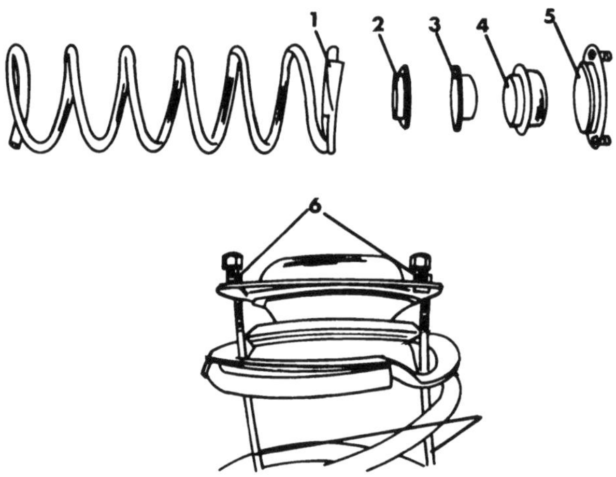

Bild 117
Zum Zusammenbau eines Federbeins

1 Oberer Federsitz
2 Anschlag
3 Lagerschale
4 Gummilager
5 Oberes Federbeinlager
6 Stiftschrauben

der Feder auflegen. Die Feder kann beliebig herum aufgesetzt werden, da sie symmetrisch ist. Ehe die Feder in den Federspanner eingesetzt wird, die beiden Stiftschrauben (6) auf der Seite (a) der Lagerschale (3) ausrichten.

- Die beiden Spannseile in die beiden Schlitze (b) am oberen Federbeinlager einführen.
- Die zusammengesetzte Feder in den Federspanner einlegen.
- Den Rückprallgummi (1) in Bild 118 in die Schutzhülle (2) einsetzen, so dass der grössere Durchmesser des Rückprallgummis zur Oberseite weist.

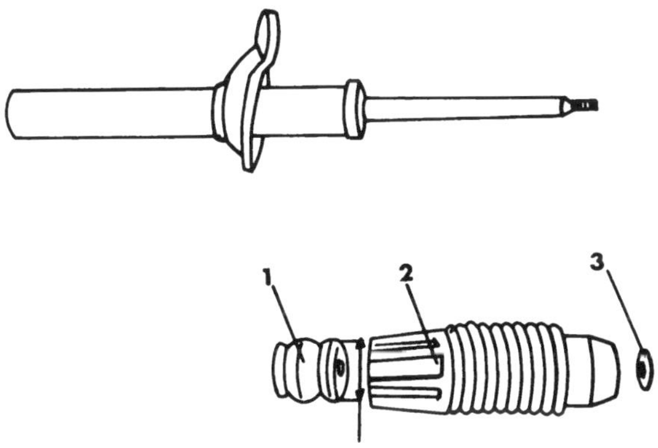

Bild 118
Vorschriftsmässiges Aufstecken des Rückprallgummis und der Schutzmanschette. Die breitere Seite des Gummis (Pfeile) muss zur Oberseite weisen

1 Anschlaggummi 2 Manschette 3 Scheibe

- Den zusammengesetzten Rückprallgummi mit der Schutzhülle über das Federbein setzen und die Scheibe (3) darübersetzen.
- Die Feder durch Festziehen des Federspanners zusammenspannen, bis die Kolbenstange an der Oberseite durchkommt.
- Die Lagerschale, die Unterlegscheibe und eine neue Mutter an der Kolbenstange anbringen.
- Beide Spannseile einführen und durch Einklinken der Sicherungen an der Unterseite sperren.
- Den Federspanner langsam öffnen. Gleichzeitig kontrollieren, dass die Feder einwandfrei in ihre richtige Lage kommt.
- Nach dem Einbau des Federbeins (wie im nächsten Kapitel beschrieben) die Mutter der Kolbenstange anziehen. Wird eine selbstsichernde Mutter verwendet, beträgt das Anzugsdrehmoment 45 Nm, wird eine Bördelmutter verwendet, 70 Nm. Die Kolbenstange dabei wieder mit einem Innensechskantschlüssel gegenhalten. Peugeot-Werkstätten verwenden ein Spezialwerkzeug zum Gegenhalten der Kolbenstange und einen Drehmomentschlüssel. Dies ist natürlich bei Verwendung eines Ringschlüssels nicht möglich und das Drehmoment muss gut nach Gefühl hergestellt werden. Man kann die Mutter fest anziehen und danach mit einem Drehmomentschlüssel und einer Stecknuss kontrollieren. Die Mutter ist zu diesem Zeitpunkt fest genug angezogen, dass sich die Kolbenstange nicht mehr durchdrehen sollte.

11.1.3 Einbau eines Federbeins

Der Einbau des Federbeins geschieht in umgekehrter Reihenfolge wie der Ausbau, unter Beachtung der folgenden Punkte:

- Das Federbein mit den Stiftschrauben des Federbeinlagers von der Unterseite aus einsetzen und die drei Muttern an der Oberseite des Federturms anschrauben, ohne sie festzuziehen. Neue Muttern müssen immer verwendet werden, da sie selbstsichernd sind.
- Das Fahrzeug mit dem Wagenheber anheben und den Unterstellbock von der Seite entfernen, auf welcher nicht gearbeitet wird.
- Das Fahrzeug wieder auf dem Wagenheber ablassen. Die Seite ohne Unterstellbock muss auf das Rad abgelassen werden, die Seite, an welcher gearbeitet wird, auf den Unterstellbock. Auf diese Weise ist es möglich, die Wirkung des Kurvenstabilisators auszunützen, um das Federbein mit dem Achsschenkel zu verbinden.
- Falls das in Bild 111 gezeigte Spezialwerkzeug entfernt wurde, dieses wieder in den Klemmschlitz des Achsschenkels einsetzen und um eine Viertelumdrehung verdrehen.
- Den gesamten Achskopf anheben und über das untere Ende des Federbeins schieben. Darauf achten, dass der Achsschenkel bis zum Anschlag nach oben geschoben wird.
- Das in Bild 111 gezeigte Spezialwerkzeug um eine Viertelumdrehung zurückdrehen, damit sich der Klemmschlitz schliessen kann.
- Den zur Befestigung der Achswelle angebrachten Draht wieder lösen.
- Die Schraube und die Mutter in der rechten Ansicht von Bild 119 einsetzen und mässig anziehen.

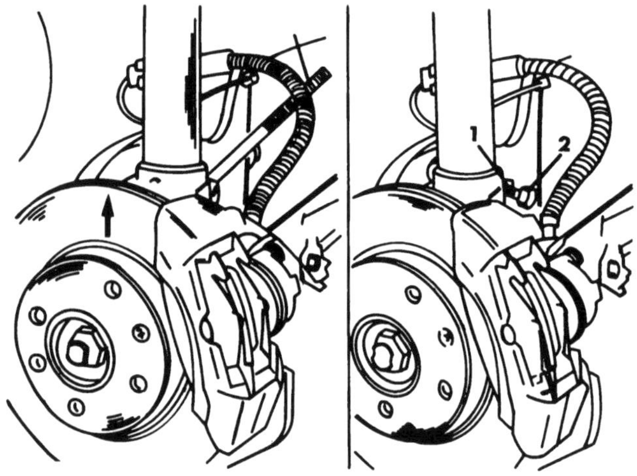

Bild 119
Einbau eines Federbeins. Den Achsschenkel in Pfeilrichtung nach oben schieben, wie es das rechte Bild zeigt, und danach die Schraube (1) und die Mutter (2) anbringen

- Das Rad montieren und das Fahrzeug auf den Boden ablassen.
- Unter Bezug auf Bild 120 kontrollieren, dass das Federbein an Stelle «a» vollkommen anliegt. Falls dies nicht der Fall ist, die Mutter und Schraube (1) wieder etwas lockern. Dadurch kann das Federbein vollkommen in den Achsschenkel sinken. Die Mutter danach mit 57,5 Nm anziehen.
- Die Muttern des oberen Federbeinlagers mit 12,5 Nm anziehen.
- Radmuttern anziehen. Das Anzugsdrehmoment von Stahlfelgen beträgt 80 Nm, das Drehmoment von Aluminiumfelgen 90 Nm.
- Die beiden Spannseile zum Zusammenspannen der Schraubenfeder an der Unterseite aus dem Eingriff bringen und nach oben herausziehen. Diese Arbeit wird durch den Spalt zwischen der Oberseite des Reifens und der Unterseite des Kotflügels durchgeführt. Die Seile seitwärts schieben, bis sie aus den Fanglöchern herauskommen.

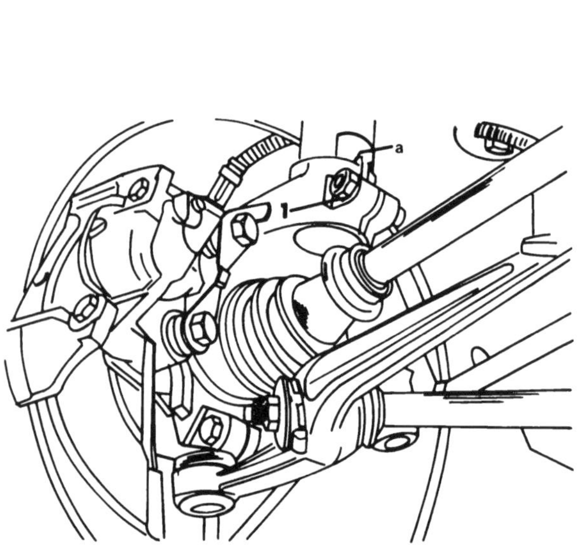

Bild 120
Kontrollieren, ob das Federbein vollkommen an Stelle (a) sitzt. Andernfalls die Schraube (1) lockern und wieder anziehen

11.2 Vorderradnaben und Achsschenkel

11.2.1 Ausbau

Die Radlager können zwar bei eingebautem Achsschenkel erneuert werden, jedoch ist es weitaus einfacher, wenn man den kompletten Achsschenkel ausbaut und das Lager auf der Werkbank erneuert. Das Radlager muss immer erneuert werden, wenn die Radnabe aus irgendeinem Grund vom Achsschenkel getrennt wird.

- Handbremse anziehen und den ersten Gang einschalten.
- Radmuttern lockern.
- Bremsklötze und Bremssattel ausbauen. Den Bremssattel mit einem Stück Draht am Fahrgestell festbinden, damit er nicht am Schlauch herunterhängen kann.
- Mutter des Kugelgelenks der Spurstange entfernen und den Kugelbolzen der Spurstange mit einem geeigneten Abzieher aus dem Lenkhebel herausdrücken.
- Achswelle ausbauen, wie es in Kapitel 9.1 beschrieben ist, ohne sie aber aus dem Eingriff mit dem Getriebe zu bringen. Die Achswelle zur Seite drücken und mit einem Stück Draht am Fahrgestell festbinden, damit sie nicht herunterhängen oder aus dem Eingriff mit dem Getriebe kommen kann.
- Die Klemmschraube an der Unterseite des Achsschenkels lösen und vorsichtig herausschlagen. Darauf achten, auf welcher Seite der Schraubenkopf liegt.
- Den Querlenker vorsichtig mit einem Reifenhebel nach unten drücken, um den Schaft des Tragkugelgelenks aus dem Eingriff mit dem unteren Ende des Achsschenkels zu befreien.
- Den Achsschenkel herausheben.

11.2.2 Erneuerung der Radlager

Die Radlager haben einen festen Pressitz auf der Radnabe und im Achsschenkel. Eine hydraulische Presse muss zur Erneuerung der Lager zur Verfügung stehen, um das Lager aus- und einzupressen.

- Die beiden Schrauben der Bemsscheibe lösen und die Bremsscheibe von der Radnabe abnehmen.
- Die Innenseite des Achsschenkels in der Umgebung des Radlagers mit einem Lappen sauberwischen, um den Sprengring freizulegen und den Sprengring mit einer Innenseegeringzange ausfedern, wie es in Bild 121 gezeigt ist.

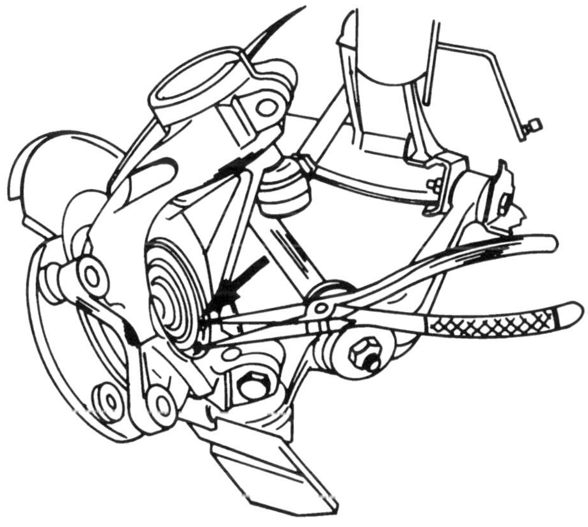

Bild 121
Ausfedern des Sprengringes aus der Rückseite des Achsschenkels (im Bild bei eingebautem Achsschenkel gezeigt)

Zum Ausbau der Radnabe oder des Radlagers sind Ausziehwerkzeuge erforderlich. Falls diese nicht zur Verfügung stehen, kann man die Radnabe aus dem Achsschenkel auspressen oder vielleicht ausschlagen. Der Achsschenkel muss in geeigneter Weise untergelegt werden.

Der innere Lagerring des Radlagers verbleibt auf der Radnabe und muss abgezogen werden. Dies ist in allen Fällen erforderlich, da ja das Lager erneuert werden muss. Zum Abziehen des Lagers einen Abzieher verwenden, dessen Abpressplatten man unter den Lagerring untersetzen kann. Durch Anziehen der mittleren Schraube kommt der Lagerring herunter. Bild 122 zeigt den Peugeot-Abzieher.

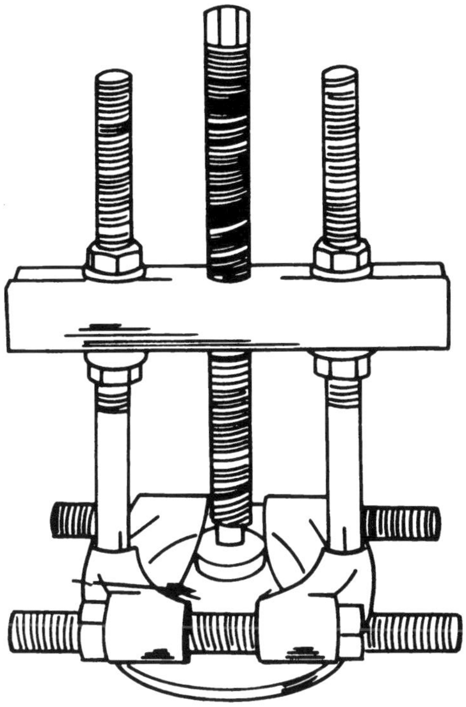

Bild 122
Abziehen des inneren Lagerringes von der Radnabe mit dem Spezialabzieher

Das neue Lager kommt mit dem eingepressten Fettdichtring und einem Kunststoffring in der Innenseite. Beide Teile dürfen nicht entfernt werden. Herausnehmen des Dichtringes würde das Lager unbrauchbar machen. Der Kunststoffring wird beim Einpressen der Nabe befreit und kann dann abgenommen werden.

Beim Einbau des Radlagers folgendermassen vorgehen:

- Ein Stück Rohr des gleichen Durchmessers wie der äussere Lagerring zum Einpressen des Lagers verwenden. Den Lagerring bis zum Anschlag in den Achsschenkel einpressen.
- Kontrollieren, dass der Lagerkäfig richtig in der Lagerbohrung sitzt und den Sprengring mit einer Sprengringzange einsetzen. Falls der Sprengring beim Ausbau verbogen wurde, muss er erneuert werden. Kontrollieren, dass der Ring am gesamten Umfang einwandfrei sitzt.
- Radnabe unter einer Presse in den Achsschenkel einpressen. Der Kunststoffring kommt dabei an der Rückseite heraus und muss abgenommen werden.
- Der Achsschenkel kann jetzt wieder eingebaut werden.

11.2.3 Einbau

- Achsschenkel wie beim Einbau des Federbeins beschrieben in die Vorderradaufhängung montieren. Alle in Kapitel 11.1.1 beschriebenen Arbeiten durchführen, bis der Achsschenkel wieder am Federbein befestigt ist.
- Schaft des Tragkugelgelenks in die Unterseite des Achsschenkels einsetzen und die Teile vollkommen zusammendrücken. Die Schraube von der vorgeschriebenen Seite einschieben und die Klemmutter anziehen.
- Spurstange am Lenkhebel anschliessen. Der Kugelbolzen muss frei von Öl oder Fett sein. Eine neue selbstsichernde Mutter mit einem Anzugsdrehmoment von 30–40 Nm anziehen.
- Beide Seiten der Bremsscheibe einwandfrei reinigen und den Bremssattel anschrauben. Die Gewinde der Schrauben mit «Loctite» einschmieren. Die beiden Schrauben abwechselnd auf ein endgültiges Drehmoment von 97,5 Nm anziehen, wenn Girling-Bremsen eingebaut sind, oder mit 120 Nm, wenn Bendix-Bremsen eingebaut sind.
- Die Achswelle wieder in die Radnabe montieren, wie es in Kapitel 9.1.1 beschrieben wurde. Das endgültige Anziehen der Mutter findet statt, wenn das Rad wieder auf dem Boden aufsteht. Dann die Mutter mit 230–260 Nm anziehen und den Bund der Mutter mit einem stumpfen Meissel in die Nut der Achswelle einschlagen.
- Fahrzeug auf die Räder ablassen und die Radmuttern mit dem vorgeschriebenen Anzugsdrehmoment anziehen.

11.3 Aus- und Einbau eines Querlenkers

Ein Querlenker kann ausgebaut werden, ohne dass man das komplette Federbein aus dem Fahrzeug ausbaut.

- Vorderseite des Fahrzeuges auf Böcke setzen und das Rad abnehmen.
- Klemmschraube und Mutter an der Unterseite des Achsschenkels entfernen. Darauf achten, von welcher Seite die Schraube eingesetzt ist.
- Mit einem Reifenhebel den Querlenker nach unten drücken, bis der Schaft des Kugelbolzens aus dem Eingriff mit dem Achsschenkel kommt.
- Schrauben und Muttern an der Innenseite vom Aufhängungsträger lösen. Wiederum darauf achten, von welcher Seite die Schrauben eingesetzt sind.
- Querlenker vom Querträger abdrücken und herausnehmen.

Die Büchsen im Querlenker können unter einer Presse erneuert werden. Mit einem Stück Rohr des geeigneten Durchmessers die neue Büchse in die richtige Lage drücken. Das Aufhängungskugelgelenk kann nicht erneuert werden. Falls das Gelenk ausgeschlagen ist, muss ein neuer Querlenker eingebaut werden.

Der Einbau des Querlenkers geschieht in umgekehrter Reihenfolge wie der Ausbau.

Die inneren Lagerschrauben des Querlenkers müssen jetzt mit 35 Nm angezogen werden, jedoch muss das Fahrzeug dazu einwandfrei belastet sein. Das Ziel der Belastung ist das einwandfreie Vorspannen der Gummilager in den Querlenkern. Die Vorderradaufhängung muss belastet werden, bis die beiden Querlenker in waagerechter Lage liegen. Am besten ist es, wenn man das Fahrzeug auf Auffahrrampen fährt und das Fahrzeug von einer zweiten Person nach unten drücken lässt, oder Gewichte in das Fahrzeuginnere einlegt. Von der Unterseite aus beobachten, wenn die Querlenker waagerecht liegen und die Muttern mit dem genannten Drehmoment anziehen.

11.4 Aus- und Einbau des Kurvenstabilisators

- Vorderseite des Fahrzeuges auf Böcke setzen und Unterstellböcke unter den Seiten der Karosserie unterstellen.
- Die Muttern von den Enden des Kurvenstabilisators entfernen und die Scheiben und Gummibüchsen von der Unterseite abziehen oder die beiden Verbindungsgestänge von der Federbeinen abschrauben.
- Die beiden Montageschellen des Kurvenstabilisators von der Rückseite des Aufhängungsquerträgers lösen, die Zugstrebe nach Lösen der Montageschellen lösen und den Kurvenstabilisator aus den Querlenkern herausziehen. Durch die Verspannung des Stabilisators könnten einige Versuche erforderlich sein, ehe man die Enden aus dem Eingriff bringen kann. Falls man keinen Erfolg hat, muss man einen der

Querlenker lösen, wie es im letzten Kapitel beschrieben wurde.

Den Zustand der Gummilager überprüfen und ggf. die Lagerbüchsen erneuern, vor allem, wenn sie brüchig oder porös sind.

Beim Einbau des Kurventabilisators folgendermassen vorgehen:

- Die Teile auf die Enden der Stange schieben und die beiden Enden der Verbindungsgestänge in die Querlenker einschieben.
- Die Montageschellen des Kurvenstabilisators mit Fett einschmieren und an der Karosserie anschrauben. Die Schrauben mit einem Anzugsdrehmoment von 75 Nm anziehen.
- Die Verbindungsgestänge an den Federbeinen befestigen und die Muttern anziehen.

12 Die Hinterachse und Hinterradaufhängung

Die Hinterräder sind einzeln aufgehängt und werden durch quer eingebaute Torsionsstäbe abgefedert. Hydraulische Teleskopstossdämpfer sind schräg nach oben stehend zur Rückseite zu, zwischen dem Achskörper und dem Längslenker eingesetzt.

Die beiden Längslenker sind auf beiden Seiten in Nadelrollenlagern gelagert. Bild 123 zeigt eine Gesamtansicht der Hinterachse. Bild 124 zeigt einen seitlichen Schnitt der Achse, auf welchem die Befestigung der Achse am Wagenboden und des Stossdämpfers gut gesehen werden kann.

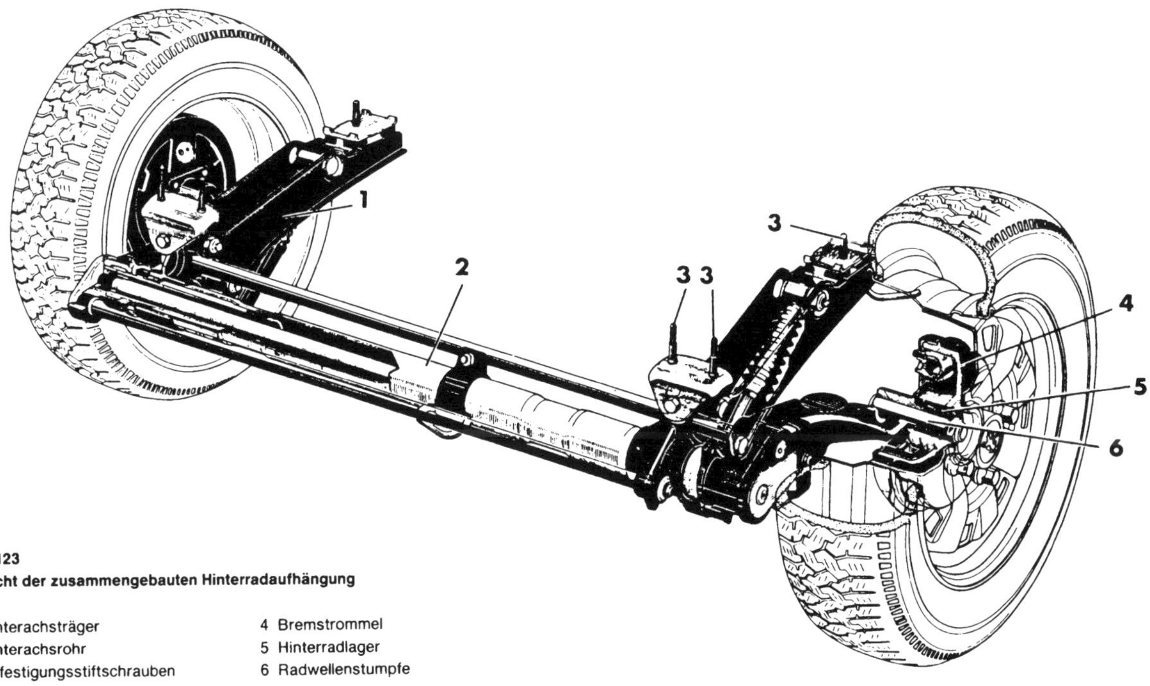

Bild 123
Ansicht der zusammengebauten Hinterradaufhängung

1 Hinterachsträger
2 Hinterachsrohr
3 Befestigungsstiftschrauben
4 Bremstrommel
5 Hinterradlager
6 Radwellenstumpfe

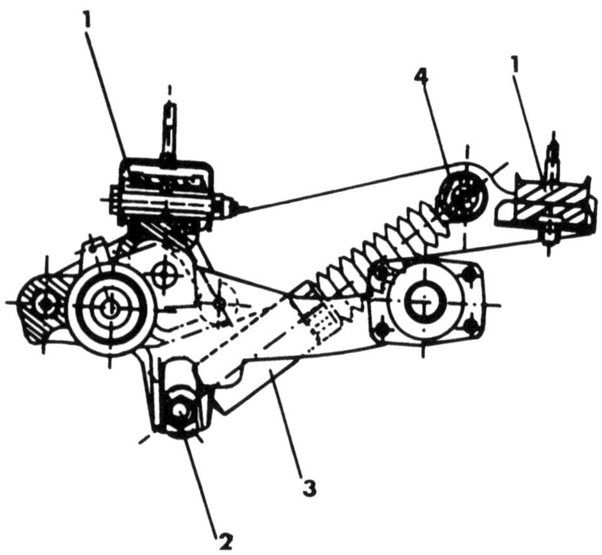

Bild 124
Schnittansicht durch die Hinterradaufhängung von der Seite

1 Gummilagerung
2 Stossdämpferbefestigung, unten
3 Stossdämpfer
4 Stossdämpferbefestigung, oben

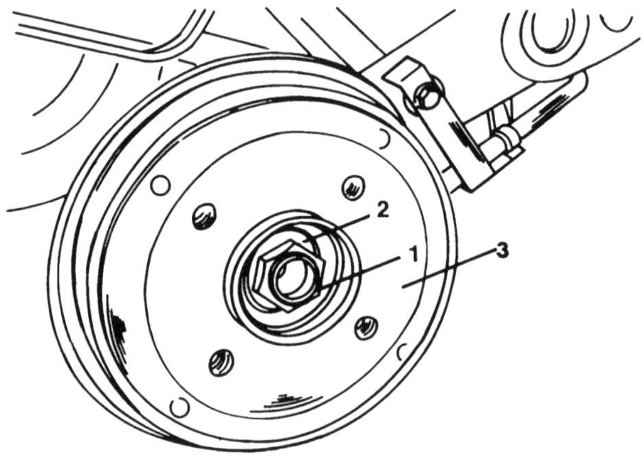

Bild 125
Ansicht der hinteren Bremstrommel

1 Mutter 2 Scheibe 3 Bremstrommel

12.1 Hinterradnaben und Radlager

12.1.1 Bremstrommel und Radnabe aus- und einbauen

Das Radlager in der Bremstrommel kann nicht einzeln ausgetauscht werden. Falls das Radlager ausgeschlagen ist, muss die gesamte Bremstrommel erneuert werden. Wird die Trommel ausgebaut, muss man sie dementsprechend behandeln. Immer darauf achten, dass man die Trommel nicht mit der Innenfläche nach unten weisend ablegt. Immer nur die mit dem Rad verbundene Fläche nach unten weisend ablegen. Auf keinen Fall den Lagerring für den Fettdichtring in der Trommel beschädigen oder verschmutzen, da dadurch die Trommel ebenfalls unbrauchbar wird.

- Rückseite des Fahrzeuges aufbocken. Die Hinterräder müssen frei herunterhängen können. Die Vorderräder sollten verkeilt werden, damit das Fahrzeug nicht von den Böcken rutschen kann.
- Das Rad auf der betreffenden Seite abnehmen.
- Nabenfettkappe entfernen. Diese kann sofort weggeworfen werden, da man sie erneuern muss.
- Unter Bezug auf Bild 125 die Nabenmutter abschrauben. Falls sich die Radwelle dabei mitdreht, was manchmal vorkommt, einen 12-mm-Innensechskantschlüssel in die Radwelle einsetzen und diese damit gegenhalten. Die Scheibe und die Nabe mit der Bremstrommel herunterziehen.

Beim Einbau der Bremstrommel und Radnabe folgendermassen vorgehen:

- Einen neuen Fettdichtring mit der Lippe nach aussen weisend auf den Achsstumpf aufstekken. Die Dichtlippe mit Fett einschmieren und den Laufring für den Dichtring in die Radnabe einsetzen. Bild 126 zeigt die genannten Teile.
- Die Achswelle mit einem reibungsmindernden Mittel einschmieren (Ihre Peugeot-Werkstatt wird Ihnen mitteilen, was verwendet wird), ohne dass dabei die Bremsbeläge verschmiert werden.

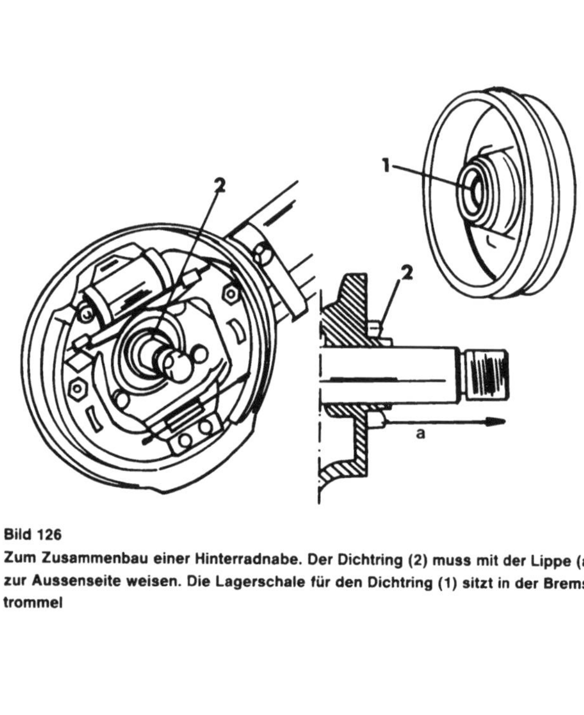

Bild 126
Zum Zusammenbau einer Hinterradnabe. Der Dichtring (2) muss mit der Lippe (a) zur Aussenseite weisen. Die Lagerschale für den Dichtring (1) sitzt in der Bremstrommel

- Die Trommel über die Achswelle schieben, die Scheibe an der Aussenseite auflegen und eine neue Mutter aufschrauben. Die Mutter mit einem Anzugsdrehmoment von 215 Nm anziehen.
- Den Bund der Mutter zur Sicherung in die Nut der Achswelle einschlagen.
- Eine neue Fettkappe aufsetzen und das Rad wieder anbringen.
- Die Radmuttern mit 80 Nm anziehen, wenn Stahlfelgen verwendet werden, oder mit 90 Nm, wenn Leichtmetallfelgen montiert sind.

12.2 Aus- und Einbau der Hinterradaufhängung

- Von der Innenseite des Fahrzeuges aus die Abdeckung des Handbremshebels entfernen, die Kontermuttern und Einstellmuttern von den Enden der Handbremsseile entfernen und die Handbremsseile aus den Drehrollen herausziehen. Bild 127 zeigt die Befestigung der Handbremsseile.

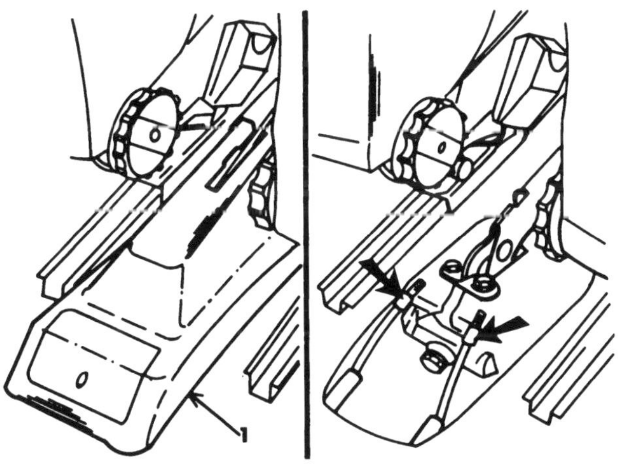

Bild 127
Einzelheiten zum Abschliessen der Handbremsseile im Fahrzeuginnern. Die Abdeckung (1) muss zuerst ausgebaut werden

- Fahrzeug, falls möglich, auf eine Hebebühne oder über eine Montagegrube fahren und die gesamte Auspuffanlage ausbauen. Andernfalls das Fahrzeug genügend hoch aufbocken, um an die Unterseite des Fahrzeuges zu gelangen. Bei dieser Gelegenheit die Aussenhüllen der Handbremsseile aus den Führungen freimachen. Die Befestigungsstellen sind in Bild 128 mit den Pfeilen gezeigt.

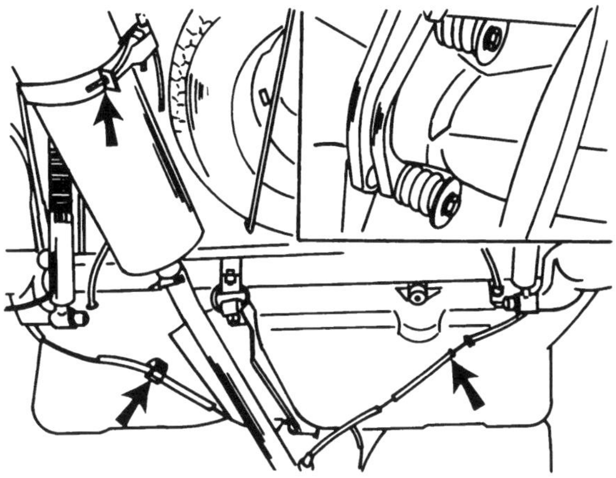

Bild 128
Ausbau der Auspuffanlage und Handbremsseile. Die Pfeile weisen auf die Befestigungsstellen

- Auf der linken und rechten Seite die Federbleche der Bremsschlauchbefestigung herausschlagen und die Bremsleitungen von den Bremsschläuchen abschrauben. Die Enden der Schläuche und Bremsleitungen in geeigneter Weise zustopfen.
- Auf der in Bild 129 gezeigten Seite die Mutter

Bild 129
Einbau der Hinterradaufhängung auf der linken Seite

1 Unterlegscheibe
2 Befestigungsmutter
3 Auspuffaufhängungsbügel

und die Unterlegscheibe entfernen und die Aufhängung für den Auspuff ausbauen. Die Scheibe und Mutter danach wieder vorübergehend anbringen.
- Die vordere Halbschelle und die Befestigung abschrauben.

- Die hinteren Halbschellen ausbauen.
- Die Rückseite des Fahrzeuges aufbocken, bis die Längslenker der Hinterradaufhängung frei herunterhängen. Die Räder müssen den Boden soeben berühren.
- Unterstellböcke unter den Querträger untersetzen.
- Vom Kofferraum her die Muttern und Scheiben der Befestigung der Hinterradaufhängung entfernen.
- Die Karosserie jetzt anheben, bis die Stiftschrauben der Hinterachsbefestigung aus dem Kofferraum freiwerden und die Achse unter der Karosserie hervorrollt.

Der Einbau der gesamten Hinterradaufhängung geschieht folgendermassen:

- Die gesamte Achse unter das Fahrzeug unterfahren und einen Unterstellbock in der Mitte unter den Achskörper untersetzen.
- Die Karosserie von einer zweiten Person langsam ablassen. Die Stiftschrauben der Befestigung des Achsaggregates müssen dabei in die Löcher im Kofferraum eingeführt werden. Die Karosserie muss fest gegen die Achskörperauflagen anliegen. Die Halbschelle und das Gestänge müssen unter den Torsionsstab angeordnet werden. Bild 130 zeigt diesen Montageschritt.

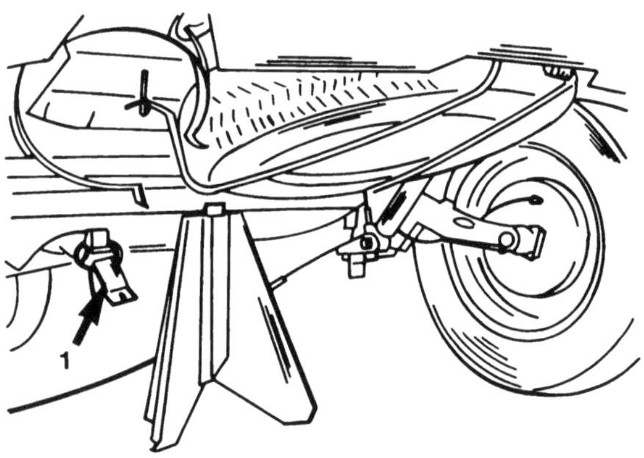

Bild 130
Zum Einbau der Hinterradaufhängung. Die Halbschelle (1) und das Gestänge müssen unter dem Torsionsstab verlegt werden

- Vom Kofferraum aus die Scheiben auf die Stiftschrauben auflegen. Die Scheiben haben unterschiedlichen Aussendurchmesser. Die beiden grösseren Scheiben kommen auf die zwei nebeneinanderliegenden Stiftschrauben, die kleine Scheibe kommt auf die einzelne Stiftschraube. Die Scheiben auf beiden Seiten entsprechend auflegen.
- Neue Muttern auf die Stiftschrauben drehen und der Reihe nach gleichmässig auf 45 Nm anziehen.
- Die Halbschellen und die Halterung in Bild 131 montieren. Darauf achten, dass die Mitte der Schelle in die Mitte des Gestänges kommt.

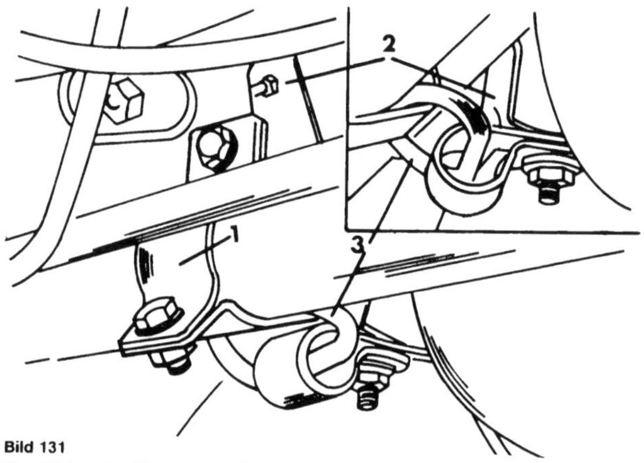

Bild 131
Zum Einbau der Hinterradaufhängung

1 Halbschelle 2 Befestigungsbügel 3 Halbschelle

- Den Aufhängungsbügel für den Auspuff anbringen und eine neue Mutter mit einer Scheibe mit 45 Nm anziehen.
- Den Bremsschlauch wieder an der Bremsleitung anschliessen und die Leitung mit dem Federblech auf beiden Seiten am Fahrgestell befestigen.
- Die Auspuffanlage wieder einbauen. Beim Anschliessen des Auspuffkrümmers Bezug auf Bild 132 nehmen und die beiden mit dem Pfeil gezeigten Muttern anziehen, bis das Mass zwischen den Pfeilen 22,0 mm beträgt.
- Aussenhülle der Handbremsseile am Wagenboden befestigen. Die Aussenhüllen soweit wie möglich nach hinten ziehen, um zu gewährleisten, dass sie vollkommen in ihren Sitzen im Wagenboden ansitzen.
- Handbremsseile wieder am Handbremshebel anschliessen und die Handbremse einstellen, wie es in Kapitel 13.7 beschrieben ist.
- Bremsanlage entlüften, wie es in Kapitel 13.6 beschrieben ist.

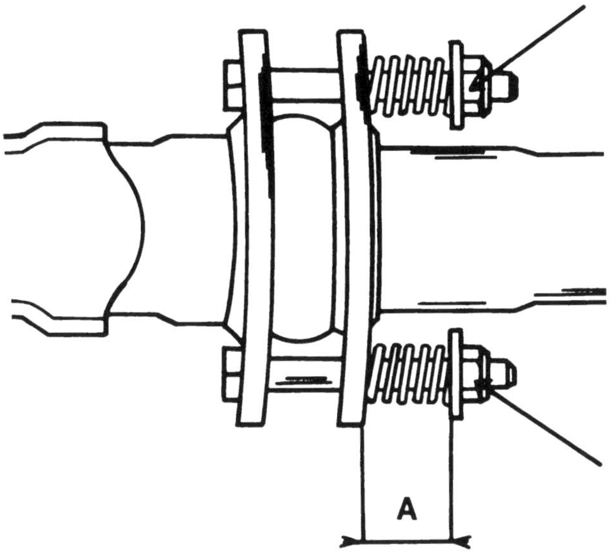

Bild 132
Beim Anziehen der Auspuffrohrverbindung die Muttern anziehen, bis die Länge der Feder auf 22 mm zusammmengedrückt ist

12.3 Aus- und Einbau der Längslenkerarme

Zum Ausbau der Längslenkerarme ist ein Spezialwerkzeug erforderlich, welches anstelle des Stossdämpfers in die Hinterradaufhängung eingesetzt wird. Diese Art Gestänge mit einer stossdämpferähnlichen Befestigung an beiden Enden kann man sich selbst herstellen, vorausgesetzt, dass man sich die Masse des Werkzeuges anhand des Originales besorgen kann. Ausserdem ist eine Lehre zum Wiedereinbau des Lenkerarms erforderlich. Nur unter der Voraussetzung, dass man diese Werkzeuge zur Verfügung hat, kann man den Lenkerarm austauschen oder Teile erneuern.

- Fahrzeug auf eine Hebebühne oder über die Montagegrube fahren und mit dem Wagenheber anheben, bis die Räder frei herunterhängen.
- Die Räder abschrauben.
- Von der Innenseite des Fahrzeuges aus die Abdeckung des Handbremshebels entfernen, die Kontermuttern und Einstellmuttern von dem Ende des Handbremsseiles entfernen, auf dessen Seite der Lenkerarm ausgebaut werden soll und das Handbremsseil aus der Drehrolle herausziehen. Bild 127 zeigt die Befestigung der Handbremsseile.
- Das Handbremsseil von den beiden Befestigungsschellen unter dem Kraftstofftank freimachen und aus der Führung im Wagenboden herausziehen.
- Den Kurvenstabilisator ausbauen.
- Die Torsionsdrehstäbe ausbauen, wie es in Kapitel 12.4 beschrieben ist.
- Die Bremsleitung auf der betreffenden Seite vom Radbremszylinder abschrauben. Das Ende der Leitung zustopfen, um das Eindringen von Schmutz zu vermeiden.
- Den Hilfsstossdämpfer herausnehmen (das oben erwähnte Gestänge, welches zum Ausbau der Torsionsstäbe verwendet wird) und den Lenkerarm aus der Radaufhängung herausziehen.
- Mit einem Schraubenzieher, wie in Bild 133 gezeigt, den Dichtring aus der Aufnahmebohrung heraushebeln. Falls erforderlich, ebenfalls die Büchse im Ende der Aufnahmebohrung entfernen.

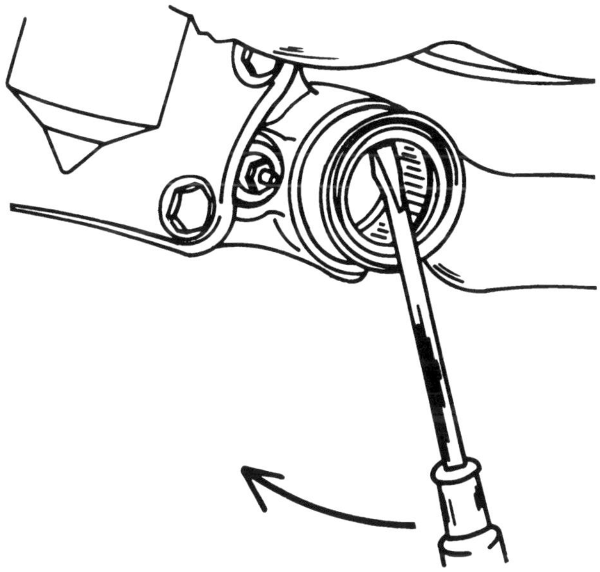

Bild 133
Aushebeln des Dichtringes aus dem Lenkerarm mit einem Schraubenzieher

Alle ausgebauten Teile vor dem Wiedereinbau gründlich reinigen. Kontrollieren, dass beide Flächen der Stahlblechschale sauber und frei von Riefenbildung oder anderen Fehlern sind. Die Lagerflächen an der Lagerwelle für den Lenkerarm müssen innen und aussen ohne Fehler sein. Beim Einbau folgendermassen vorgehen:

- Einen neuen Öldichtring für den Lenkerarm (der in Bild 133 gezeigte) zwischen den Lippen mit Fett einschmieren und den Dichtring in die Lagerschale einsetzen. Die äussere Lippe auf der Seite des Lenkerarms anordnen.

- Das Nadelrollenlager und die Fläche des Lenkerarmlagerzapfens mit Mehrzweckfett einschmieren.
- Die Lagerwelle in den Querträger einschieben, bis der Dichtring in Berührung mit der Lagerbüchse kommt.
- Die Speziallehre 7.0526 wie in Bild 134 gezeigt

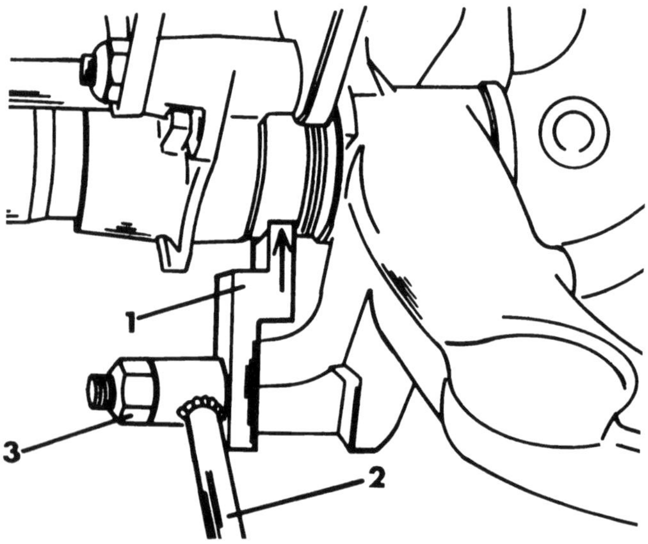

Bild 134
Zum Einbau des Lenkerarms. Die Lehre (1) und den Hilfsdämpfer (2) anbringen und mit der Mutter (3) anziehen.

ansetzen und ebenfalls den Hilfsstossdämpfer montieren. Die Mutter anziehen, während die Lehre nach oben geschoben wird, um sie so nahe wie möglich an die Büchse zu bringen.

- Eine Fühlerlehre von 0,5 mm Stärke zwischen die Lehre und das Querträgergehäuse einschieben und mit einem Weichmetallhammer gegen den Lenkerarm schlagen, bis die Einstellehre gegen die Fühlerlehre anliegt. Der Lenkerarm sitzt einwandfrei, wenn sich die Fühlerlehre noch soeben hineinschieben und herausziehen lässt, ohne zu stramm zu sitzen oder zu viel Spiel zu haben.
- Einen Unterstellbock unter die Bremstrommel untersetzen oder diese mit einem Wagenheber anheben, so dass der Lenkerarm ungefähr in seiner richtigen Lage steht und den Hilfsstossdämpfer und die Einstellehre abschrauben.
- Bremsleitung wieder anschliessen und die Überwurfmutter anziehen.
- Torsionsdrehstab wieder montieren.
- Kurvenstabilisator montieren.

12.4 Aus- und Einbau der Torsionsdrehstäbe

Zum Aus- und Einbau der Torsionsdrehstäbe sind bestimmte Spezialwerkzeuge erforderlich, ohne deren Hilfe man die Arbeiten nicht versuchen sollte. Ausserdem ist es angebracht, dass man die Arbeiten auf einer Hebebühne oder über einer Montagegrube durchführt. Das wichtigste Werkzeug ist dabei ein Gestänge, welches anstelle des Stossdämpfers eingesetzt wird, während man den Torsionsstab ausbaut. Bilder 135 und 136 zeigen Schnittansichten der Hinterradaufhängungen auf den beiden Seiten und geben die Lage der einzelnen Teile an.

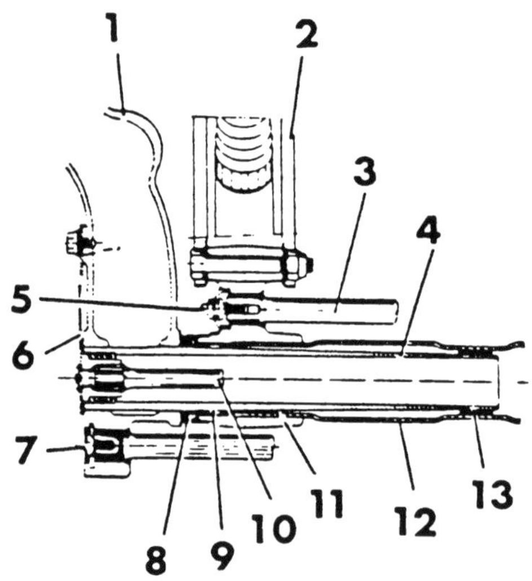

Bild 135
Schnitt durch die linke Seite der Hinterradaufhängung

1 Lenkerarm
2 Hinterachsträger
3 Trosionsdrehstab
4 Lagerwelle für den Lenkerarm
5 Befestigungsschraube, Drehstab
6 Hebel für Stabilisatorstange
7 Schraube für Drehstab
8 Dreilippen-Öldichtring
9 Nadelrollenlager
10 Kurvenstabilisator
11 Achsrohrgehäuse
12 Achsrohr
13 Inneres Lager

Vorausgesetzt, dass man sich diese Werkzeuge besorgen kann, folgendermassen vorgehen:

- Das Fahrzeug auf die Hebebühne oder über eine Montagegrube fahren oder andernfalls genügend hoch aufbocken, um an die Unterseite der Karosserie zu gelangen.
- Rückseite des Fahrzeuges aufbocken, bis die Räder an den Lenkerarmen frei herunterhängen.
- Räder abschrauben.
- Kurvenstabilisator ausbauen.

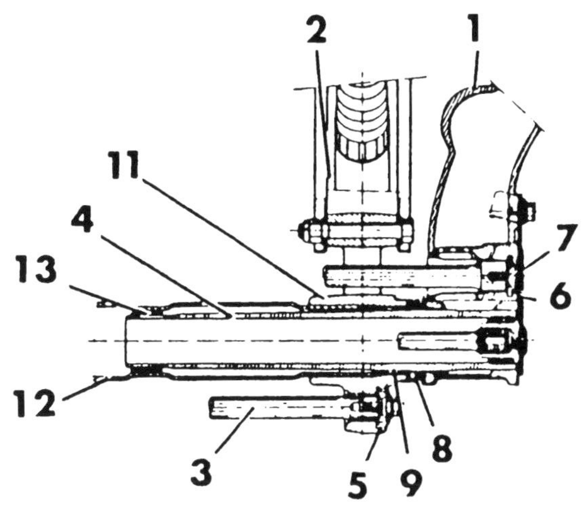

Bild 136
Schnitt durch die rechte Seite der Hinterradaufhängung

1 Lenkerarm
2 Hinterachsträger
3 Torsionsdrehstab
4 Lagerwelle für Lenkerarm
5 Befestigungsschraube, Drehstab
6 Hebel für Stabilisatorstange
7 Schraube für Drehstab
8 Dreilippen-Öldichtung
9 Nadelrollenlager
10 Kurvenstabilisator
11 Achsrohrgehäuse
12 Achsrohr
13 Inneres Lager

- Federblech der Bremsschlauchbefestigung herausschlagen, um den Bremsschlauch zu lösen.
- Stossdämpfer ausbauen. Der Lenkerarm muss entsprechend angehoben werden, um die untere Befestigungsschraube des Stossdämpfers herauszuziehen (Bild 137).
- Den Hilfsstossdämpfer (7.0908) anstelle des soeben ausgebauten Stossdämpfers einbauen.

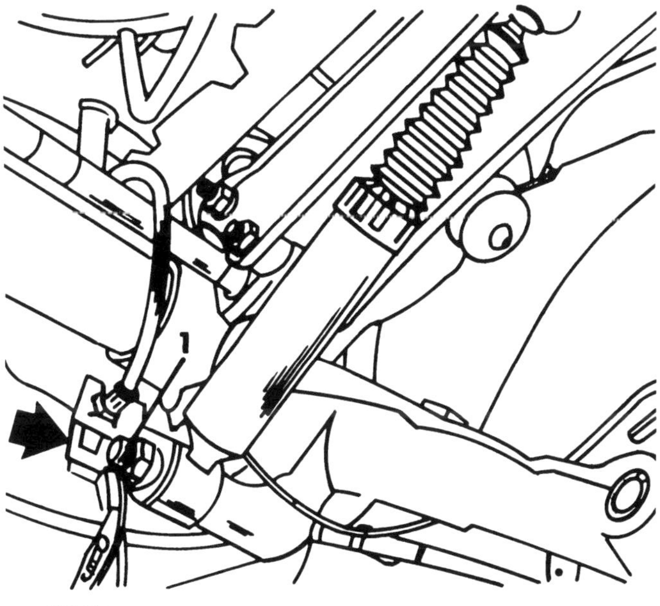

Bild 137
Befestigung des Stossdämpfers an der Unterseite. Der Dämpfer wird durch die Mutter (1) gehalten. Der Pfeil weist auf die Befestigung des Bremsschlauches

Die Länge des Hilfsdämpfers verstellen, um die beiden Befestigungsschrauben ohne Spannung einsetzen zu können. Falls erforderlich, den Lenkerarm etwas anheben, um die Wirkung des Gewichts auf den Torsionsstab zu entfernen. Die Kontermutter des Hilfsdämpfers danach anziehen (Bild 138).

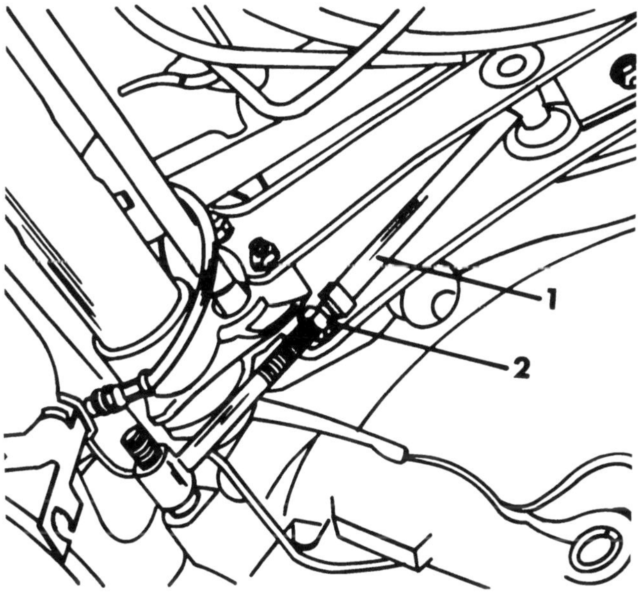

Bild 138
Der Hilfsstossdämpfer (1) an Stelle des hydraulischen Stossdämpfers eingesetzt. Nach Einstellung der Länge die Kontermutter (2) anziehen.

- Auf der gegenüberliegenden Seite, d. h. am anderen Ende des Torsionsdrehstabes die Mutter und die Scheibe entfernen.
- Auf der Seite, auf welcher der Torsionsdrehstab ausgebaut werden soll, die Schraube, den Dichtring und die Anlaufscheibe entfernen. Bild 139 zeigt, wo die Teile sitzen. Die Stellung des Torsionsdrehstabes zum Lenkerarm durch Einschlagen mit einem Körner an gegenüberliegenden Stellen kennzeichnen.
- Das Anschlussstück des Werkzeugsatzes in das Ende des Torsionsstabes eindrehen und den Schlaghammer am Anschlussstück anbringen. Den Schlaghammer betätigen, bis der Torsionsdrehstab herauskommt. Falls sich der Lenkerarm dabei mitbewegt, muss man ihn in seiner Lage halten.
- Den Schlaghammer und das Anschlussstück entfernen und den Hilfsdämpfer herausnehmen. Auf der linken Seite könnte dabei die Bremslei-

Bild 139
Zum Ausbau eines Torsionsdrehstabes

1 Dichtring
2 Schraube
3 Anlaufscheibe

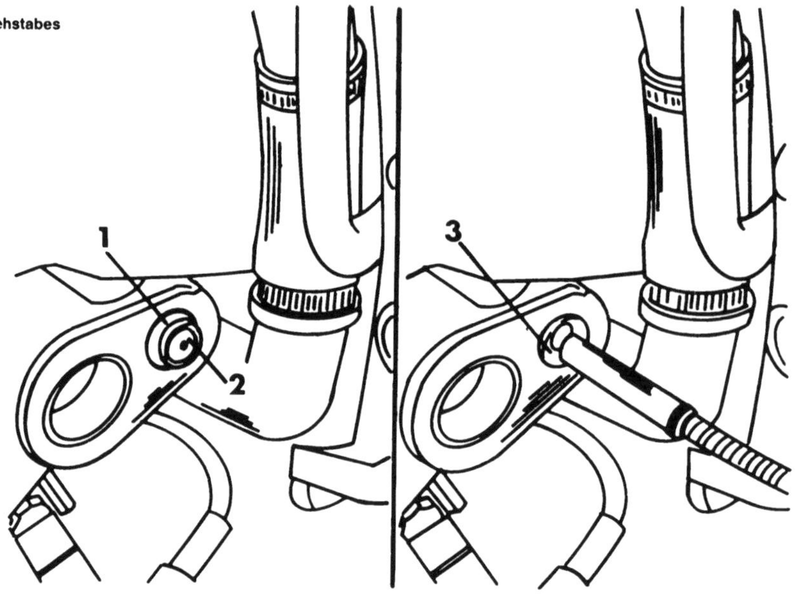

tung beschädigt werden. Um dies zu verhindern, den Lenkerarm von unten abstützen, so dass er ungefähr in seiner Einbaulage verbleibt.

Beim Einbau des Tosionsdrehstabes folgendermassen vorgehen:

- Die Länge zwischen den Mittelpunkten des Hilfsdämpfers auf 330,5 mm einstellen, wenn man einen neuen Torsionsdrehstab einbaut. Falls der gleiche Torsionsstab wieder eingebaut wird, muss man den Hilfsdämpfer in der Länge lassen, welche ihm beim Ausbau gegeben wurde. Nicht vergessen, dass der linke Lenkerarm von unten abgestützt werden muss, um die Bremsleitung nicht zu beschädigen.
- Die Bremsschlauchhalterung zurückziehen und die Einstellehre 7.0526 gegen den Querträger ansetzen und den Hilfsdämpfer einbauen. Die kürzere Seite der unteren Befestigung muss gegen die Lehre anliegen, wie es aus Bild 140 ersichtlich ist. Die Mutter an der oberen Befestigung einstweilen lose lassen.
- Nur die im Bild 140 gezeigte Mutter anziehen, während die Einstellehre nach oben geschoben wird, so dass sie gegen das Gehäuse anliegt.
- Den Torsionsdrehstab zur Hand nehmen. Falls beide ausgebaut wurden, muss man auf die Kennzeichnung achten. Der rechte Stab ist mit einem Farbring gezeichnet, der linke mit zwei Farbringen.
- Die Kerbverzahnungen an beiden Enden des Torsionsstabes reinigen und die Bundschraube in das Ende mit 22,5 mm Durchmesser einschrauben.

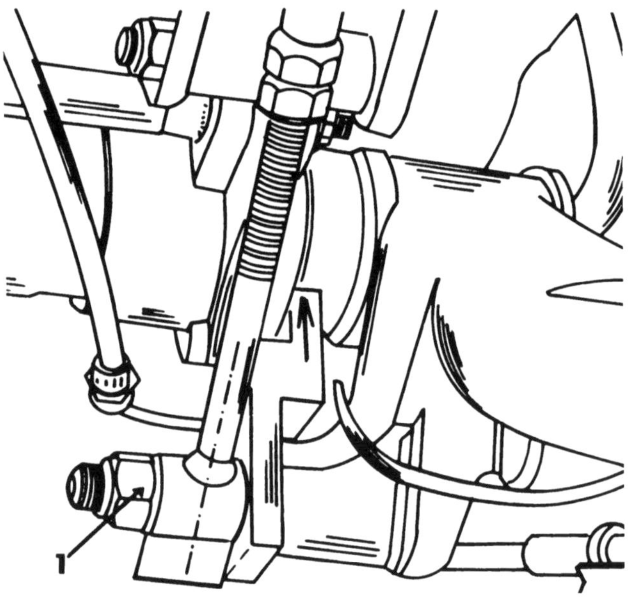

Bild 140
Einbau des Hilfsstossdämpfers und der Einstellehre. Die Mutter (1) festziehen, um die Teile in ihrer Lage zu halten.

- Am anderen Ende (24,0 mm Durchmesser) das Anschlussstück aus dem Werkzeugsatz einschrauben, bis es vollkommen gegen den Torsionsstab anliegt und den Schlaghammer anschrauben.
- Die Kerbverzahnungen des Torsionsstabes mit Esso-Norva-275-Fett einschmieren. Dieses ist bei Ihrer Peugeot-Vertretung erhältlich.

- Torsionsstab durch den Lenkerarm einführen und den Stab verdrehen, bis er sich ungezwungen ca. 8–10 mm einschieben lässt. In dieser Stellung den Torsionsstab mit dem Schlaghammer vollkommen einschlagen. Zu beachten ist, dass sich der Torsionsstab nicht auf die volle Länge der Kerbverzahnungen einschieben lässt, da die beiden Enden des Torsionsstabes nicht auf gleicher Höhe liegen. Da beide Enden des Torsionsstabes eine gerade Anzahl von Zähnen haben (28 und 30), gibt es zwei gegenüberliegende Stellen, an denen sich der Torsionsstab einsetzen lässt, ohne die Fahrzeughöhe zu verstellen.
- Kontrollieren, dass die Körnerschläge (welche beim Ausbau eingeschlagen wurden) wieder gegenüberliegen oder sich genau 180° gegenüberliegen, falls der Stab um 180° verdreht wurde. Falls die Fahrzeughöhe eingestellt wird (siehe nächstes Kapitel) müssen die Körnerschläge um die entsprechende Anzahl Zähne versetzt sein.
- Das Gehäuse mit Esso-Norva-275-Fett füllen und die Anlaufscheibe, einen neuen Dichtring und die Schraube anbringen. Die Schraube mit 20 Nm anziehen (siehe Bild 139).
- Eine Fühlerlehre von 0,05 mm Stärke an der in Bild 141 gezeigten Stelle einschieben. Falls die Lehre Spiel hat, den Lenkerarm mit einem Weichmetallhammer einschlagen, bis er vollkommen sitzt.
- Auf der gegenüberliegenden Seite die Bundschraube in Bild 142 herausschrauben, bis der Bund gegen den Ring anliegt. Sobald dies der Fall ist, nicht mehr weiter schrauben, da man andernfalls den Torsionsstab wieder in das Gehäuse zurückdrückt.
- Kontrollieren, dass die Fühlerlehre immer noch in Berührung mit dem Querträgergehäuse steht. Andernfalls die Schraube in Bild 142 wieder hin-

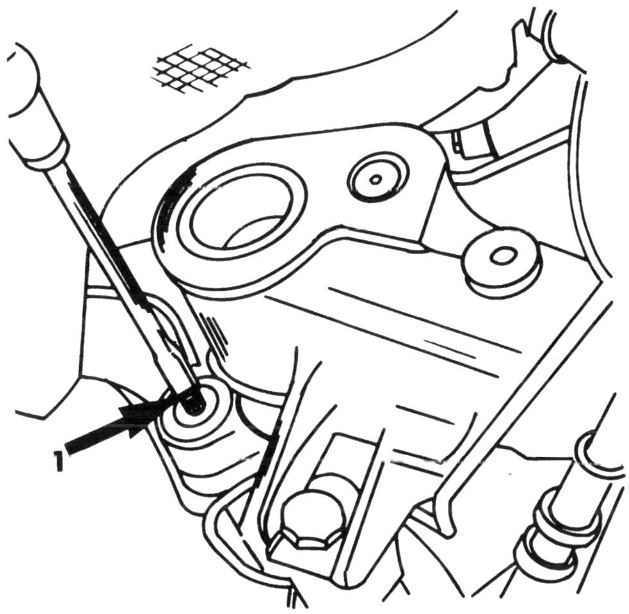

Bild 142
Ausschrauben der Bundschraube (1) aus dem Torsionsdrehstab.

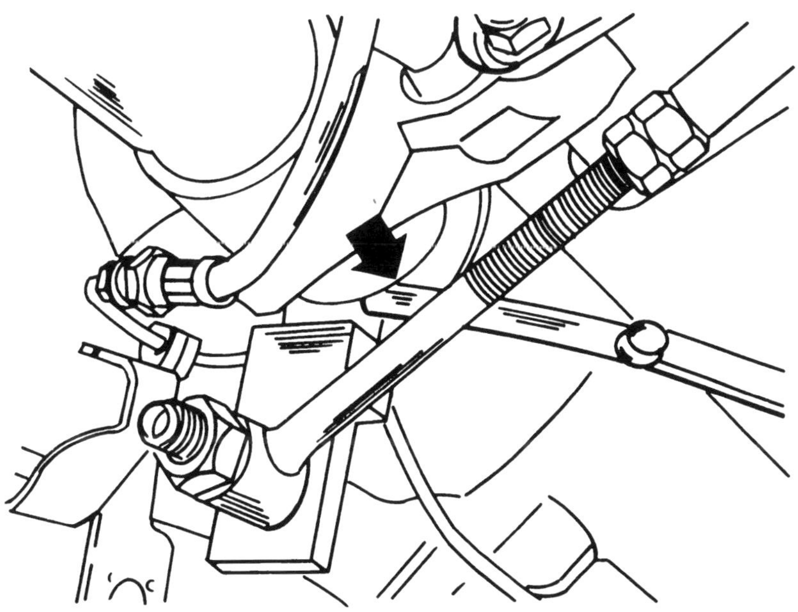

Bild 141
Ausmessen des Spalts zwischen der Einstellehre und dem Querträgergehäuse mit der Fühlerlehre.

einschrauben, den Lenkerarm wieder hineinschlagen und die Bundschraube wieder herausdrehen.

- Die Scheibe und die Mutter anbringen. Die Mutter anziehen, während die Bundschraube dabei mit einem Schraubenzieher gegengehalten wird.
- Den Hilfsdämpfer und die Einstellehre ausbauen.
- Fahrzeug ohne Stossdämpfer auf die Räder ablassen.
- Fahrzeughöhe kontrollieren und ggf. berichtigen, wie es im nächsten Kapitel beschrieben ist.
- Stossdämpfer unter Bezug auf Bild 143 montieren. Dazu eine Scheibe auf die untere Befestigung auflegen und eine neue Mutter aufschrauben, die Schraube an der Oberseite mit zwei Scheiben einsetzen und eine neue Mutter aufschrauben. Die Muttern noch nicht anziehen.

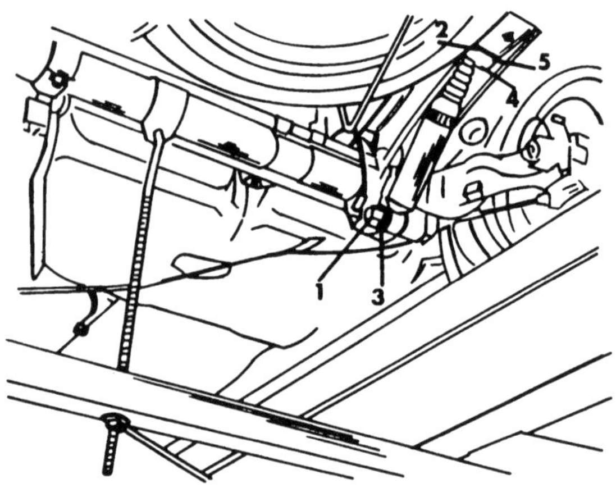

Bild 143
Zur Befestigung des Stossdämpfers beim Einbau eines Torsionsdrehstabes

1 Untere Mutter
2 Obere Mutter
3 Unterlegscheibe
4 Unterlegscheibe
5 Unterlegscheibe

- Die Rückseite des Fahrzeuges muss jetzt belastet werden, um den Stossdämpfer auf das richtige Mass zusammenzuschieben. Peugeot-Werkstätten verwenden dazu ein Spezialwerkzeug. Mit einfachen Mitteln kann man Gewichte in den Kofferraum einlegen, bis das Mass «X» in Bild 144 genau 288 mm beträgt. Danach die obere Mutter mit 75 Nm und die untere Mutter mit 117,5 Nm anziehen. Die Gewichte wieder aus dem Kofferraum herausnehmen.

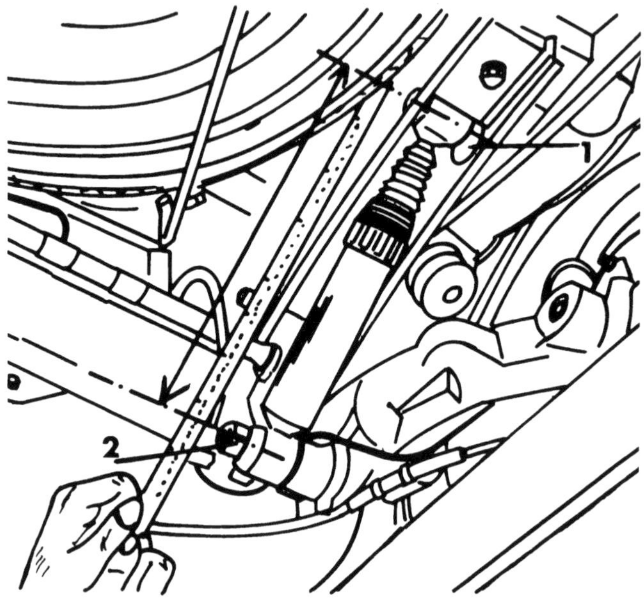

Bild 144
Ausmessen der Länge des eingebauten Stossdämpfers. Nach genauer Belastung die beiden Muttern (1) und (2) anziehen.

- Alle anderen Arbeiten in umgekehrter Reihenfolge wie beim Ausbau durchführen.

12.5 Fahrzeughöhe

12.5.1 Fahrzeughöhe vermessen

Die Fahrzeughöhe an der Rückseite des Fahrzeuges wird durch die Torsionsdrehstäbe verstellt. Aufgrund der unterschiedlichen Anzahl von Zähnen an den Enden der Torsionsstäbe kann man durch Verdrehen eines Zahnes das Heck des Fahrzeuges um 3 mm senken oder anheben. Der bereits mehrmals erwähnte Hilfsdämpfer ist zur Einstellung erforderlich. Bei Verstellung einer Seite wird die andere Seite davon betroffen. Der Unterschied zwischen den Höhen auf beiden Seiten darf nicht mehr als 10 mm betragen. Die folgenden Voraussetzungen müssen geschaffen sein, um die Fahrzeughöhe auszumessen:

- Das Fahrzeug muss sein Betriebsgewicht haben, d. h. unbeladen, jedoch mit Kraftstoff gefüllt sein.
- Die Reifendrücke müssen stimmen.
- Das Fahrzeug muss auf ebenem Boden abgestellt sein.
- Die Fahrzeughöhe zwischen dem Boden und der Unterseite des Querträgers unter dem Koffer-

raum in der Gegend der Befestigung mit der einzelnen Mutter ausmessen. Dieses Mass muss 410 mm mit einer Toleranz von 7 mm betragen. Falls das gemessene Mass nicht den Angaben entspricht oder sich um mehr als 10 mm zwischen den beiden Seiten unterscheidet, ist eine Einstellung erforderlich.

12.5.2 Fahrzeughöhe einstellen

- Torsionsstabende und den Lenkerarm an gegenüberliegenden Stellen mit einem Körner kennzeichnen, um einen Bezugspunkt für das ursprüngliche Mass zu haben. Danach den Torsionsstab ausbauen, wie es in Kapitel 12.4 beschrieben ist. Wie in diesem Kapitel erwähnt, wird der Hilfsdämpfer auf das ursprüngliche Mass des Stossdämpfers eingestellt.
- Die Verbindungshebel des Kurvenstabilisators auf der rechten und linken Seite nach Lösen der Schrauben abschliessen. Den Kurvenstabilisator selbst nicht ausbauen.
- Die Länge des Hilfsdämpfers ist jetzt entsprechend zu verstellen:
  - Um die Fahrzeughöhe um 3 mm zu erhöhen, muss man den Hilfsdämpfer um 2 mm verlängern. Muss das Fahrzeug noch höher gebracht werden (es kann nur in Stufen von je 3 mm geschehen), verlängert man die Stange um 2 mm pro 3 mm Fahrzeughöhe. Eine Umdrehung des Werkzeuges entspricht einer Verlängerung von 1,0 mm; eine halbe Umdrehung von 0,5 mm.
  - Um das Fahrzeug an der Rückseite um 3 mm zu senken, verkürzt man die Stange um 2 mm pro Reduzierung von 3 mm. Eine Umdrehung des Werkzeuges entspricht einer Verkürzung von 1,0 mm, eine halbe Umdrehung von 0,5 mm.
- Den Torsionsstab wieder montieren, wie es in Kapitel 12.4 beschrieben ist, mit dem Hilfsdämpfer in der neuen Stellung. Der Torsionsstab wird wieder eingeschoben, wenn er sich 8–10 mm einschieben lässt, ehe er auf Widerstand stösst.
- Nach dem Einbau die Markierung an Torsionsstab und Lenkerarm beachten. Die Markierungen dürfen jetzt nicht mehr gegenüberliegen, d. h. die Markierung in der Endfläche des Torsionsstabes muss um die Anzahl von Zähnen versetzt sein, um welche die Fahrzeughöhe verändert wurde.

12.6 Aus- und Einbau der Stossdämpfer

- Fahrzeug an der Rückseite aufbocken und auf Böcke setzen.
- Die Mutter (1) in Bild 145 entfernen und die Scheibe (2) abnehmen.

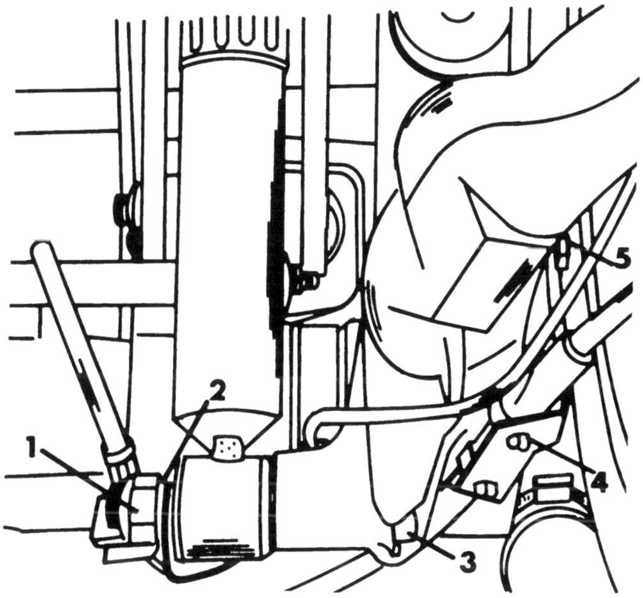

Bild 145
Zum Ausbau eines hinteren Stossdämpfers

1 Untere Befestigungsmutter
2 Unterlegscheibe
3 Stossdämpferschraube
4 Halterung für Handbremsseil
5 Schraube

- Die Schraube (3) aus dem Stossdämpferauge ausschlagen. Auf der rechten Seite ist ein Langloch in der Halterung (4) für das Handbremsseil, welches gestattet, die Halterung nach Lösen der Schraube (5) anzuheben und die Schraube (3) herauszuziehen.
- Unter Bezug auf Bild 146 die Mutter der oberen Aufhängung abschrauben, die Scheibe abnehmen und die Schraube aus dem Stossdämpferauge herausschlagen. Die zweite Scheibe abnehmen.
- Den Stossdämpfer herausnehmen.

Der Einbau des Stossdämpfers geschieht folgendermassen:

- Stossdämpfer unter Bezug auf Bild 143 montieren. Dazu eine Scheibe auf die untere Befestigung auflegen und eine neue Mutter aufschrau-

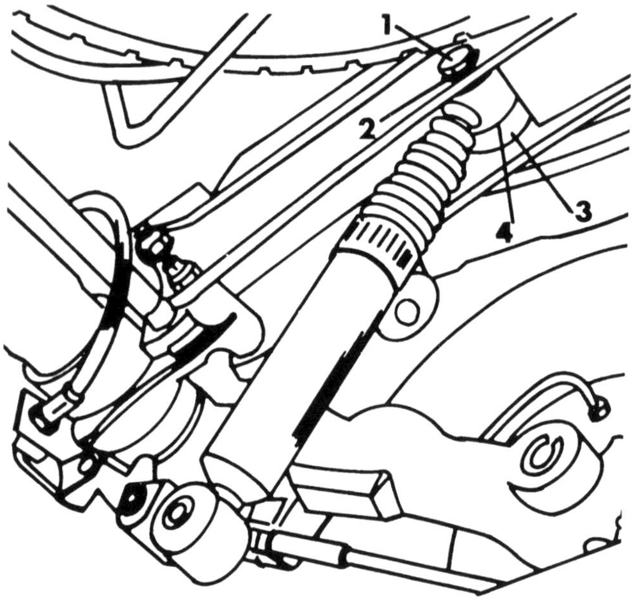

Bild 146
Befestigung des Stossdämpfers an der Oberseite.

1 Befestigungsmutter
2 Unterlegscheibe
3 Befestigungsschraube
4 Unterlegscheibe

ben, die Schraube an der Oberseite mit zwei Scheiben einsetzen und eine neue Mutter aufschrauben. Die Muttern noch nicht anziehen.

- Die Rückseite des Fahrzeuges muss jetzt belastet werden, um den Stossdämpfer auf das richtige Mass zusammenzuschieben. Peugeot-Werkstätten verwenden dazu ein Spezialwerkzeug. Mit einfachen Mitteln kann man Gewichte in den Kofferraum einlegen, bis das Mass «X» in Bild 144 genau 288 mm beträgt. Danach die obere Mutter mit 75 Nm und die untere Mutter mit 117,5 Nm anziehen. Die Gewichte wieder aus dem Kofferraum herausnehmen.
- Auf der rechten Seite die Halterung des Handbremsseils anbringen und mit 27,5 Nm anziehen.
- Alle anderen Arbeiten in umgekehrter Reihenfolge durchführen.

12.7 Kurvenstabilisator

Wiederum ist ein Spezialwerkzeug erforderlich, um den Kurvenstabilisator auszubauen. Der Kurvenstabilisator (falls eingebaut) befindet sich in der Innenseite des Achsrohres und ist mit Hilfe von Hebeln mit den beiden Lenkerarmen verbunden. Bild 147 zeigt einen Schnitt durch eine Seite der Radaufhängung mit der Anordnung des Kurvenstabilisators.

- Fahrzeug hinten aufbocken. Die Räder müssen frei herunterhängen.
- Räder abmontieren.
- Auf der rechten Seite die Schraube und die Scheibe der Hebelbefestigung vom Lenkerarm entfernen und den Stopfen am äusseren Ende der Kurvenstabilisatorstange herausnehmen.
- Das Gewinde des Spezialwerkzeuges 7.0908 mit Graphitfett einschmieren und in das Ende des Hebels einschrauben, bis es gegen die Stabilisatorstange ansitzt.
- Die Schraube jetzt anziehen, bis der Hebel von der Stange herunterkommt.
- Auf der linken Seite die gleichen Arbeiten durch-

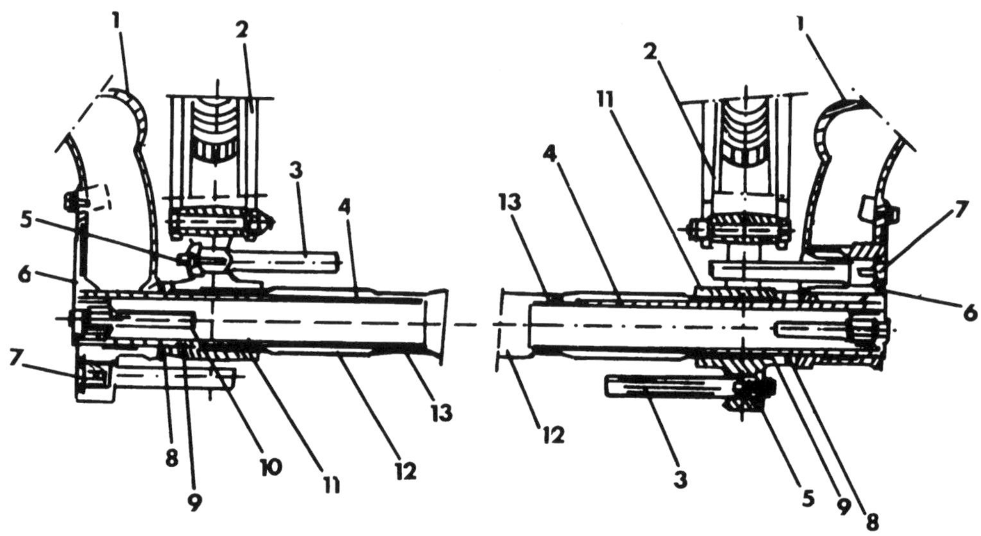

Bild 147
Schnitt durch die Hinterachse.

1 Lenkerarm
2 Hinterachsträger
3 Torsionsdrehstab
4 Lagerwelle für Lenkerarm
5 Schraube, Drehstab
6 Hebel für Stabilisatorenstange
7 Schraube für Drehstab
8 Dreilippen-Öldichtring
9 Nadelrollenlager
10 Kurvenstabilisator
11 Achsrohrgehäuse
12 Achsrohr
13 Inneres Lager

führen und die Stabilisatorstange zusammen mit dem Hebel aus dem Achsrohr herausziehen. Falls der Hebel von der Stange getrennt werden soll, wieder die Abziehschraube eindrehen und den Hebel herunterziehen, wie es für die rechte Seite beschrieben ist.

Vor dem Einbau der Stabilisatorstange die Kerbverzahnungen mit Esso-Norva-275-Fett einschmieren. Die Gewinde des Spezialwerkzeuges sowie die Scheibe und Mutter mit Graphitfett einschmieren. Die Stabilisatorstange folgendermassen einbauen:

- Stabilisatorstange in einen Schraubstock einspannen und den richtigen Hebel auswählen. Der linke Hebel wird durch eine einzelne Markierung an der Mittellinie des Hebels gezeichnet. Einen neuen Gummiring auf den Hebel anbringen, mit der Wulst auf der gegenüberliegenden Seite zur Anlagefläche des Hebels. Die Aussenseite des Gummiringes mit Kluber Proba-Fett einschmieren. Die linke Seite der Stabilisatorstange kann durch den eingearbeiteten Bund festgestellt werden.
- Den Hebel so ausrichten, dass die Markierung (a) im Hebel mit der Markierung (b) der Stabilisatorstange in eine Linie kommt. Diese Ausrichtung gewährleistet, dass beide Hebel nach dem Einbau in einer Ebene liegen (Bild 148).
- Die Spezialeinziehschraube des Werkzeugsatzes 7.0908 in die Stabilisatorstange schrauben, die Scheibe auflegen und die Mutter aufschrauben. Die Schraube an der Fläche am Ende gegenhalten und die Mutter anziehen, bis der Hebel vollkommen auf die Stange aufgezogen ist. Falls der Hebel sich nur langsam bewegt, kann man ihn mit einem Rohrstück von 30 mm Durchmesser und 70 mm Länge aufschlagen.
- In die Stabilisatorstange vorübergehend eine M8 × 1,25-Schraube eindrehen (nicht länger als 25 mm) und mässig anziehen.
- Einen neuen Dichtring an der Innenseite des Hebels anbringen. Bei älteren Ausführungen ist kein Dichtring vorhanden und die Fläche muss mit Dichtungsmasse eingeschmiert werden. Bild 149 zeigt die beiden Ausführungen.

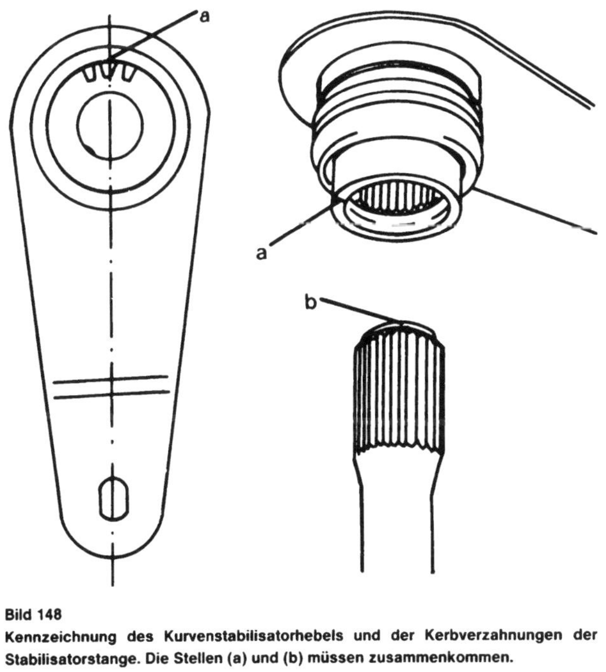

Bild 148
Kennzeichnung des Kurvenstabilisatorhebels und der Kerbverzahnungen der Stabilisatorstange. Die Stellen (a) und (b) müssen zusammenkommen.

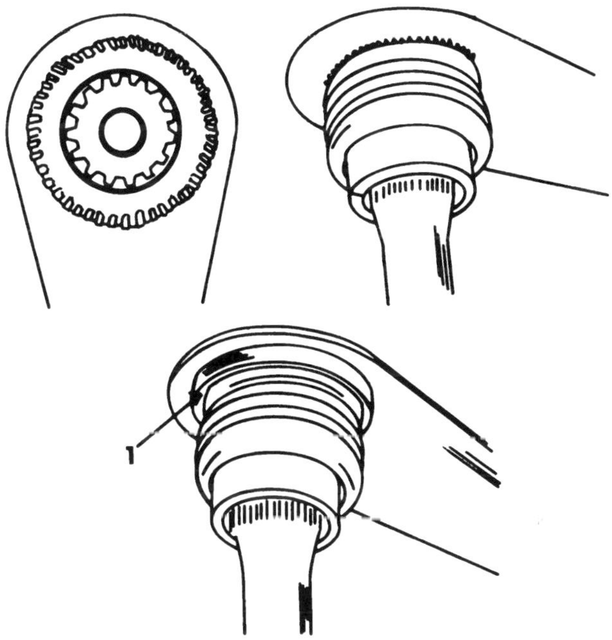

Bild 149
Abdichtung eines Hebels für den Kurvenstabilisator. Oben rechts bei der älteren Ausführung, unten bei der neuen Ausführung

1 Dichtring

- Auf der linken Seite des Fahrzeuges den Stabilisator in das Achsrohr einschieben, bis der Hebel gegen den Lenkerarm ansitzt. Die Scheibe und Schraube anbringen und die Schraube mit 35 Nm anziehen. Ebenfalls den Stützbügel des Handbremsseils befestigen.
- Auf der rechten Seite die Stabilisatorstange wie oben beschrieben vorbereiten, d. h. entweder den Dichtring anbringen oder Dichtungsmasse aufschmieren und die Einziehschraube wieder

eindrehen. Den Hebel so aufstecken, dass das andere Ende mit dem Befestigungsloch in eine Linie kommt.

- Den Hebel auf die Stabilisatorstange ziehen, wie es für die linke Seite beschrieben wurde. Um den richtigen Abstand zwischen Hebel und Lenkerarm herzustellen, eine Scheibe von 1,0 mm Stärke dazwischen einlegen und die Schraube anziehen, bis der Hebel gegen die Scheibe anliegt.
- Scheibe und Schraube anbringen und die Schraube mit 35 Nm anziehen.
- Gewinde des Stopfens mit Dichtungsmasse einschmieren und den Stopfen einschrauben.
- Den Stopfen auf der gegenüberliegenden Seite einschrauben.
- Alle anderen Arbeiten in umgekehrter Reihenfolge durchführen.

13 Die Bremsen

Alle in dieser Anleitung behandelten Fahrzeuge sind an den Vorderrädern mit Scheibenbremsen ausgerüstet. Die Bremsen werden von Bendix hergestellt. Die Bremssättel haben nur einen Kolben pro Sattel. Bei diesen Ausführungen handelt es sich um Gleitsättel, d. h. der Bremsdruck wird auf den einzelnen Kolben ausgeübt, welcher dadurch den gesamten Sattel auf Gleitkeilen verschiebt, um beide Bremsklötze gegen die Scheibe zu drücken.
Die Trommelbremsen an den Hinterrädern können von Bendix oder Girling hergestellt sein, jedoch arbeiten beide Ausführungen auf dem gleichen Prinzip. Der Unterschied liegt im Selbstnachstellmechanismus der Bremsen.
Ein Bremskraftverstärker und ein Bremsausgleichsventil sind eingebaut.

13.1 Einstellung der Fussbremse (Betriebsbremse)

Die Vorderradscheibenbremsen erfordern keinerlei Nachstellung um den Verschleiss der Bremsklötze auszugleichen, da der Kolben oder die Kolben die Bremsklötze automatisch näher an die Bremsscheiben heranbringen, während sich das Bremsklotzmaterial abnutzt.
Die Hinterradbremsen werden automatisch durch einen in der Bremsanlage eingebauten nachstellmechanismus nachgestellt, indem sich die Backen bei jeder Betätigung der Bremse näher an die Bremstrommeln heransetzen.

13.2 Die Vorderrad-Scheibenbremsen

13.2.1 Bremsklötze erneuern

Zur Kontrolle der Stärke des Bremsklotzmaterials die Räder abnehmen und die verbleibende Stärke des Materials überprüfen. Falls die Stärke kleiner als ungefähr zwei aufeinandergelegte Streichhölzer ist, müssen die Bremsklötze erneuert werden. Falls es möglich ist, dass man die Bremsklötze wieder verwenden kann, müssen sie entsprechend ihrer Seitenzugehörigkeit gekennzeichnet werden, sobald man sie herausnimmt. Ebenfalls kennzeichnen, ob der Bremsklotz an der Innenseite oder an der Aussenseite der Bremsscheibe gesessen hat. Eine Nichtbeachtung der Kennzeichnung kann zum späteren Ziehen der Bremsen führen, sollten die Klötze an falscher Stelle eingebaut werden.

Folgendermassen vorgehen:

- Vorderseite des Fahrzeuges auf Böcke setzen und die Vorderräder abschrauben.
- Unter Bezug auf Bild 150 die beiden Federspangen (3) aus den Gleitkeilen (1) zwischen dem Bremssattel und dem Bremssattelträger herausziehen.

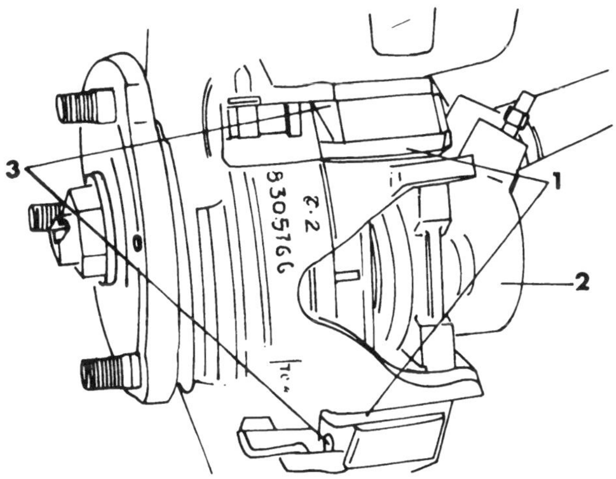

Bild 150
Aus- und Einbau der Bremsklötze an einem Bendix-Bremssattel

1 Gleitkeile 2 Bremssattel 3 Federspangen

- Mit einem Schraubenzieher den oberen Gleitkeil herausschieben.
- Den Bremssattel nach oben drücken und den unteren Gleitkeil mit einer Zange herausziehen.
- Den Bremssattel (2) nach einer Seite drücken, indem man einen Reifenhebel zwischen Federbein und Bremssattel einsetzt und den äusseren Bremsklotz herausnehmen.
- Den Bremssattel auf die andere Seite drücken, um den inneren Bremsklotz herauszunehmen.

Eine tiefe Rille ist in das Belagmaterial eingearbeitet, welche 1,5 mm vor der Metallplatte endet. Diese Rille gibt einen schnellen Aufschluss über den Verschleiss des Belagmaterials. Wenn die Rille fast unsichtbar wird, nähert sich die Belagstärke dem Mindestwert. Der eigentliche Zweck der Rille ist die Abführung von Wasser und Schmutz von der Bremsscheibe, welche zwischen Bremsscheibe und Bremsklötze eindringen.

Vor dem Einbau der neuen Bremsklötze die Bremsscheibenflächen auf Verschleiss kontrollieren und alle Korrosionsstellen an den Innen- und Aussenkanten entfernen. Den Verschluss des Vorratsbehälters vom Vorratsbehälter entfernen und etwas Flüssigkeit aus dem Behälter absaugen. Beim Einbau der Bremsklötze folgendermassen vorgehen:

- Den Kolben mit einem Stück Holz in die Bohrung zurückdrücken. Dabei unbedingt darauf achten, dass die Bremsflüssigkeit nicht aus dem Vorratsbehälter ausgedrückt wird. Diese Arbeit auf beiden Seiten durchführen. Eine Zange, wie in Bild 151 gezeigt, kann auch vorsichtig zum Hineindrücken des Kolbens benutzt werden.

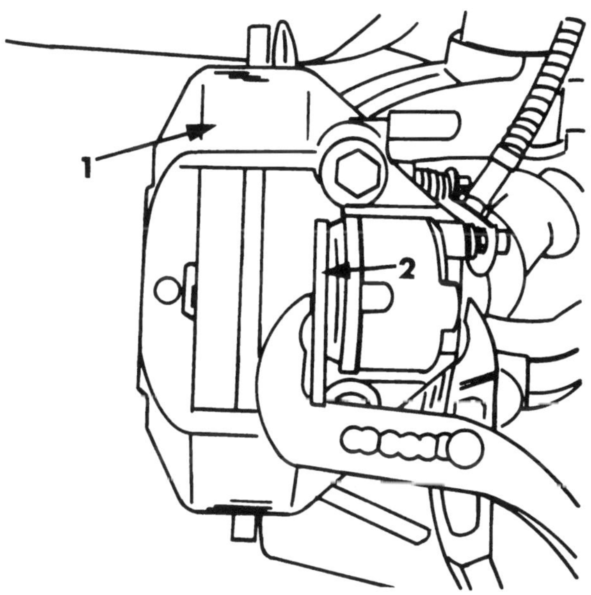

Bild 151
Eindrücken des Kolbens in den Bremssattel mit einer Wasserpumpenzange

1 Bremssattel 2 Hartholz

- Den unteren Gleitkeil ganz leicht mit Graphitfett einschmieren.
- Den inneren Bremsklotz einsetzen.
- Den äusseren Bremsklotz auf der anderen Seite einsetzen.
- Die beiden Bremsklötze gegen die Unterkante des Bremssattels drücken und den oberen Gleitkeil einschieben und vollkommen einschlagen.
- Kontrollieren, dass sich die Bremssättel einwandfrei nach innen und aussen verschieben lassen und die Gleitkeile mit den Federspangen sichern.

13.2.2 Bremssattel überholen

Den Bremssattel vom Achsschenkel abschrauben und alle Überholungsarbeiten auf einer sauberen Werkbank unter den saubersten Bedingungen durchführen. Vor Beginn der Arbeiten sind die unten angeführten Hinweise durchzulesen. Diese treffen auf alle hydraulischen Teile zu.

- Alle Gummimanschetten oder Dichtringe erneuern, falls das Teil zerlegt worden ist. Die Teile nutzen sich im Laufe des Betriebs ab und obwohl sie noch gut aussehen könnten, sollten sie hinsichtlich der Sicherheit des Fahrzeuges immer ausgewechselt werden.
- Niemals einen Kolben oder Zylinder wieder einbauen, falls man feststellen kann, dass die Oberfläche zerrieft oder von Korrosion angegriffen ist. In diesem Fall immer ein Neuteil einbauen.
- Zum Reinigen der Teile nur Alkohol oder saubere Bremsflüssigkeit verwenden. Auch zum Beispiel die kleinste Menge Benzin greift die Gummiteile an, so dass diese anschwellen und den Betrieb der Bremsenteile beeinträchtigen können. Zum Reinigen verwendeter Alkohol hinterlässt Flecken, die mit einem flusenfreien Lappen abgerieben werden können.

Unter Bezug auf Bild 152:

- Bremsklötze ausbauen (Kapitel 13.2.1).
- Bremsschlauch am Bremssattel lockern. Falls eine Schraubzwinge zum Abdrücken des Schlauchs vorhanden ist, diesen in der Mitte abdrücken, um Verlust von Bremsflüssigkeit und übermässiges Eindringen von Luft zu vermeiden. Der Schlauch kann ebenfalls an der Bremsleitung abgeschraubt werden. In diesem Fall den Schlauch später vom Bremssattel lösen.
- Den Staubschutzring mit einem kleinen Schraubenzieher entfernen, ohne dabei den Zylinder zu beschädigen.
- Mit einer Luftleitung den Kolben ausblasen. Ein Stück Hartholz sollte in die Öffnung des Bremssattels eingelegt werden, damit der Kolben beim Herausblasen nicht gegen das Metall auf der anderen Seite anschlagen kann. Unbedingt die Finger aus dieser Gegend fernhalten, wenn die Luftleitung angesetzt wird. Falls erforderlich, kann man die Arbeit an einer Tankstelle durchführen, um dort die Luft zu benutzen.
- Von der Innenseite der Zylinderbohrung den Zylinderdichtring mit einem spitzen Gegenstand heraushebeln. Nicht die Bohrung beschädigen.
- Alle Teile in sauberer Bremsflüssigkeit oder in Alkohol reinigen und gründlich überprüfen. Teile wie erforderlich erneuern. Die Gummiteile müssen immer erneuert werden. Ein Reparatursatz sollte unbedingt bezogen werden.
- Zylinderdichtring mit sauberer Bremsflüssigkeit oder Bremsfett einschmieren und mit den Fingern in die Rille der Zylinderbohrung einsetzen.
- Staubschutzring am Kolben anbringen und den Kolben zusammen mit dem Ring in die Bohrung eindrücken.
- Den Staubschutzring in der Rille des Zylindergehäuses anbringen. Nach dem Zusammenbau kontrollieren, dass der Staubschutzring einwandfrei im Kolben und im Gehäuse befestigt ist. Bild 153 zeigt eine Ansicht des zusammengebauten Zylinders.
- Bremsschlauch lose am Bremssattel anschrauben.
- Die Flächen des Bremssattels und Achsschenkels einwandfrei reinigen.
- Die Gewinde der Bremssattelschrauben mit «Loctite» einschmieren, den Bremssattel am Achsschenkel ansetzen und die Schrauben eindrehen.
- Die beiden in Bild 154 gezeigten Schrauben in mehreren Stufen mit einem Anzugsdrehmoment von 120 Nm anziehen.
- Bremsklötze einbauen (Kapitel 13.2.1).
- Den Bremsschlauch am Bremssattel anziehen und kontrollieren, dass er sich nach dem Anzie-

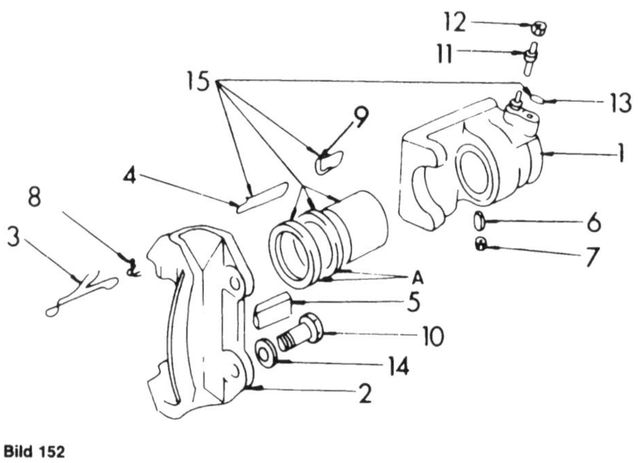

Bild 152
Montagebild eines Bendix-Bremssattels

1 Tragsattel mit Zylinder	9 Federspange
2 Sattelträger	10 Schraube
3 Sattelfeder	11 Entlüftungsschraube
4 Gleitkeil	12 Staubschutzkappe
5 Gleitkeil	13 Kupferdichtring
6 Verriegelungsfeder	14 Scheibe
7 Verriegelungsstück	15 Reparatursatz
8 Feder für Schraube	

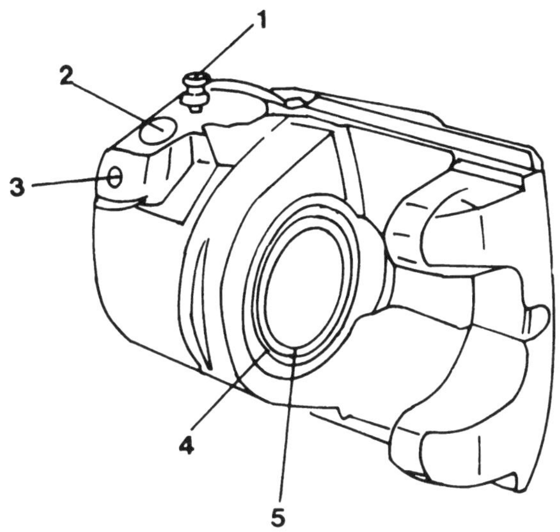

Bild 153
Ansicht eines zusammengebauten Bendix-Bremssattels

1 Entlüftungsschraube
2 Flüssigkeitsanschluss
3 Anschlussbohrung
4 Staubschutzring
5 Kolben

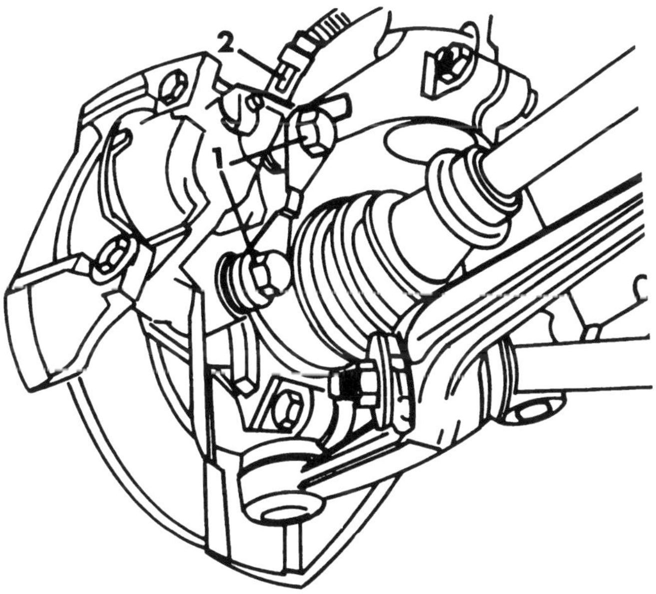

Bild 154
Befestigung eines Bremssattels am Achsschenkel. Die Pfeile (1) weisen auf die Befestigungsschrauben. Die Bremsschlauchbefestigung ist an Stelle (2) gezeigt.

hen nicht verdreht hat. Falls dies der Fall ist, die Verbindung an der Bremsleitung lockern, den Schlauch in die richtige Lage drehen und die Überwurfmutter wieder anziehen.

- Bremsanlage entlüften (Kapitel 13.6).

13.2.3 Bremsscheiben

Bremsscheiben müssen erneuert werden, falls sie tiefe Rillen oder andere Schleifschäden zeigen (möglich, nachdem sich die Bremsklötze bis auf die Metallplatten abgeschliffen haben). Die Stärke der Bremsscheibe mit einem Mikrometer oder einer Schiebelehre ausmessen und mit den Angaben in der Mass- und Einstelltabelle (Kapitel 15) vergleichen.

Bei Erneuerung einer Bremsscheibe folgendermassen vorgehen:

- Radmuttern lösen, Vorderseite des Fahrzeuges auf Böcke setzen und das Rad abnehmen.
- Bremsklötze ausbauen, wie es in Kapitel 13.2.1 beschrieben ist.
- Zwei Schrauben von der Radnabe lösen und die Scheibe mit einem Gummihammer vorsichtig abschlagen. Darauf achten, dass sie nicht herunterfallen kann.
- Neue Scheibe auf die Radnabe aufsetzen und mit einem Gummihammer anschlagen.
- Die Schrauben einsetzen und abwechselnd über Kreuz anziehen.
- Rad anbringen, das Fahrzeug auf den Boden ablassen und die Radmuttern festziehen.

13.3 Hinterradbremsen

Von Girling hergestellte Bremsen werden beim Peugeot GTI eingebaut. Bild 155 zeigt eine Ansicht der Bremsanlage. Bei Aus- und Einbauarbeiten wird auf diese verwiesen.

13.3.1 Ausbau der Bremsbacken

- Radmuttern lockern.
- Rückseite des Fahrzeuges auf Böcke setzen und die Hinterräder abschrauben.
- Bremstrommel und Radnabe abmontieren. Falls die Trommel nicht sofort herunterkommt, kann man mit einem Plastik- oder Gummihammer ringsherum dagegenschlagen. Falls die Trommel dabei ebenfalls nicht gelöst werden kann, einen Schraubenzieher in die Vorderseite der Bremstrommel einsetzen (ca. in der 5-Uhr-Stellung) und gegen den Handbremshebel stossen, um die automatische Nachstellung zu entsperren. Der Schraubenzieher drückt dabei gegen den Handbremshebel und hebt eine Auflagewarze aus ihrer Verankerung. Die Bremsbacken werden dadurch in ihre Mittelstellung zurückgebracht.

Bild 155
Montagebild einer Girling-Hinterradbremse

1 Bremsteller
2 Bremsbacken
3 Bremsbeläge
4 Niet
5 Stopfen
6 Dichtplatte
7 Ölabweiser
8 Schraube
9 Scheibe
10 Halteteile
11 Teil für Spielnachstellung
12 Federteile

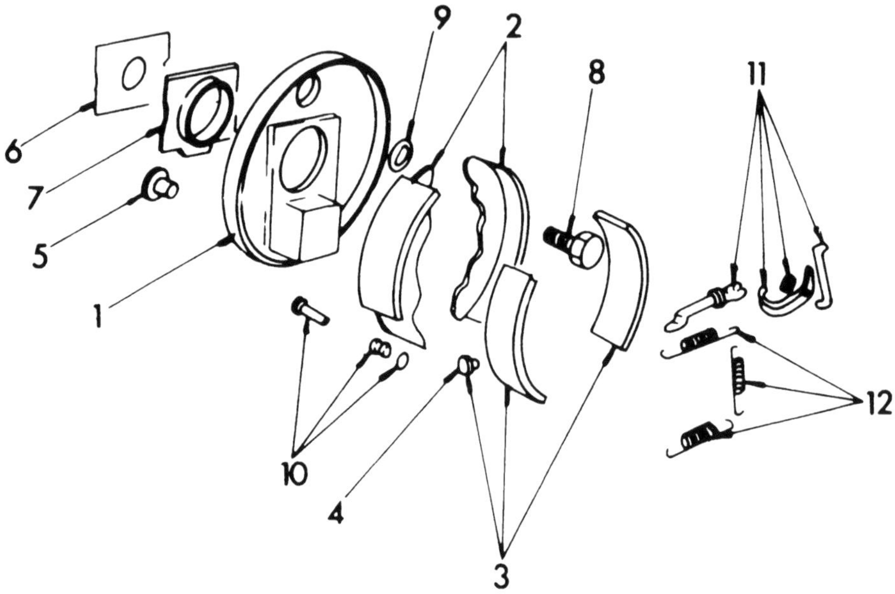

- Der weitere Ausbau erfolgt entsprechend der eingebauten Bremsanlage.
- Unter Bezug auf Bild 156 das Handbremsseil (7) aus dem Hebel (8) aushängen. Das Ende des Seils mit einer Zange erfassen und nach aussen ziehen, bis sich die Feder zusammengedrückt hat und das Seil ausgehängt werden kann.

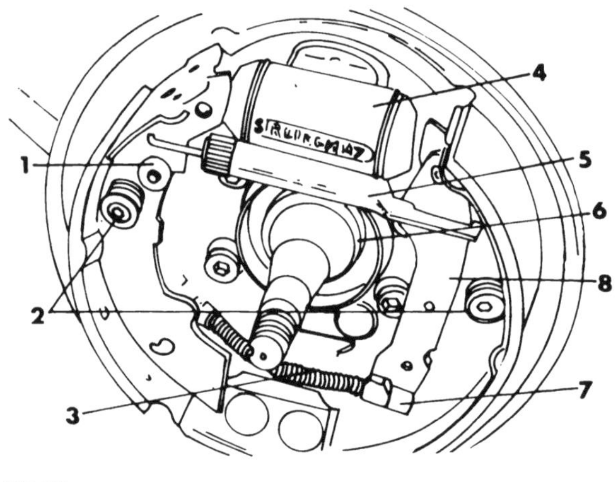

Bild 156
Ansicht einer Girling-Bremse

1 Anlaufscheibe
2 Ankerstifte und Federn
3 Untere Rückholfeder
4 Radbremszylinder
5 Druckstange
6 Dichtring
7 Handbremsseil
8 Handbremshebel

- Mit einem Schraubenzieher oder einer Zange die obere Rückzugfeder und die Feder der automatischen Nachstellung aushängen.
- Die Ratsche und die Feder ausbauen. Unter der Ratschenwelle befindet sich eine Anlaufscheibe (1) welche nicht verlorengehen darf.
- Die Ankerstifte (2) von den beiden Bremsbacken entfernen. Dazu von der Rückseite der Bremsträgerplatte einen Finger gegen den Kopf des Stiftes drücken und von der Vorderseite des Bremsbackens den Federsitz mit einer Zange erfassen. Den Federsitz verdrehen, bis sich der Kopf des Stiftes aus der Sicherung des Federsitzes aushängen lässt. Den Sitz und die Feder abnehmen und den Stift aus der Rückseite herausziehen.
- Die Bremsbacken auseinanderdrücken und die Druckstange (5) an der Oberseite sowie die untere Rückzugfeder (3) an der Unterseite ausbauen. Die Druckstangen sind verstellbar und sollten entsprechend ihrer Seitenzugehörigkeit gekennzeichnet werden. Ebenfalls kennzeichnen, auf welcher Seite das Einstellrädchen liegt. Das vom Rädchen entfernte Ende greift in den Handbremshebel ein.
- Den Dichtring vom Achsstumpf herunterziehen.

Alle Teile, einschliesslich der Bremsträgerplatte, einwandfrei reinigen. Falls Waschbenzin dazu verwendet wird, darf dieses nicht an die Gummikappen des Radbremszylinders kommen. Falls die Beläge bis auf eine Stärke von 2,0 mm abgenutzt sind, baut man neue Bremsbacken ein. Bremsbeläge können getrennt erneuert werden, jedoch wird diese Arbeit nicht empfohlen. Falls die Radbremszylinder Zeichen von Leckstellen zeigen, müssen sie erneuert werden, da man sie nicht überholen kann.

13.3.2 Bremsbacken einbauen

- Einen neuen Dichtring über den Achsstumpf schieben. Die Dichtlippe muss nach aussen weisen.
- Die beiden Einstellstücke in die Druckstange einschrauben.
- Die untere Rückzugfeder einhängen, aber darauf achten, dass sie in der ursprünglichen Lage sitzt, d. h. die Feder sitzt an der Innenseite und die beiden Hakenenden liegen an der Aussenseite gegen die Bremsbacken an.
- Die Bremsbacken gegen die Bremsträgerplatte ansetzen und die untere Rückholfeder hinter die Klaue in Bild 156 eindrücken.
- Bremsbacken an der Oberseite auseinanderdrücken und die Druckstange zwischen die Backen einsetzen. Darauf achten, dass dabei die Gummischutzkappen des Radbremszylinders nicht beschädigt werden.
- Ankerstifte von der Rückseite der Bremsträgerplatte einsetzen und von vorn die Feder und den Federsitz aufsetzen. Den Ankerstift mit einem Finger von hinten gegenhalten, den Federsitz mit einer Zange erfassen und über den Stift drücken. Wenn der Stift durch die Öffnung durchkommt, den Federsitz verdrehen, bis er mit dem Stift gesperrt ist.
- Das Ende des Handbremsseils (6) in Bild 157 mit einer Zange erfassen und die Feder zusammendrücken. Sobald das Bremsseil freigelegt ist, wird es in die Aufnahme des Handbremshebels eingelegt. Kontrollieren, dass das Bremsseil gut gehalten wird.
- Unter Bezug auf Bild 157 den Ratschenhebel (2) am Bremsbacken anbringen, aber darauf achten, dass die Sperre in das Einstellrädchen eingreift. Die Einhängelasche (1) und die Feder (3) befestigen.
- Mit einer Zange die obere Rückzugfeder (4) zwischen die beiden Bremsbacken einsetzen. Die Federhaken werden von aussen nach innen eingesetzt und kommen hinter die Bremsbacken.
- Bremstrommel und Nabe an der Achse montieren, wie es in Kapitel 12.1.1 beschrieben ist.
- Handbremse und Fussbremse einige Male betätigen, um den Selbstnachstellmechanismus in die Grundstellung zu bringen und die Backen zu zentrieren.

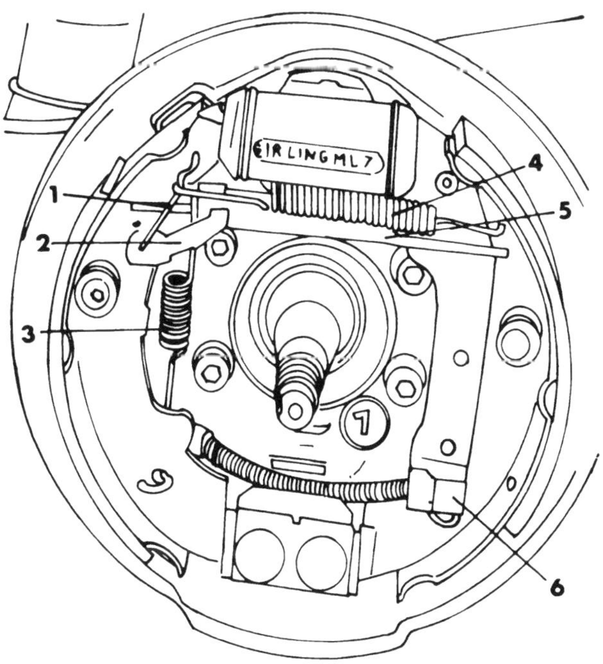

Bild 157
Ansicht der zusammengebauten Girling-Bremse

1 Befestigungsklammer
2 Ratschenhebel
3 Einstellerrückzugfeder
4 Obere Rückzugfeder
5 Druckstange
6 Handbremsseil

13.3.3 Radbremszylinder

Die Radbremszylinder sind mit einer Druckausgleichvorrichtung versehen und können nicht zerlegt oder überholt werden. Die Radbremszylinder eignen sich nur für eine bestimmte Seite des Fahrzeuges, d. h. sie können nicht beliebig eingebaut werden.

13.4 Der Hauptbremszylinder

Hauptbremszylinder mit unterschiedlichen Bohrungsdurchmessern werden bei den verschiedenen Peugeot 205-Modellen verwendet. Dies muss bei der Erneuerung eines Zylinders bei einem 205 GTI beachtet werden.

13.4.1 Aus- und Einbau

Der Aus- und Einbau des Zylinders ist eine einfache Angelegenheit. Die Batterie vor dem Ausbau abklemmen. Der Hauptbremszylinder ist an der Stirnfläche des Bremskraftverstärkers befestigt.

- Die beiden Stecker von der Warneinrichtung für den Bremsflüssigkeitsstand abziehen.
- Die beiden Überwurfmuttern der Bremsflüssig-

keitsleitungen abschrauben und die Leitungen vorsichtig zur Seite biegen.

- Die beiden Muttern des Bremszylinders an der Stirnfläche des Bremsservos abschrauben.
- Den Zylinder vorsichtig herausheben. Um keine Bremsflüssigkeit auf die Lackflächen zu tropfen, kann man einen Lappen unter den Zylinder halten.

Der Einbau des Hauptbremszylinders geschieht in umgekehrter Reihenfolge wie der Ausbau. Die Befestigungsschrauben mit 15 Nm anziehen.

Das Spiel zwischen dem Kolben und der Stösselstange des Hauptbremszylinders kann eingestellt werden. Dieses Spiel sollte 0,5 mm betragen, kann aber nicht gemessen werden. Die Einstellung wird erhalten, indem man die Kontermutter des Bremslichtschalters lockert und den Schalter an der Oberseite des Bremspedals verdreht, bis ein Freispiel von 3,5 mm am Bremspedal erhalten wird. Die Kontermutter mit 10–15 Nm anziehen.

Den Vorratsbehälter mit frischer Bremsflüssigkeit auffüllen und die Bremsanlage entlüften, wie es in Kapitel 13.6 beschrieben ist.

13.4.2 Hauptbremszylinder überholen

Der Hauptbremszylinder sollte nicht überholt werden. Im Schadensfalle einen neuen Zylinder einbauen.

13.5 Bremskraftverstärker

Eine Überholung des Bremskraftverstärkers sollte nicht vorgenommen werden, da zum Zerlegen und Zusammenbauen Spezialwerkzeuge erforderlich sind. Ein Ausfall des Bremskraftverstärkers bedeutet keinen Verlust der Bremsleistung, lediglich ist der Kraftaufwand am Bremspedal grösser, um den gleichen Bremsweg einzuhalten.

Der Hauptbremszylinder muss ausgebaut werden, ehe man an den Bremskraftverstärker heran kann. Dieser kann ausgebaut werden, indem die Muttern von den vier Stiftschrauben von der Innenseite des Fahrzeuges aus gelöst werden. Eine Federspange und ein Splintbolzen werden zum Befestigen der Stösselstange am Bremspedal verwendet. Den Unterdruckschlauch vom Anschluss abziehen.

Die Filter am Stösselstangenende des Bremsgeräts können erneuert werden. Dazu die Staubschutzabdeckung entfernen, die Halterung des Filters abnehmen und den Filter mit einem spitzen Gegenstand herausdrücken. Die neuen Filter müssen von aussen nach innen aufgeschnitten werden, um sie über die Stösselstange zu setzen.

> ***Hinweis:*** Falls Sie das Fahrzeug ohne laufenden Motor eine Steigung herunterrollen lassen, sollten Sie daran denken, dass sich der Unterdruck nach einigen Betätigungen der Bremsen aufbraucht und die Bremsanlage danach ohne Servounterstützung arbeitet. Der Kraftaufwand wird entsprechend höher.

13.6 Bremsen entlüften

Ein Entlüften der hydraulischen Anlage ist erforderlich, falls das Bremsleitungsnetz an irgendeiner Stelle geöffnet wurde, oder falls Luft auf andere Weise in die Anlage gekommen ist.

Vor der Entlüftung der Anlage sind Schmutz und Fremdkörper von den Entlüftungsstellen und dem Einfüllverschluss des Vorratsbehälters zu entfernen.

Falls nur ein Radbremszylinder oder ein Bremssattel abgeschlossen wurde, könnte es ausreichen, wenn man nur diesen betreffenden Bremskreis entlüftet, d. h. vorn links und hinten rechts oder vorn rechts und hinten links. Andernfalls kann die Entlüftung entweder an den Hinterrädern oder an den Vorderrädern begonnen werden, jedoch ist die vom Hersteller empfohlene Reihenfolge vorn links, hinten rechts, vorn rechts, hinten links.

- Einen durchsichtigen Kunststoffschlauch nach Entfernen der Staubschutzkappe auf das betreffende Entlüftungsventil aufstecken. Das andere Ende des Schlauches in ein mit etwas Bremsflüssigkeit gefülltes Glasgefäss einhängen.
- Bremspedal von einer zweiten Person auf den Boden durchtreten lassen. Die Entlüftungsschraube um eine halbe Umdrehung öffnen, wenn das Pedal auf dem Boden aufsitzt. Den aus dem Schlauch austretenden Flüssigkeitsstrom beobachten.
- Sobald keine Luftblasen mehr herauskommen, ist alle Luft aus der Anlage ausgeschieden. Das

Bremspedal beim letzten Hub auf dem Boden halten und das Entlüftungsventil schliessen. Das Pedal langsam zurückkehren lassen.

- Gleiche Arbeiten in der angegebenen Reihenfolge an den anderen Entlüftungsschrauben durchführen.

Es wird nochmals darauf hingewiesen, dass der Stand der Bremsflüssigkeit laufend kontrolliert werden muss, so dass keine Luft in die Anlage gesaugt wird. Niemals aus der Anlage ausgepumpte Flüssigkeit wieder in den Behälter einfüllen. Auch keine Flüssigkeit verwenden, welche längere Zeit ohne Verschluss gestanden hat.

13.7 Handbremse einstellen

Die Hinterräder sollten feststehen, wenn der Handbremshebel vier oder fünf Rasten angezogen wurde. Die Hinterräder müssen zur Kontrolle vom Boden abgehoben werden. Die Handbremse lösen und kontrollieren, ob sich die Räder frei drehen lassen. Falls eine Einstellung erforderlich ist:

- Handbremshebel bis zur dritten Raste anziehen.
- Fahrzeug auf Böcke setzen.
- In der Innenseite des Fahrzeuges die Abdekkung am Handbremshebel entfernen.
- Die Kontermuttern am Ende der Handbremsseile an den Seiten des Handbremshebels lokkern und die Einstellmuttern entsprechend verstellen, bis die Bremsbacken beginnen die Trommeln festzustellen. Beide Muttern um den gleichen Wert anziehen.
- Kontermuttern wieder anziehen und Abdeckung einbauen.

14 Elektrische Anlage

Alle in dieser Reparaturanleitung behandelten Fahrzeuge sind mit einer elektrischen Anlage mit einer Spannungsstärke von 12 Volt ausgerüstet. Die Massestromrückführung erfolgt über die Minusklemme der Batterie. Die Batterie befindet sich im Motorraum.

Ein Schubtriebanlasser wird zum Anlassen des Motors verwendet. Der Anlassschalter bildet einen Teil des Zündschalters und erregt bei Betätigung einen im Anlasser montierten Einrückmagnetschalter.

Die eingebaute Drehstromlichtmaschine hat eine Nennleistung von 700 Watt und kann entweder von Bosch oder Paris-Rhone hergestellt sein.

Die Lichtmaschine wird über einen Keilriemen von der Kurbelwelle aus angetrieben.

Eine in die Instrumententafel eingesetzte Ladekontrolleuchte gibt eine Anzeige über das einwandfreie Funktionieren der elektrischen Anlage, soweit die Aufladung der Batterie betroffen ist.

14.1 Die Batterie

Die eingebaute 12-Volt-Batterie mit einer Kapazität von 29 Ah besitzt sechs Zellen, die aus positiven und negativen Platten bestehen, welche in eine Schwefelsäurelösung eingetaucht sind. Die Batterie hat die Aufgabe, den Strom zum Anlassen des Fahrzeugs, zur Zündung und zur Beleuchtung des Fahrzeugs sowie für andere Stromverbraucher zu liefern.
Die folgenden Arbeiten sind von Zeit zu Zeit durchzuführen, um der Batterie eine lange Lebensdauer zu geben und deren Leistung immer auf dem Höhepunkt zu halten.

- Batterie und die sie umgebenden Teile immer sauber halten. Die Oberfläche der Batterie muss immer gut trocken sein, da sich sonst zwischen den einzelnen Zellen Kriechströme entwickeln können, wovon sich die Batterie von selbst entladen kann.
- Die Batteriesäure muss jederzeit bis zur Höhe des Ringes in der Unterseite des Einfüllraumes stehen. Zum Nachfüllen destilliertes Wasser verwenden.

> ***Hinweis:*** Bei kaltem Wetter die Batterie nicht in ungeladenem Zustand stehen lassen, da sie sonst einfriert. Schwach geladene Batterien frieren eher ein als geladene.

14.1.1 Batterie prüfen

Zuerst den Füllstand in den sechs Zellen prüfen und gegebenenfalls auffüllen. Dann mit dem Prüfgerät die Säuredichte prüfen. Der Ladezustand kann mit folgenden Vergleichswerten ermittelt werden:

Gute geladene Batterie	1,28
Halb geladene Batterie	1,20
Entladene Batterie	1,12

Beim Prüfen der Batterie mittels Zellenprüfer (Voltmeter mit parallelgeschaltetem Belastungswiderstand) muss das Instrument während einer Prüfung von 10 bis 15 Sekunden pro Zelle mindestens 1,6 Volt anzeigen. Voltzahlen unter 1,6 Volt besagen, dass die geprüfte Zelle entladen oder defekt ist. Die mittlere Zellenspannung beträgt 2 Volt, der Spannungsunterschied darf nicht mehr als 0,2 Volt betragen. Defekte Batterien in einer Spezialwerkstatt reparieren lassen oder austauschen.

14.1.2 Batterie warten

Ist der Säurespiegel durch Verdunstung abgesunken, so ist destilliertes Wasser nachzufüllen, bis es 10 mm über der Plattenoberkante steht.
Ist jedoch durch ungeschickte Handhabung wirklich Säure verschüttet worden, so darf Batteriesäure nachgefüllt werden. Sie muss aber auf jeden Fall die gleiche Säuredichte haben wie der Säurerest in der betreffenden Zelle. Bei oxydierten Anschlussklemmen die Kabel abnehmen, die Polköpfe saubermachen, die Kabel aufsetzen und die Polköpfe mit Batterie-Schutzfett einschmieren. Die Batteriepflege ist besonders im Winter sorgfältig durchzuführen, da beim Anlassen bei Kälte der Strombedarf besonders hoch ist. Entladene Batterien sind frostgefährdet, eine gefrorene Batterie gibt keinen Strom ab.

14.1.3 Aufladen der Batterie

Bei offenen Zellenverschlüssen und vorschriftsmässigem Batteriesäurespiegel die Batterie an das Ladegerät anschliessen. Den Pluspol des Ladegeräts an den Minuspol der Batterie anschliessen. Die vorgeschriebene Ladestärke beträgt 10% der Kapazität der Batterie, d. h. die Batterie ist mit ca. 3 Volt aufzuladen. Die Batterie aufladen, bis die Spannung nach dreimaligem Prüfen in Abständen von je einer Stunde nicht weiter ansteigt. Die Säuredichte muss dann 1,280 betragen.
Die Säuretemperatur muss bei dieser Messung 25° C betragen, so dass ein Thermometer zum Messen der Säuretemperatur erforderlich ist. Nach der Aufladung den Spiegel der Batteriesäure erneut berichtigen.
Batterie von verschütteter Säure reinigen. Polköpfe mit Säurefett einfetten und die Zellenverschlüsse aufschrauben. Wegen des erhöhten Verbrauchs im Winter wird empfohlen, die Batterie ab und zu zusätzlich aufladen zu lassen. Gegen das Schnelladen einer einwandfreien, bereits in Betrieb gewesenen Batterie ist nichts einzuwenden, vorausgesetzt, dass die Batterie vor dem Aufladen an beiden Klemmen abgeschlossen wird, wenn sie sich noch im Fahrzeug befindet.

14.2 Die Drehstromlichtmaschine

14.2.1 Vorsichtsmassnahmen bei Arbeiten an der Ladestromanlage

Ehe irgendwelche Arbeiten an der Ladestromanlage durchgeführt werden, müssen die folgenden Vorsichtsmassnahmen unbedingt eingeprägt werden:

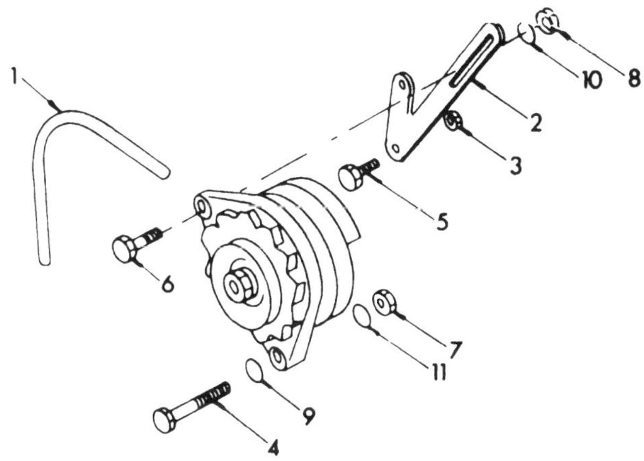

Bild 158
Befestigungsteile der Lichtmaschine

1 Keilriemen
2 Riemenspannschiene
3 Abstandsstück
4 Schraube
5 Schraube
6 Schraube
7 Mutter
8 Mutter
9 Scheibe
10 Scheibe
11 Elastische Scheibe

- Niemals die Batterie oder den Spannungsregler abklemmen, während der Motor und somit die Lichtmaschine laufen.
- Niemals die Erregerklemme (Feldklemme) der Lichtmaschine oder das daran befestigte Kabel in Berührung mit Masse kommen lassen.
- Niemals die beiden Leitungen des Spannungsreglers verwechseln.
- Niemals den Spannungsregler in Betrieb bringen, wenn er mit Masse verbunden ist (sofortige Beschädigung).
- Niemals die Lichtmaschine ausbauen, wenn die Batterie nicht vorher aus dem Stromkreis genommen wurde.
- Beim Einbau der Batterie darauf achten, dass die Minusklemme an Masse angeschlossen wird.
- Niemals eine Prüflampe verwenden, die direkt an das Hauptstromnetz (110 oder 220 V) angeschlossen ist. Nur eine Prüflampe mit einer Spannungsstärke von 12 V benutzen.
- Falls eine Batterie in eingebautem Zustand mit einem Batterieladegerät aufgeladen wird, müssen die beiden Batteriekabel abgeklemmt werden. Die positive Klemme des Ladegerätes an den positiven Pol der Batterie und die negative Klemme des Ladegerätes an den negativen Pol der Batterie anschliessen.
- Falsches Anschliessen der Leitungen führt zur

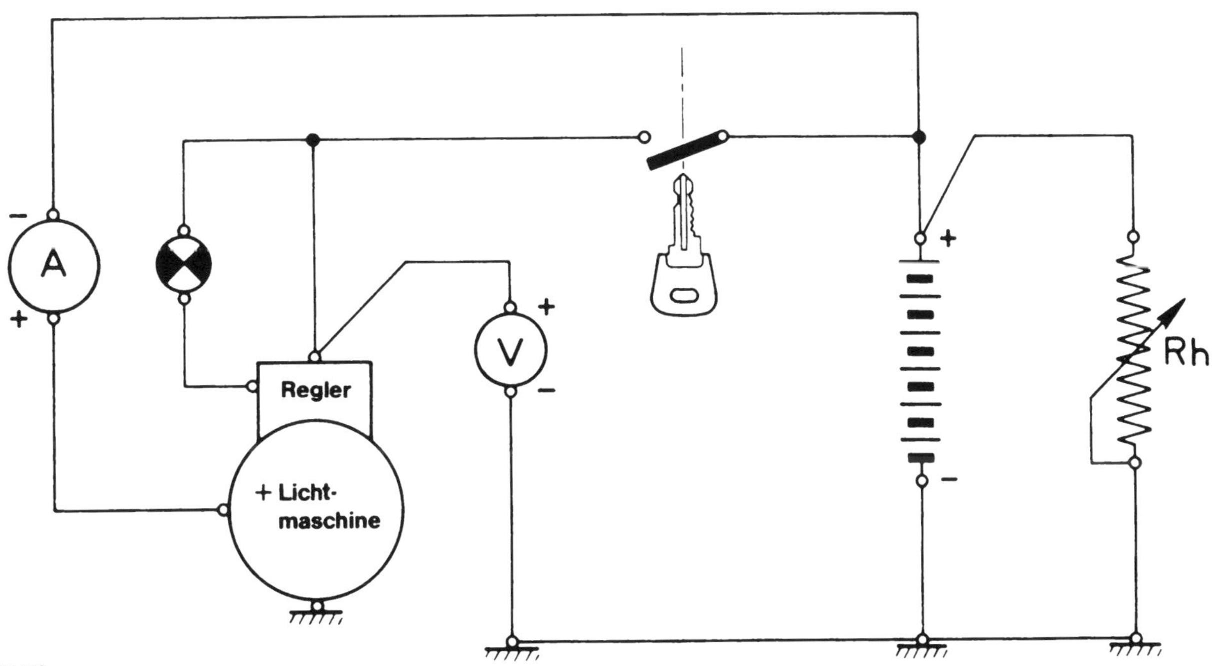

Bild 159
Stromnetz zur Kontrolle der Drehstromlichtmaschine und des Reglers (siehe Text)

Zerstörung der Gleichrichter und des Spannungsreglers.

14.2.2 Keilriemen spannen

Der Keilriemen sollte laufend auf seine Spannung überprüft werden. Ein zu locker gespannter Keilriemen wird rasch unbrauchbar, ganz abgesehen davon, dass dadurch die Lichtmaschine schlecht läuft und die Batterie nur mangelhaft aufgeladen wird. Bei einem zu straff gespannten Keilriemen erleidet die Lichtmaschine bald einmal einen Defekt. Der Keilriemen ist richtig gespannt, wenn er sich zwischen den beiden Riemenscheiben um etwa 10 mm eindrücken lässt. Die Einstellung erfolgt an der Spannschraube.

14.3 Anlasser

Im Peugeot 205 GTI wird ein Schubtriebanlasser zum Starten des Motors verwendet. Es werden zwei verschiedene Fabrikate eingebaut und zwar von Paris-Rhone oder Bosch.
Der Anlasser wird über den Magnetschalter betätigt, indem der Anlasser mit der Batterie verbunden wird. Gleichzeitig schiebt der Magnetschalter das axial bewegbare Ritzel mit Freilauf in den Starterkranz. Erst nach Einspuren des Ritzels im Starterkranz beginnt der Anlasser zu drehen. Springt der Motor an und erreicht höhere Drehzahlen als der Anlasser, so bewirkt ein Freilauf im Ritzel des Anlassers, dass der Anker nicht zu hohe Drehzahlen erreicht und ist damit gegen Überdrehen gesichert.

14.3.1 Aus- und Einbau

- Minus- und Pluskabel der Batterie abhängen.
- Leitungen vom Magnetschalter und Anlasser abklemmen,.
- Die beiden Schrauben des Anlassers lösen.
- Den Anlasser aus dem Fahrzeug nehmen.

Der Einbau geschieht in umgekehrter Reihenfolge.

15 Mass- und Einstelltabelle

Abmessungen

Radstand	2420 mm
Spurweite, vorn	1393 mm
Spurweite, hinten	1328 mm
Länge über alles	3705 mm
Höhe über alles	1355 mm
Breite über alles	1572 mm
Bodenfreiheit	108 mm, unbeladen

Gewichte

Betriebsgewicht	850 kg
— Verteilung auf Vorderachse	530 kg
— Verteilung auf Hinterachse	320 kg
Fahrzeuggesamtgewicht	1275 kg
— Verteilung auf Vorderachse	655 kg
— Verteilung auf Hinterachse	620 kg
Max. zulässige Belastung:	
— Auf Vorderräder	720 kg
— Auf Hinterräder	630 kg
Max. Fahrzeuggewicht mit Anhänger	2075 kg
Max. Gewicht eines Anhängers:	
— Ungebremst	425 kg
— Gebremst	900 kg (Abdeckplatte hinter Kühler herausnehmen)

Füllmengen

Kühlanlage	6,6 Liter
Motor	5,0 Liter
— Min. Füllmenge	3,5 Liter
Getriebe	1,4 Liter

Motoren

Motortyp	XU5J
Anordnung	Quergestellt, 30° nach hinten geneigt
Hubraum	1580 cm^3
Anzahl der Zylinder	4
Zylinderanordnung	In Reihe
Ventilanordnung	Schräggestellt im Zylinderkopf, obenliegende Nockenwelle
Zündfolge	1-3-4-2
Zylinderbohrung	83,0 mm
Kolbenhub	73,0 mm
Verdichtungsverhältnis	9,8:1
Max. Leistung (DIN)	84,5 kW (115 PS)
— Schweiz	77 kW (105 PS) bei 6250/min
Max. Drehmoment (DIN)	132 Nm bei 4000/min
— Mit Katalysator	142 Nm bei 3000/min
Öldruck:	
— Im Leerlauf (900/min)	1,4 bar
— Bei 4000/min	3,5 bar
Leerlaufdrehzahl	900/min

Ventilsteuerung

Einlassventil öffnet	5° 5′ nach OT
Einlassventil schliesst	34° 3′
Auslassventil öffnet	38° 3′
Auslassventil schliesst	0° 5′

Ventilspiele

Einlassventile	0,15–0,25 mm
Auslassventile	0,35–0,45 mm

Zündzeitpunkt

	30° bei 3500/min oder 6° im Leerlauf* Unterdruckschlauch abgezogen *Falls 30°-Marke nicht in das Schwungrad eingezeichnet ist

Zylinderkopf

Material	Leichtmetallegierung
Max. Verzug des Zylinderkopfes	0,05 mm
— Nachschleifen der Zylinderkopffläche	Nicht gestattet

Ventilführungen:

Nennaussendurchmesser	13,29 ± 0,011 mm
— 1. Reparaturgrösse	13,59 mm ± 0,11 mm
Bohrung der Führungen	8,0 + 0,022 mm

Ventilsitz

Ventilsitzwinkel	45° (Vollwinkel = 90°)
Breite der Ventilsitze:	
— Einlassventile	1,45 mm
— Auslassventile	1,80 mm

Ventile

Ventiltellerdurchmesser:	
— Einlassventile	40,0 mm
— Auslassventile	32,0 mm
Gesamtlänge:	
— Einlassventile	107,49 mm ± 0,10 mm
— Auslassventile	106,92 mm ± 0,10 mm
Ventilschaftdurchmesser:	
— Einlassventile	7,98 mm ± 0,015 mm
— Auslassventile	7,96 mm ± 0,015 mm
Max. Nachschleifen am Ventilschaftende	0,20 mm
Min. zulässige Ventilkantenstärke	0,50 mm
Laufspiel der Ventilschäfte in Führungen:	
— Einlassventile	0,015–0,045 mm
— Auslassventile	0,045–0,075 mm
Max. Laufspiel	0,10 mm

Ventilfedern

Drahtdurchmesser	4,4 mm
Länge unter Belastung:	
— von 41 kg	40,50 mm
— von 80 kg	30,0 mm
Federnkennzeichnung	Federn für Ein- und Auslassventile sind identisch

Nockenwelle

Anzahl der Lager	5
Nockenwellenaxialspiel	0,07–0,16 mm

Kolben und Pleuelstangen

Passung des Kolbenbolzens	Presspassung in Pleuelauge und schwimmend im Kolben
Pressitz des Kolbenbolzens im Pleuel	0,020–0,041 mm
Einbaurichtung der Kolben	Pfeil im Kolbenboden muss zur Steuerseite weisen
Kolbenringe:	
Anzahl der Ringe	3
Ausführung der Ringe	1 einfacher Verdichtungsring, 1 Trapezring, 1 Ölabstreifring
Kolbenringstossspiel	Voreingestellt, nicht veränderlich
Pleuelstangen und Pleuellager	
— Bauart der Lagerschalen	Einfache Lagerschalen
Werkstoff	Aluminium-Zinn
Pleuelaugenbohrung	22–0,029/–0,041 mm
Pleuelfussbohrung	48,6545 + 0,016/–0 mm

Kurbelwelle und Schwungrad

Anzahl der Lager	5
Hauptlagerschalen:	
— Bauart	Einfache Lagerschalen, mit oder ohne Ölschmiernuten
— Werkstoff	Aluminium-Zinn
Stärke der Anlaufscheiben	2,30, 2,35, 2,45 und 2,50 mm
Hauptlagerzapfendurchmesser:	
— Nenndurchmesser	60,00 mm–0,019 mm
— Reparaturgrösse	59,78 mm–0,019 mm
Kurbelzapfendurchmesser:	
— Nenndurchmesser	45,0–0,029 mm
— Reparaturgrösse	44,70 mm–0,029 mm
Stärke der Hauptlagerschalen:	
— Nennmass	1,842 mm
— Reparaturmass	1,992 mm
Stärke der Pleuellagerschalen:	
— Nennmass	1,817 mm
— Reparaturmass	1,967 mm

Pleuelstangen:	
— Bohrung der Pleuelaugenbuchsen	22,00 mm
— Bohrung der Pleuellagerbohrung	48,655 mm
Max. Schlag des Schwungrades	0,06 mm

Motorschmierung

Fassungsvermögen des Kurbelgehäuses	5,0 Liter
Öldruck:	
— Im Leerlauf	1,4 bar
— Bei 4000/min	3,5 bar, Öltemperatur 80° C)

Kühlanlage

Bauart	Verschlossenes Pumpen-Umlaufsystem mit Dehngefäss
Wasserpumpe	Flügelradpumpe, nicht reparierbar
Thermostat:	
— Einbaulage	Im Wasserauslassstutzen
— Öffnungstemperatur	82° C
— Vollkommen geöffnet bei	94° C
Keilriemenspannung	5,0–10,0 mm Ausschlag an längster Laufstrecke des Riemens

Kraftstoffanlage

Tankfüllmenge	50 Liter
Bauart der Einspritzanlage	Bosch LE2-Jetronic
Lage der Kraftstoffpumpe	Im Tank
Lage des Kraftstoffilters	Linkes, inneres Kotflügelblech
Erneuerung bei	80 000 km
Lage des Kraftstoffdruckreglers	Ende der Verteilerleitung
Druckeinstellung	3,0 bar
Leerlaufdrehzahl	850 ± 50/min
CO-Anteil	1,5 ± 0,5 %

Zündanlage

Bauart	Elektronische Zündung mit elektro-magnetisch erzeugten Impulsen
Eingebaute Verteiler	Bosch, A 237 041 026 14
— Verstellkurve	M161E
Zündzeitpunkt	30° bei 3500/min- oder 6° im Leerlauf* (*falls das Schwungrad keine 30°-Marke hat) (Unterdruckschlauch abgezogen und verschlossen)
Zündfolge	1–3–4–2
Lage der Zündzeitpunktmarkierung	Schwungrad

Zündkerzen

Kerzentypen	Bosch H6DC oder Champion S279YC

Kupplung

Bauart	Verto, Einscheibentrockenkupplung mit Tellerfeder
Kupplungsnummer	200 DBR 410
Abmessung der Kupplungsscheibenbeläge:	
— Aussendurchmesser	200,0 mm
— Innendurchmesser	130,0 mm
Stärke	7,7 mm
Kupplungsfederkennzeichnung (Mitnehmerscheibe)	6 hellblaue Federn
Kupplungsausrückung:	
— Ausrücklager	Kugellager in konstanter Berührung mit Tellerfeder
— Spiel am Kupplungspedal	Keins

Getriebe

Bauart	Fünfganggetriebe, zusammen mit Achsantrieb in einem Gehäuse
Eingebautes Getriebe	BE1
Getriebekennzeichnung	BL43

Getriebeuntersetzungen

1. Gang	3,08:1
2. Gang	1,882:1
3. Gang	1,360:1
4. Gang	1,069:1
5. Gang	0,865:1
Rückwärtsgang	3,333:1
Schmieröl:	
— Ölsorte	SAE 10 W 40
Füllmenge des Getriebes	1,4 Liter
Erforderlicher Ölwechsel	Nach 45 000 km, danach alle 15 000 km
Achsantriebuntersetzung	4,063:1

Lenkung

Bauart	Zahnstangenlenkung
Anzahl der Ritzelzähne	6
Anzahl der Zahnstangenzähne	28
Lenkungsübersetzung	22,1:1
Lenkraddurchmesser	370 mm
Lenkradumdrehungen, Anschlag zu Anschlag	3,8
Wendekreis:	
— Zwischen Bordsteinen	9,95
— Zwischen Wänden	10,50

Lenkeinschlagwinkel:	
— Kurveninneres Rad	37° 45′
— Kurvenäusseres Rad	31° 2′
Vorderradeinstellung:	
Sturzwinkel	0° 30′ ± 30′
Nachlauf	1° 50′ ± 30′
Vorspur	2,0 mm ± 1,0 mm

Vorderradaufhängung

Bauart	Einzelradfederung mit McPherson-Federbeinen mit integralen Stossdämpfern und Schraubenfedern, unteren Querlenkern und Kurvenstabilisator
Vorderfedern:	
— Drahtdurchmesser	12,63 mm
— Ungespannte Länge	335,0 mm
Federkennzeichnung	2 rote oder 2 gelbe Farbpunkte
Kurvenstabilisatordurchmesser	17,0 mm
Kurvenstabilisatorlager:	
— Kennzeichnung links	Rot
— Kennzeichnung rechts	Weiss

Hinterradaufhängung

Bauart	Einzelradfederung der Hinterräder mit Längslenkern, Quertorsionsfederstäben und Teleskop-Stossdämpfern, Kurvenstabilisator, in Achsrohr eingebaut

Quertorsionsfederstäbe

Durchmesser	18,9 mm
Farbkennzeichnung	Gelb
Kurvenstabilisatordurchmesser	19,0 mm

Hinterradeinstellung

Vorspur der Hinterräder	2,5 mm ± 2,0 mm
Sturz der Hinterräder (nicht verstellbar)	–30′ ± 30′
Wagenhöhe der Rückseite	410 ± 7 mm

Räder und Reifen

Reifen und Grösse	Michelin MXV 185-60 HR

Reifendrücke:	
— Vorn	2,0 atü
— Hinten	2,0 atü

Bremsen

Bauart:	
Vorderradscheibenbremsen	Bendix DBA-Bremsen, Serie IV oder Girling J48-Bremsen, mit 1 Kolben pro Zylinder
Hinterradtrommelbremsen	Von Girling hergestellte Bremsen mit automatischer Nachstellung
Hamdbremse	Durch Bremsseile auf Hinterradbremsen
Ausrüstung	Zweikreisbremsanlage mit Bremskraftverstärker, mit Bremsausgleichventil

Vorderradbremsen

Scheibendurchmesser	247,0 mm
Scheibenstärke	20,0 mm
Min. Scheibenstärke durch Verschleiss	18,0 mm
Max. Schlag der Scheiben	0,07 mm
Min. Stärke des Bremsklotzmaterials	1,0 mm
Radbremszylinderdurchmesser	48,0 mm
Anzahl der Kolben	1
Bremsfläche jedes Bremsklotzes	35 cm^2

Hinterradbremsen

Trommeldurchmesser	180,0 mm
Max. Ausdrehdurchmesser	181,0 mm
Radbremszylinderdurchmesser	19,0 mm
— Hauptbremszylinderdurchmesser	20,6 mm
Bremsbelagfläche	111,2 cm^2
Bremsbeläge:	
— Stärke, neu	5,0 mm
— Min. Belagstärke	2,0 mm
Breite	40,0 mm

Elektrische Anlage

Batterie	
Spannung	12 Volt
Kapazität	29 Ah

Drehstromlichtmaschine

Eingebaute Lichtmaschine	Bosch oder Paris-Rhone A 13 N95
Leistung	700 Watt

Anlasser

Typ	Paris-Rhone 99 680 X Bosch 0 001 208 516 oder Ducellier 534 039 A

16 Anzugsdrehmomenttabelle

Motor

Zylinderkopfschrauben (kalt)	Voranziehen mit 60 Nm, lösen, anziehen mit 20 Nm und weiterdrehen um 120°
Pleuellagerdeckel	50 Nm
Hauptlagerdeckel	52,5 Nm
Keilriemenscheibe	110 Nm
Schwungrad	65–70 Nm
Nockenwellensteuerrad	80 Nm
Nockenwellenlagerdeckel	15 Nm
Ölwanne	20 Nm
Zylinderkopfdeckel	10 Nm
Drehmomentstütze und getriebeseitiges Gummilager	35 Nm
Steuerseitiges Gummilager	28 Nm
Zahnriemenspannrolle	16 Nm
Kontermutter, Verriegelungsfinger	15 Nm
Steuerseitiges Lagerschild	16 Nm
Ölpumpe	13 Nm
Ölabsaugrohr	4–5 Nm
Anschlussgehäuse, Wasserpumpe	16 Nm
Wasserpumpe	15 Nm
Thermoschalter	18 Nm
Auspuffkrümmer	22 Nm
Öldruckschalter	22 Nm
Zündkerzen	15–20 Nm
Kupplungsdruckplatte	22 Nm

Getriebe

Hinterer Getriebedeckel (mit Gewindesicherungsmittel einschmieren)	12,5 Nm
Mutter, Antriebswelle	55 Nm
Mutter, Abtriebswelle	55 Nm
Schrauben, Lagerhalteplatte	15 Nm
Schraube, Sicherungsplatte, Schaltstange	15 Nm
Getriebegehäuse	12,5 Nm
Schraube, Rücklaufwelle	20 Nm
Stütze, Schaltwählwelle	15 Nm
Schaltgabel, Rückwärtsgang	20 Nm
Belüftungsstopfen	15 Nm
Schalter für Rückfahrleuchte	25 Nm
Ölablassstopfen, Getriebe	10 Nm
Ölablassstopfen, Achsantrieb	30 Nm
Anschlussgehäuse, Tachoantrieb	12,5 Nm
Anschlussgehäuse an Achsantriebsgehäuse	15 Nm
Tellerrad an Differentialkorb	65 Nm
Schraube, Achsantriebsgehäuse, 10 mm	40 Nm
Schraube, Achsantriebsgehäuse, 7 mm	12,5 Nm
Führungsrohr, Kupplungsausrücklager	12,5 Nm

Lenkung

Lenkradmutter	30 Nm
Lenkungsschrauben	30–40 Nm
Spurstangengelenke an Lenkhebel	30–40 Nm
Spurstangen an Zahnstange	50 Nm
Klemmschraube der Lenkungskupplung	1,5 Nm
Kontermutter der Spurstangen	40–50 Nm

Vorderradaufhängung

Federbein an Karosserie	12,5 Nm
Kolbenstangenmutter, oberes Federbeinlager	45 Nm
Federbein an Achsschenkel	57,5 Nm
Mutter der Spurstangengelenkbolzen	35 Nm
Querlenker an Quertraverse	35 Nm
Kurvenstabilisatorlager	75 Nm
Mutter der Antriebswellen	265 Nm
Lager der rechten Antriebswelle	10 Nm
Bremssattelschrauben:	
— Girling-Bremsen	97,5 Nm
— Bendix-Bremsen	120 Nm
Radmuttern:	
— Stahlfelgen	80 Nm
— Leichtmetallfelgen	90 Nm

Hinterradaufhängung

Stossdämpferaufhängung, oben	75 Nm
Stossdämpferaufhängung, unten	117,5 Nm
Schraube der Torsionsbefestigung	20 Nm
— Kurvenstabilisatorhebel an Lenkerarm	35 Nm
Radlagermutter	215 Nm
Achsträger an Karosserie	45 Nm
Lagerbolzen für Achsträger	45 Nm
Radmuttern:	
— Stahlfelgen	80 Nm
— Leichtmetallfelgen	90 Nm

Bremsen

Bremssattelschrauben:	
— Girling	97,5 Nm
— Bendix	120 Nm
Hauptbremszylinder	15 Nm
Entlüftungsschrauben	8 Nm
Bremsschlauchanschlüsse	13 Nm
Überwurfmuttern der Bremsleitungen	14 Nm
Muttern der Antriebswellen, vorn	265 Nm
Muttern der Radnaben, hinten	215 Nm

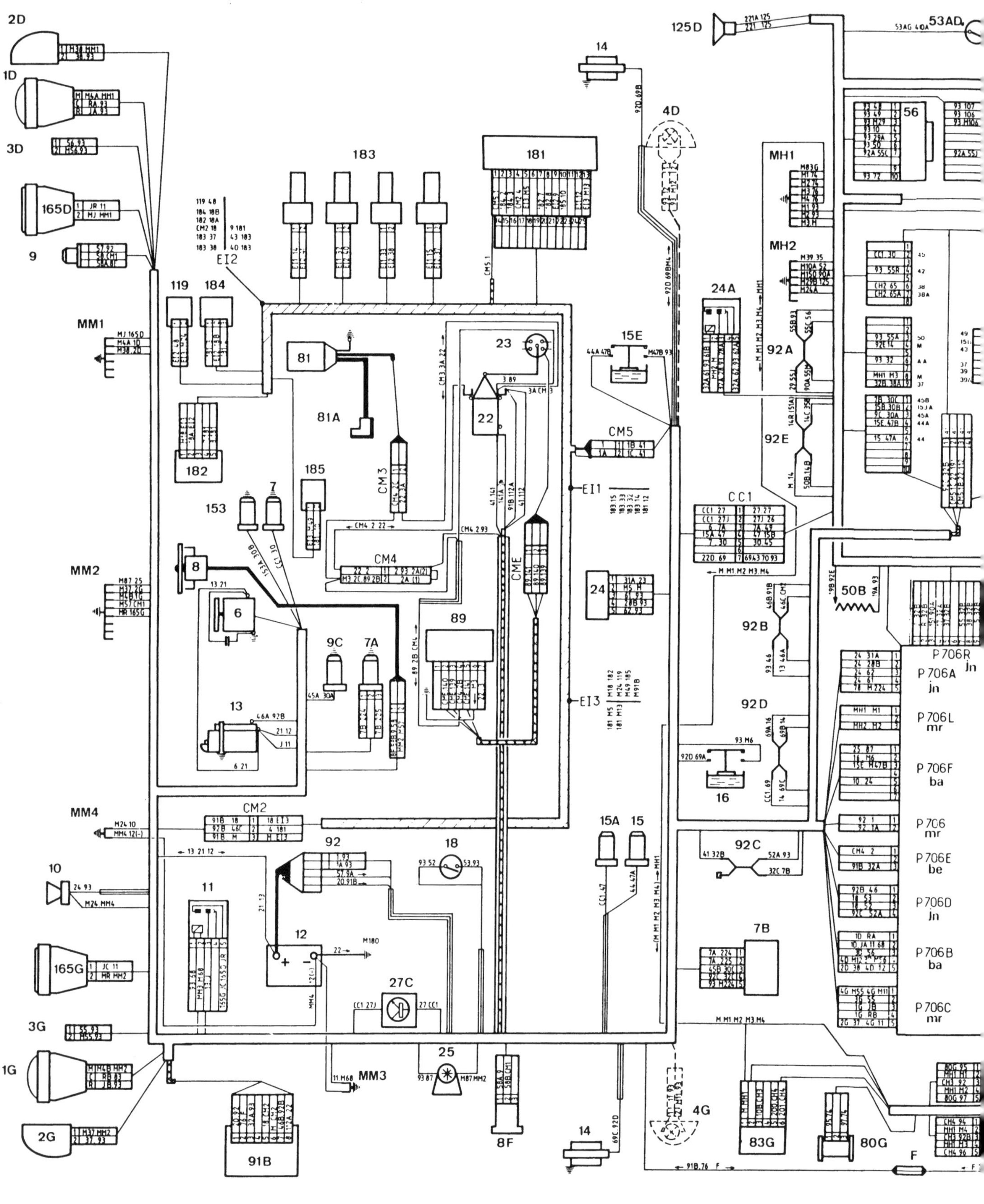

Schaltplan, Peugeot 205 GTI

1D	Rechter Scheinwerfer	8	Kühlungsventilator	16	Vorratsbehälter für Bremsflüssigkeit	29	Sch
1G	Linker Scheinwerfer	9	Temperaturschalter, Kühlungsventilator	17	Bremslichtschalter	29A	Beh
2D	Rechte vordere Blinkleuchte	9C	Öldruckgeber	18	Schalter für Rückfahrleuchten	32A	Sch
2G	Linke vordere Blinkleuchte	10	Signalhupe	22	Zündspule	32B	Sch
3D	Rechte Standleuchte	11	Scheinwerferrelais	23	Zündverteiler	35	Ziga
3G	Linke Standleuchte	12	Batterie	24	Scheibenwischer	35B	Ziga
4D	Rechte Seitenblinkleuchte	13	Anlasser	24A	Relais, Scheibenwischer	36	Zeit
4G	Linke Seitenblinkleuchte	14	Bremsklotzverschleissanzeige	24C	Scheibenwischer, Hecktür	37	Blink
6	Drehstromlichtmaschine	15	Wärmefühler für Fernthermometer	25	Pumpe, Scheibenwaschanlage	38	Kraf
7	Öldruckgeber	15A	Wärmefühler für Fernthermometer	26	Heizungsgebläsemotor	38A	Kraf
7A	Geber, Motorölstand	15B	Warnleuchte, Kühlmitteltemperatur	27	Widerstand, Heizungsgebläsemotor	39	Fern
7B	Steuergerät, Motorölstand	15E	Fühler, min. Kühlmittelstand	27C	Steuergerät für Heizung	39A	Abb

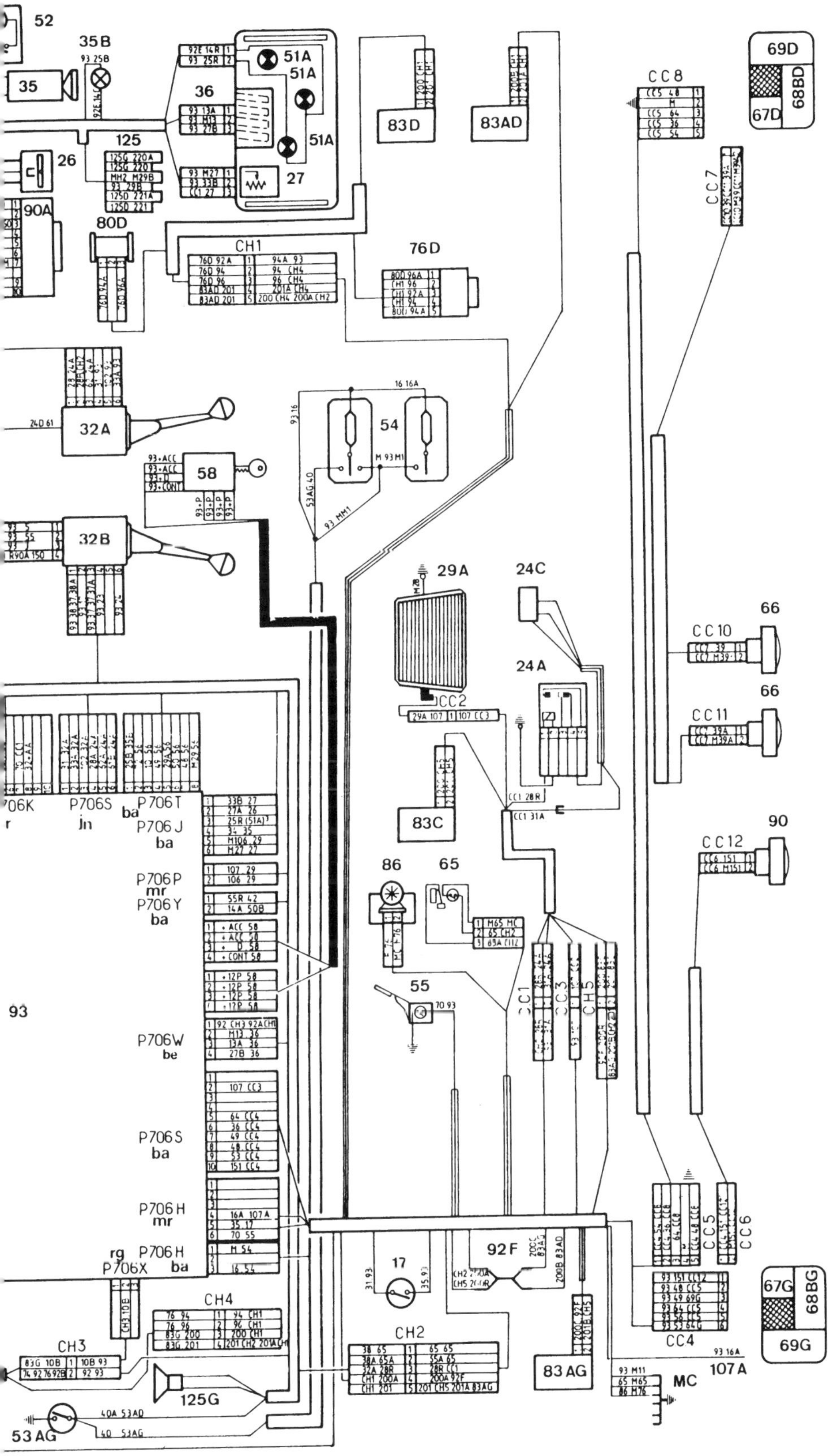

eHeckscheibe
eibe
nwischer/-wascher
und Hupe

beleuchtung

te

euchte
uchte
olleuchte

41	Drehzahlmesser
42	Warnleuchte, Standleuchten
43	Warnleuchte, Bremsanlage
44	Fernthermometer
44A	Warnleuchte, Kühlmittelmangel
45	Warnleuchte, Ölmangel
45A	Warnleuchte, hohe Öltemperatur
45B	Warnleuchte, Motorölstand
49	Warnleuchte, Ladekontrolle
50	Instrumententafelbeleuchtung
50B	Widerstandsschalter, Beleuchtung
51A	Beleuchtung der Mittelkonsole

52	Handschuhkastenbeleuchtung
53AD	Türkontaktschalter, vorn rechts
53AG	Türkontaktschalter, vorn links
54	Innenleuchte
55	Handbremsschalter
56	Schalter, Rundumblinkanlage
58	Zünd-/Anlassschalter
65	Tankgeber
66	Kennzeichenleuchte
67D	Rechte Rückfahrleuchte
67G	Linke Rückfahrleuchte
68BL	Rechte Brems-/Schlussleuchte

68BG	Linke Brems-/Schlussleuchte
69D	Rechte hintere Blinkleuchte
69G	Linke hintere Blinkleuchte
74	Schalter, Fensterbetätigung, vorn links
76D	Schalter, rechts, Fensterbet. v. rechts
76G	Schalter, links, Fensterbet. v. rechts
80D	Motor, elektrische Fensterbet. v. rechts
80G	Motor, elektrische Fensterbet. v. links
81	Diagnosesteckdose
81A	o.T.-Anzeiger, Diagnosesteckdose
83C	Betätigung, Hecktürschloss
83D	Betätigung, Türschloss, vorn rechts
83G	Betätigung, Türschloss, vorn links
83AD	Betätigung, Türschloss, hinten rechts
83AG	Betätigung, Türschloss, hinten links
86	Kraftstoffpumpe
89	Steuergerät für Zündung
90	Nebelschlussleuchte
90A	Schalter, Nebelschlussleuchte
91B	Relais, Drehzahlmesser
92	Anschlussstecker
93	Anschlussleiste
107A	Steckdose, Anhängerdose
119	Zusatzluftschieber
125	Anschluss, Radio
125D	Lautsprecher, vorn rechts
125G	Lautsprecher, vorn links
153	Geber, Öldruck
153A	Öldruckmesser
165D	Rechte Weitstrahlleuchte
165G	Linke Weitstrahlleuchte
181	Steuergerät, Kraftstoffeinspritzung
182	Luftströmungsmesser
183	Einspritzdüsen
184	Drosselklappenschalter
185	Fühler, Motortemperatur
+ AA	Stromzufuhr für Zubehörteile
M	Masse
F	Sicherung

Zusatzschaltplan für Benzineinspritzung
(zusammen mit dem Hauptschaltplan zu lesen)

12 Batterie
13 Anlasser
22 Zündspule
23 Zündverteiler
58 Zünd/Anlassschalter
86 Kraftstoffpumpe
89 Zündungssteuergerät
91 B Relais und Motordrehzahlbegrenzer
93 Steuerorgan
119 Zusatzluftschieber
181 Steuergerät der Benzineinspritzung
182 Luftströmungsmesser
183 Einspritzdüsen
184 Drosselklappenschalter
185 Motortemperaturfühler

1) 25 A-Sicherung der Kraftstoffpumpe (am Relaisschutzdeckel des Steuerorgans)
2) Massestelle der Kraftstoffpumpe (hinter der linken Schlußleuchtengruppe)
3) Massestelle des Relais
E11, E12, E13 – Kabelanschlussstellen

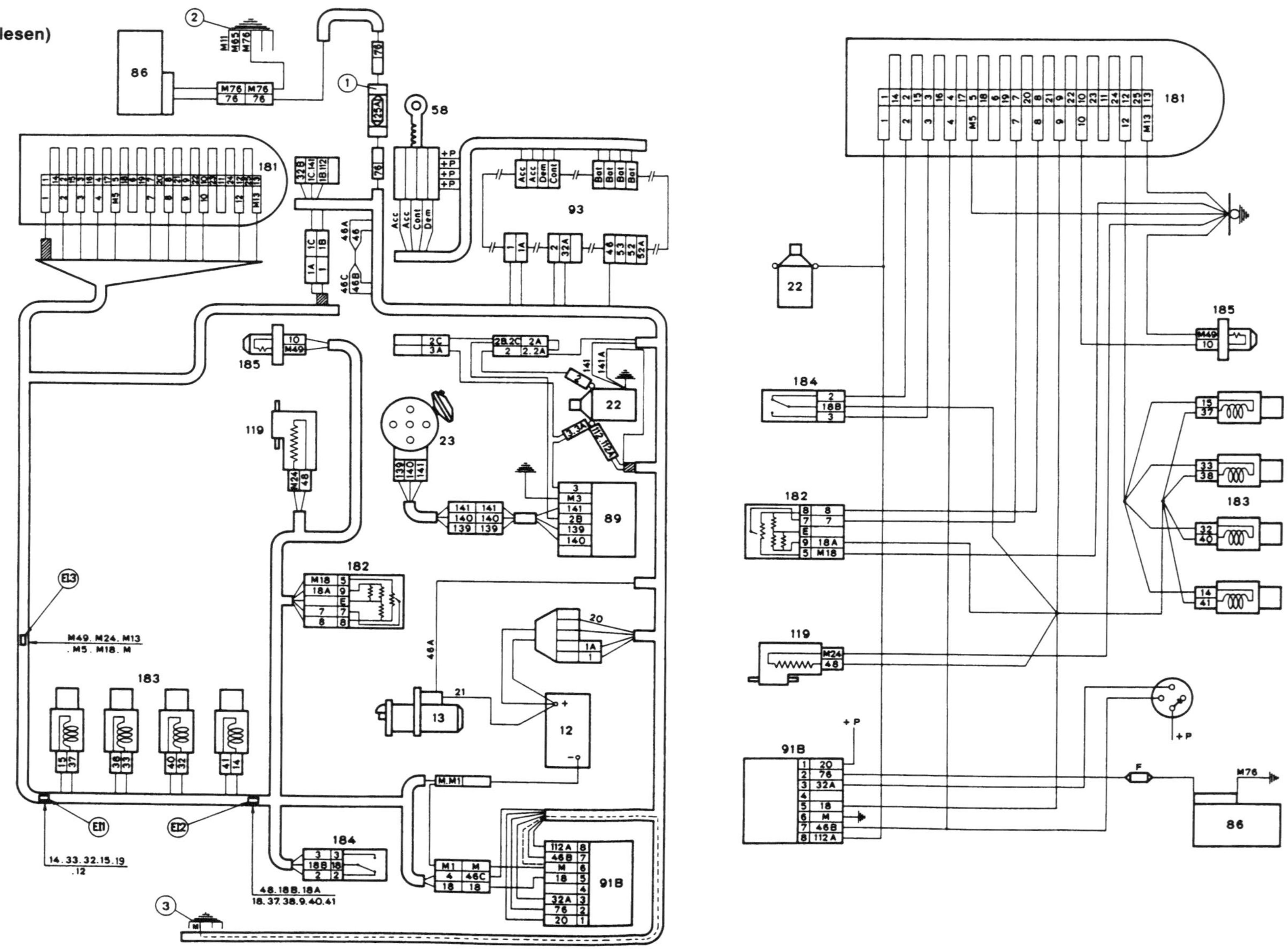

Kolibri 360 GmbH
Ferdinand-Jühlke-Straße 7
99095 Erfurt, Deutschland
produktsicherheit@kolibri360.de